昆虫的生存之道

Insects, Their Ways and Means of Living

（美）罗伯特 · 埃文斯 · 斯诺德格拉斯 著
邢锡范 全春阳 译 孔宁 审校

中国出版集团 東方出版中心

图书在版编目（CIP）数据

昆虫的生存之道 /（美）罗伯特·埃文斯·斯诺德格拉斯著；邢锡范，全春阳译.—上海：东方出版中心，2016.11（2020.5 重印）
ISBN 978-7-5473-1036-6

Ⅰ.①昆… Ⅱ.①罗… ②邢… ③全… Ⅲ.①昆虫学—普及读物 Ⅳ.①Q96-49
中国版本图书馆CIP数据核字（2016）第266161号

昆虫的生存之道

出版发行　东方出版中心
地　　址　上海市仙霞路345号
邮政编码　200336
电　　话　021-62417400
印 刷 者　三河市德鑫印刷有限公司

开　　本　890mm×1240mm　1/32
印　　张　10.125
字　　数　238千字
版　　次　2016年11月第1版
印　　次　2020 年 5 月第 2 次印刷
定　　价　38.00元

编者的话

美国的史密森协会于1846年创办，迄今已有170年的历史。史密森协会创办的主旨即让更多人获得科学方面的启蒙、激起他们对科学的兴趣及对科学议题的讨论。协会对于相关的出版物有两个要求：一是必须具有权威性；二是必须受众更广泛。

史密森协会的成立与一位英国人有关。他是一位从未到过美国的英国人，他就是伦敦皇家科学协会会员、化学家和科学家詹姆斯·史密森。詹姆斯·史密森1765年生于伦敦，其父亲休·史密森爵士是英国国王智囊团成员，也是枢密院的成员，并获得最高等级骑士勋章。其母是伊丽莎白·基特·梅西女士。出身贵族的詹姆斯从小到大受过严格的教育，毕业于牛津大学。22岁时，即被伦敦皇家科学协会吸纳为会员。

据考证，史密森出版的科学著作包括从1791年到1825年在《伦敦皇家科学协会哲学期刊》与汤姆森的《哲学年刊》里发表的27篇论文。这27篇论文中有25篇都是与化学或是地质学相关的。史密森的论文逻辑清晰、数据准确。他在文章里的一些段落里不仅表明他对自己感兴趣的学科有着深入的了解，而且还表现了他的视野以及渊博的知识。下面这个段落就是他论文里谈到的他对人类学研究的看法：

很多人都并不关心人类学这门学科，但是，每个人都必然能从追溯历史的痕迹中感到由衷的高兴。因为这能够让我们了解发生在很久很久以前的事情。我们可以看到古代人类所创造出来的艺术，知道他们利用各种各样的知识去不断实现进步，了解他们的生活习惯以及他们对很多事情的看法。很多能力就是这样培养出来的，虽然我们有可能对此一无所知，也有可能是因为这超出了我们的能力范围。

史密森的文章得到了同时代科学界的欣赏与认可，他本人也是科学家卡文迪什与阿拉戈的亲密朋友，史密森还与同时代的其他著名科学家有深入的交往。他的研究让他在英国与国外都获得了很高的地位。当史密森步入晚年的时候，我们只能通过别人在著作里偶然提到他的名字时了解他的情况。他的健康变得越来越糟糕，他的大半生都在巴黎与里维埃拉度过。

在他写下临终遗嘱之前，他并没有对大西洋对岸那个新生国度有任何特别的了解。在世时，他亦非声名远扬的科学家，但他的名声必与美利坚合众国永存。

1826年10月23日，史密森立下遗嘱：

……要是我的侄子去世的时候没有子女，或是他的孩子在二十一岁之前去世而没有立下遗嘱的话，那么我会将自己财产的一部分都用于支付给约翰·费塔尔[1]的年金，剩下的钱全部捐献给首都设在华盛顿的美利坚合众国，成立一个名叫史密森的协会，这个协会的目的是增进与传播人类的知识……

(签名)詹姆斯·史密森

---

[1] 约翰·费塔尔(John Fitall)，詹姆斯·史密森生前的管家、仆人，一直照顾史密森生活至史密森离世。后就职于伦敦船坞厂。

当我们回顾当年詹姆斯·史密森那笔50万美元遗产所带来的改变时，会知道这是对他人生的一种最佳的铭记。在那个科学界群星云集的时代，詹姆斯·史密森始终怀抱着这样的信念，即“对一个人来说，无知必然会带来缺损，任何错误都必然会带来邪恶的影响。”史密森认可耐心观察的科学方法，知道如何对事物进行测量以及了解事物之间的关系。他将毕生的精力都投入到了消灭无知的努力中。在他临终的时候，他用全部的财富来体现自身的信念，选择让当时建国没多久的美国成为他这笔遗产的保管者。随着岁月的流逝，史密森的遗产开始带来实质性的改变，美国政府接受了史密森贡献这笔遗产背后所秉持的信念，知道史密森的理念符合美国当时最现实的发展需求——商业组织、教育以及劳动与资本之间关系等方面的研究——这些都需要充分运用科学的方法去解决。而詹姆斯·史密森馈赠的50万美元遗产则促使美国在这方面做出努力。可见，美国人充分认可了史密森这位英国科学家所持的信念。

史密森的遗产与美国当时的局势可以说是最佳的搭配。史密森在1829年去世，他把遗产留给侄子，并附上条件，如果侄子去世时无子嗣，遗产必须捐赠给美利坚合众国，以“增进和传播人类的知识”。这笔钱在1838年到达了美国。国会在接下来的八年时间里就如何更好地利用这笔钱，才能“增进和传播人类的知识”进行了断断续续的讨论。直到1846年，史密森协会才正式成立。

人们多少会有这样的想法，一个英国人为何不把遗产留给自己的祖国，而选择了当时的美国？想必史密森这位科学家生前就有了自己对科学发展、传承及其人类创造力所依附的环境要求的直观和前瞻性判断吧，这点已经超越了国别概念。而现在比较认可的主流观点是供职于史密森协会多年的档案管理员、出版物负责人威廉·J.里斯的推断——史密森这样做最有可能的原因如下：

在史密森立下遗嘱的时候，当时整个欧洲都处在战争的动荡之中，每个国家的统治者以及数百万人都想要征服其他国家，或是想要维持专制统治。于是，史密森将目光转移到了大洋对岸实现共和制的自由国家——美国，他认为美国这个国家的民主自由能够不断生根发芽，拥有持续实现繁荣的各种元素，而且美国人拥有着奋发进取的精神。显然，他感觉美国是实现他增进与促进知识传播的最佳地。他认为在美国这个全新的国度里，必然会存在着自由的思想与无限的进步。

如果詹姆斯·史密森今天还活着的话，当他看到了自己的遗产为后人掀掉了无知的面纱，必然会觉得这样的结果超出了他当年最好的设想。他的名字就刻在史密森协会的大门上，在文明的世界里已经被每个人所熟知。史密森协会在过去170年里一直秉持着史密森先生要增进与传播知识的理念，让他当年所说的“一大片黑暗旷野中的斑点”变成“一道发出闪亮光芒的光线”，将无知的黑暗地平线不断向后推延。毫不夸张地说，史密森协会是20世纪人类留下来的最宝贵遗产之一。

史密森协会出版的科学系列丛书在科学界地位极高，至今已经出版了数千卷。本书译自美国史密森协会出版社（纽约）1930年出版的英文版首版，由独立出版人孔宁先生从美国引进并安排翻译（为适合中国读者的阅读习惯，长度英寸、英尺、英里及温度华氏度，已作相应换算）。

前言

在动物学研究早期，很多博物学家把大量的时间用于对鸟类、昆虫以及田野、树林里的其他动物进行观察。博物学家们并不热衷于技术知识学习，大自然是他们灵感和快乐的源泉。他们对大自然的种种现象浅尝辄止，并不过于深究。只要能理解事实的表面现象，能用平凡的语言表达出来即可。很久以前，当人们发明语言的时候，并没有过多地考虑事实问题。早期的作家，直接从大自然中获得灵感，通过对自然现象的观察和体会写下了动人的文字。大家都很喜欢读这些人的作品，因为文字生动，妙趣横生，通俗易懂，引人入胜。

还有一类博物学研究人员并不在乎动物的习性，只想了解动物的身体结构。此类学者用显微镜观察动物，并将各种动物肢解开来，研究它们的构造和结构关系。他们发现，在动物体内还有很多没有被命名的组成结构，于是他们给这些组成结构一一命名。当他们的论著出版后，因为稀奇古怪的词汇太多，公众根本无法读懂。此外，因为大自然没有赋予解剖学家以更多词汇来修饰动物体内的组成结构，因此他们不能像在户外活动的博物学家那样用大量的描述性修辞手段为他们的著作增色。所以，动物结构学者写出来的东西大多枯燥乏味，很难得到公众青睐。

但总有一些人求知若渴，比如说解剖学家，他们就不能满足于仅仅了解动物干什么或怎么出生的，所以积极致力于动物生理机能的研究。为了弄清蕴藏于神经中的自然之力，他们发明了各种机器设备，用于测量动物的肌肉力量；分析动物食物和组织；通过实验展示动物的行为成因。从事此类研究的生理学家必须有良好的物理学基础和化学基础。因此，他们喜欢用科学术语进行论述，用化学和数学公式表达思想。大众自然无法读懂他们的作品。人们之所以思想保守，那是因为对这门学科一无所知，只相信以往传承下来的思想观点。可惜的是，生理学家的语言和大众的保守思想格格不入。

因此，旧时的博物学家仍然受到人们的尊敬，而那些所谓的“自然爱好者们”谴责实验室解剖人员剥夺了自然之美、毁灭了人类灵魂。当代的博物学者也许会卖掉他的家什，但如果他得了胃痛或神经痛，或疾病侵害了他的植物或动物，他只能求助于实验室里的科学家们了。

只有在实验室里才能发现大自然的真相，因为田野里的很多自然现象是交织在一起的。实验室里的博物学家们努力解开户外环境的各种谜团，分析影响动物生命和行为的各种因素。他们首先必须弄清楚要干什么，每一项任务都有什么样的价值。每一套人工环境只能有一项自然因素发挥作用。他们必须反复试验，认真观察不同的原因会有什么样不同的结果。

从表面上看，研究自然是很有趣的。不过，现代人必须学会深入观察其他动物的生命。比如说昆虫并不是稀奇古怪的生物，它们和我们一样必须遵循自然法则，那就是一切生物必须遵循同样的基本原则才能延续生命。只不过人类遵循自然法则的方式和方法与动物不同而已。

很多诚实的人觉得很难相信进化论。他们的问题主要是在观察到不同类型动物的不同结构之后，并没有发现一切生命形式的功能同一性，因此无法理解进化就是一种生命形态向另外一种生命形态的渐进性结构偏离。为了达到相同的目的，动物采纳和完善了不同的方法。人类和昆虫代表了动物进化中分歧最大的两个极端，二者的结构截然不同，因此功能同一性则更为明显。研究昆虫能帮助我们更好地认识自己、掌握生命的基本原理。

一些作家认为写书就是要有人读，就像食物得有人吃才行。本书是为读者提供的一顿了解昆虫生存之道的大餐，特别注重高营养和食物均衡。为了美味起见，尽可能地删掉讨厌的技术术语，尽可能不把它做成纯科学食品。除了用了一点必不可少的调味品外，本书尽可能不用那些令人倒胃的作料，这样做的目的还是希望有助于读者的理解和吸收。

本书各章的很多内容来自已经出版的《史密森学会年度报告》。大多数插图则由美国昆虫局提供，其中一些是首次面世。

罗伯特·埃文斯·斯诺德格拉斯

目 录

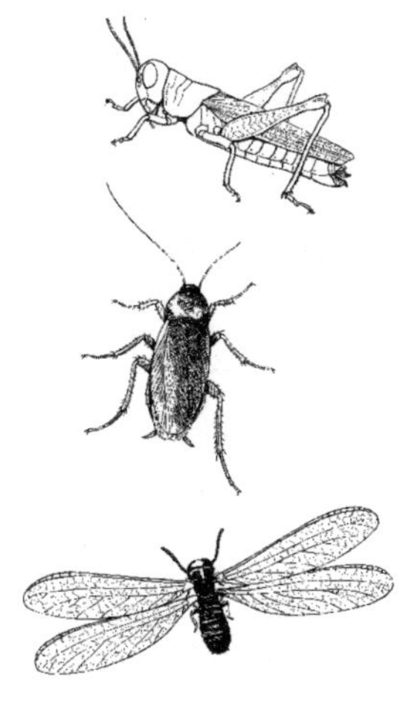

第一章

蚱蜢

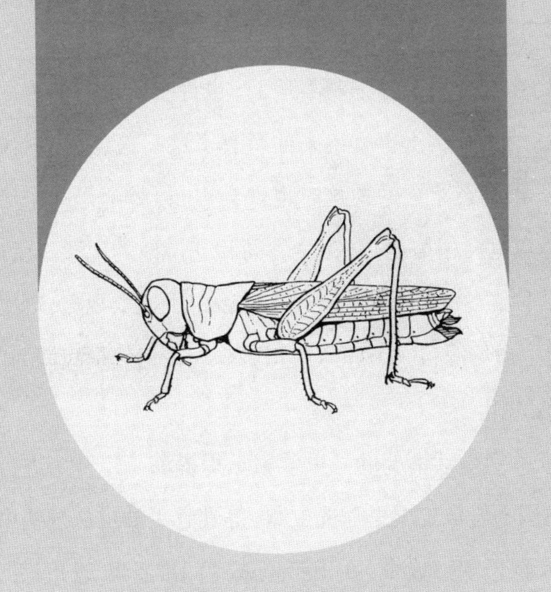

春天的某个时候，或早或晚，取决于纬度或时节，田野、草坪和花园里突然出现了大量的蚱蜢幼虫。这些古怪的小家伙，大大的脑袋，没有翅膀，后腿结实（图1）。蚱蜢幼虫以新鲜的绿叶软茎为食，轻轻地跳来跳去，它们的存在似乎与生命的奥秘没有什么关联，也不会唤起人们思考这样的问题：它们为什么出现在这里？它们以什么样的方式来到这里？它们从哪里来？在所有这些问题当中，只有最后这个问题我们现在可以给出明确的回答。

如果我们在这个季节仔细观察地面，也许有可能看到表面上没有母亲的蚱蜢幼虫是从土里爬出来的。有了这一信息，古时候研究自然的学者大概已经很满意了——他这时也许会宣布，蚱蜢是从土壤里某种物质中自生的；公众也会相信他，并完全赞同和支持他的说法。然而，到了历史发展的某个阶段，一些自然科学家成功地否定了这个观点，确立了这样一句名言，即任何生命均源自一个卵。这句名言现在仍然是我们的信条，我们必须寻找到蚱蜢的卵。

打算研究蚱蜢生活情况的昆虫学家觉得提前一年开始进行研究工作更容易一些；他用不着从土壤里筛选虫卵，等到春天幼虫从这些虫卵里孵化出来。他可以在秋天观察成虫，在田野里或专门准备的笼子里获得雌虫刚刚产下的卵。接着，他可以在实验室密切观察孵化过程，准确地看到幼虫孵化出来的细节。所以，让我们改变一下日程表，看一看上个季节产出的成虫在八月和九月的活动情况。

不过，我们首先有必要弄清楚蚱蜢是什么昆虫，或者说我们称为“蚱蜢”

图1　蚱蜢幼虫

的是什么昆虫；因为在不同的国家，名称并不总是表示相同的东西，相同的名称在同一个国家的不同地区也不总是适用于相同的东西。“蚱蜢”这个术语也是这样。在大多数国家里，人们管蚱蜢叫做“蝗虫”，或者相反，事实上我们在美国管蝗虫叫做“蚱蜢”，因为我们必须承认旧世界的用法。所以，当你读到“蝗灾”，你必须理解为“蚱蜢”。但是一大群“十七年蝉（又称周期蝉）”则是指另外一种昆虫，不是蝗虫，也不是蚱蜢——正确地说，是一种蝉虫。所有这些名称上的混淆，以及自然史中许多不合适的通俗用语或许归咎于美国早期的移民者，他们用自己在家乡所熟悉的名称为在新大陆所遇到的生物命名；但是，由于缺少动物学家的指导，他们在识别和鉴定方面犯下了许多错误。科学家们试图通过为所有生物创造一套国际名称的做法解决名称混乱这个问题。但是由于这些名称大多数是用拉丁语，或拉丁化的希腊语命名，人们在日常生活中很少使用。

我们现在已经知道蚱蜢是一种蝗虫，需要说的就是，任何长着短角，或者触角，很像蚱蜢的昆虫就是一只真正的蝗虫。具有细长触须，类似的昆虫要么是美洲大螽斯（图23，24），要么是蟋蟀族群的成员（图39）。如果你收

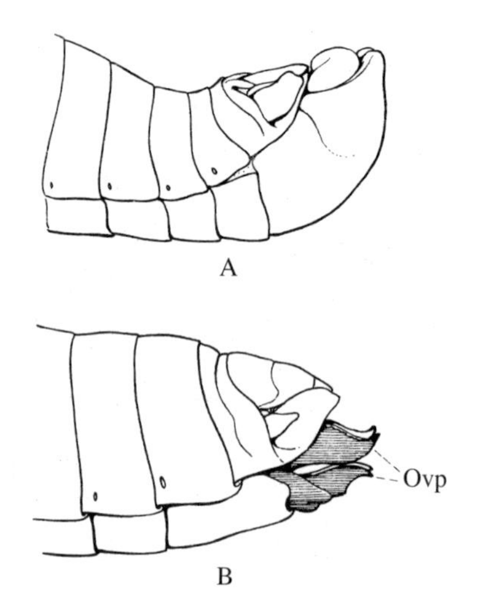

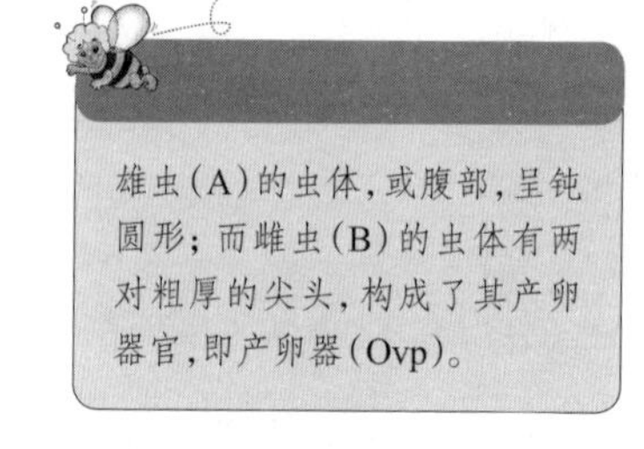

图2 蚱蜢雄虫和雌虫虫体尾部

集和检验一些蝗虫(我们继续称作蚱蜢)的标本,你也许会观察到,有些虫体的后端很圆滑,而有些虫体的尾部长有四个尖角。前一种是雄虫(图2A),后一种是雌虫(图2B);眼下我们先暂且不谈。这是大自然的一个条款,任何生物出于本能被迫要做些什么,会有合适工具辅助。然而,除非它是似人类动物,否则其工具总是它身体的一部分,比如下巴或腿。雌性蚱蜢虫体尾部的四个尖头构成了一个挖掘工具,通过使用这个工具,雌虫在地上挖出一个洞,这个洞就是雌虫存放卵的地方。昆虫学家把这个器官叫做产卵器。图2B显示了蚱蜢产卵器的通常形状;尖头短而厚,上面的一对尖头向上弯曲,下边的一对尖头向下弯曲。

当雌性蚱蜢准备好产出一窝卵时,雌虫先选好一个合适的地点,这样的地方通常阳光充足,地面开阔松软,有利于雌虫把产卵器插入土壤,而且在那里她将四个尖头紧紧合拢,插入她的产卵器官。当四个尖头很好地插进

图3 雌性蚱蜢用产卵器在地上挖出一个洞，在合适的位置放下卵囊

土中，尖头或许四下伸展开，以便向外压紧泥土，因为在钻土过程中，并没有碎土或石屑出现在地面，逐渐地，雌虫产卵器越来越深地进入土里，直到虫体相当长的一部分被埋在土里（图3）。

现在，排卵的准备一切就绪。出口被卵巢的导管封住，而卵巢里充满已经成熟的卵，在产卵器较低的两个尖头底部之间和下部打开，这样一来，当上面和下面的尖头分开时，卵从它们之间的通道脱离出来。卵被放在洞穴的底部，与此同时，虫体分泌出的一种泡沫状、胶水似的物质被排放在这些卵的周围。这种物质在干的时候，在卵的周围变硬，但不是固体状态，因为其泡沫性质，致使它充满凹坑，像一块海绵，为卵以及随后孵出的蚱蜢幼虫提供足够的呼吸空间。覆盖物质的外面，当它是新鲜而且黏黏的时候，尘粒附着在上面，形成一层细细的颗粒状的外衣罩在卵块上，这个卵块一旦变硬，看上去就像是一个小豆荚状外壳或胶囊，这个胶囊被铸成含有胶

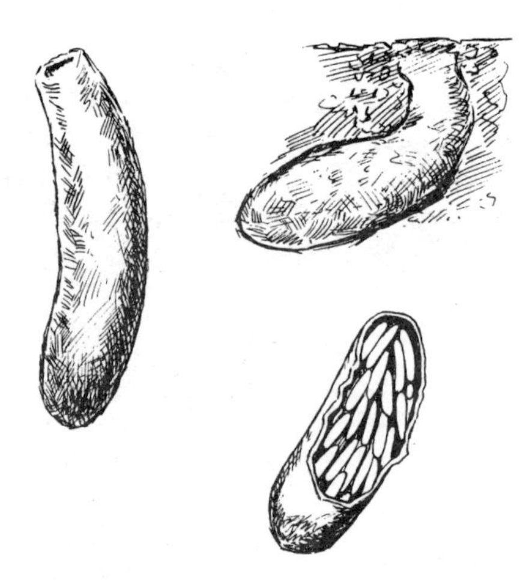

图4　蚱蜢各种形状的卵囊（多倍放大图）

囊的空腔形状（图4）。每个卵囊所含有的卵的数量相差很大，有的只有6个，而有的多达150个。每个雌虫还能产下几窝卵，分别存放在卵囊里，直到它的卵全部排尽。有些雌虫很有规律地摆放自己的卵，而有些雌虫则比较随意。

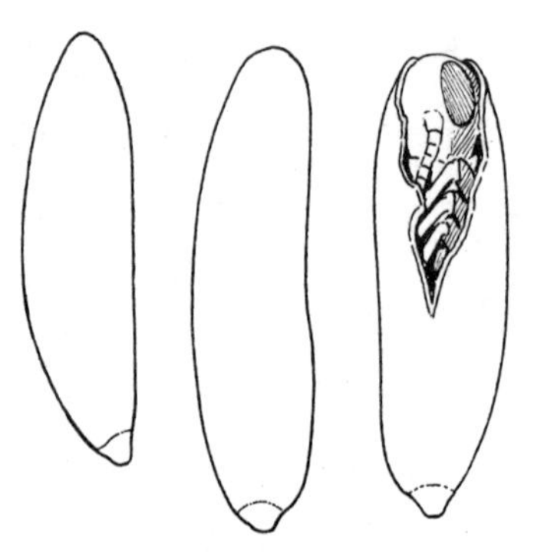

图5　蚱蜢的卵，其中一枚卵上端裂开，蚱蜢幼虫就要孵出

蚱蜢的卵的形状为细长的椭圆形（图5），通常长度为0.5厘米，或稍长一点。卵的两端呈圆形或有些尖，而末端（卵通常在这个位置排放）似乎有一个小帽盖在上面。卵的一侧总是比较弯曲，而另一侧则总是更笔直一些。如果我们用肉眼看上去，卵的表面是光滑的，有光泽的，但是在显微镜下就可以看出表面被轻微突出的一条条线分割成许多多边形区域。

在每一个卵里都有生殖细胞，用于生产一只新的蚱蜢。这种生殖细胞，是卵的生命要素，只占整个卵含量的微小部分，因为后者包含营养物质，叫做卵黄，其目的是为处于发育当中的胚虫提供营养。极小的生殖细胞以某种形式被卵包含，即使是用倍数最大的显微镜也显示不出来，其性质将决定未来蚱蜢身体结构的每一个细节，除非受到外部环境的影响。跟踪观察卵内未成熟幼虫的发育情况是非常有趣的，而且我们现在已经了解了其中的大部分细节；但是，尽管我们需要注意一些蚱蜢发育的情况，篇幅所限，我们还不能把蚱蜢的故事完整无缺地在这里讲述出来。

一旦卵在秋天孵出，卵的生殖细胞就开始形成。然而，在温和的或北纬地区，低温很快就成为干扰因素，所以其发育要等到春回大地以后才能继续进行——或者等到某个昆虫学者把卵带入人工加温的实验室，否则，发育就会受到抑制。某些种类的蚱蜢卵，如果在寒冷季节到来之前被带入室内，而且保存在一个温暖的地方，将会继续生长，大约六个星期，蚱蜢幼虫就能从卵中孵出。另一方面，某些种类的卵，如果也这么处理，却根本孵不出蚱蜢幼虫；这些卵里的胚胎生长到某一特定阶段就会停止生长，而且它们大多数将不会重新开始生长，除非把它们置于寒冷的温度！但是，经过彻底的冰冻之后，卵如果被转移到一个温暖的地方，蚱蜢幼虫就会出来，即使是在一月份。

就昆虫胚胎而言，不经过一冷一热就不能完成其发育，看上去似乎有些反常，前后矛盾；但是，除了蚱蜢，其他许多种类昆虫的胚胎有着这种相同的习性，从未背离。所以，我们必须得出这样一个结论，即这不是一个异想天开的念头，而是昆虫被赋予的一种有用的生理特性。被授权照管生物的非凡的自然女神很清楚地知道，北风之神有时会睡过头，如果秋天产下来的卵完全依靠温暖的气候才能发育，那么温暖的气候持续下去，秋天产下来的卵也能在秋天孵出蚱蜢幼虫。那么，如果冬天迟迟不来，刚刚孵出的可怜的卵会有什么机会呢？当然完全没有，物种保持繁衍不绝的系统会被打乱。但是，如果就是这么安排的，卵内的发育只有经过冬季寒冷的影响之后才能完成，昆虫幼虫的出现就会被推迟，直到春天到了，大地回暖，这样，物种会得到保证，其成员不会因不合季节孵化而夭折。然而，有些物种并不能这样得到保证，而且，每当冬天来迟的时候，这些秋天产卵的物种确实会遭受损失。春天孵出的卵会在同一个季节孵化出幼虫，而生活在温暖地带的某些物种的卵，其发育从不需要什么寒冷的气候。

蚱蜢卵的硬壳由两层清楚可分的外衣组成，外边的一层比较厚，不透明，为浅褐色，而里边的一层较薄，并且透明。就在孵化之前，外边的一层在虫卵的上端部分（通常位于虫卵平面一侧的三分之二或一半的位置）以不规则分裂方式裂开。这一层外衣可以很容易地用人工方法剥离下来，而里边的一层这时看上去像是一个闪闪发亮的胶囊。透过半透明的囊壁可以看到小蚱蜢，其所有的腿全部紧紧地交叠在其身体之下。当然，如果孵化正常进行，卵壳的两层外衣都会裂开，蚱蜢幼虫再慢慢地从裂缝爬出（图6）。

图6　蚱蜢幼虫破壳而出

一些好事的研究者为了观察，把刚刚从卵里新孵出来的蚱蜢从卵囊中取出来，而这些蚱蜢幼虫很快就将外皮从虫体上脱落下来。这种皮肤，在孵化的时候已经松弛，这时看上去很像是一件非常合适的服装，里面包裹着纤细动物柔软的腿和脚。然而，后者在身体有些向前拉起之后，伴随着脖子背部两处的膨胀（图6），成功地分离了脖子和脑后的皮肤，然后表膜快速地收缩，并从虫体上滑落下来。小蚱蜢，就这样首次露面，自身从其孵皮皱缩的残余物里挣脱出来，成为地球上新的自由生物。作为一只蚱蜢，它开始练习跳跃，而且经过最初的努力，跳跃的距离可达10—12厘米，是其身体长度的15倍或20倍。

然而，当蝗虫幼虫在正常未受到干扰的情况下孵出的时候，我们必须把它们想象为从卵里孵出，进入卵囊多孔的空间，而且全部被埋在泥土里。它们这时还完全不是自由的生物，只能靠向上挖掘，爬到地面才能获得自由。当然了，它们离地面并不非常远，而且大部分路程是穿越较容易穿透的卵的细胞壁。但是，再往上就是一层薄土，经过冬雨之后已经变得硬实，穿破这一层土一般说来可不是一件轻松的任务。没有多少昆虫学家仔细观察过新孵出的蚱蜢出现在地面的情景，但是法布尔利用人工手段对此进行了研究，他利用玻璃管子观察了被土覆盖的蚱蜢幼虫。他讲述了这种小动物所作出的艰苦努力，通过利用它们伸直的后腿，向上挤压它们纤细的身躯，穿出土层，与此同时，脖子后边的泡囊交替地收缩和膨胀，弄宽向上的通道。法布尔说，所有这一切都是在孵皮脱落之前完成的，而且只有在到达地面已经获得了在地面上的自由之后，围裹的细胞膜才被丢弃，肢体活动才不会受到限制。

昆虫的所作所为，做事的方式总会引起人们的兴趣。但是，如果我们能发现昆虫行为的起因，我们人类该有多么聪明！例如，考虑一下埋在土壤里的蝗虫，几乎就是一个胚胎罢了。它如何知道自己不会注定要住在这个黑

暗的洞中，虽然它是在这里第一次感觉到了自我？什么力量刺激了推动它穿过土壤的生理机能？最后，什么东西告诉这种生物在上方能找到自由，而不是水平方向或向下方向？许多人认为人类的知识回答不了这些问题，但是科学家有信心最终解答所有这些问题。

我们知道，动物的所有活动取决于神经系统。在这个系统中存在着某种形式的能量，对外部的影响作出微妙的反应。约束身体机制的任何种类的能量会根据机制的结构产生各种结果。因此，动物体内神经力量的效果由动物的身体结构决定。这样，一种本能行为就是在某个特定种类身体内起作用的神经能量的表达。在这里解释本能性质的现代概念也许离题太远；我们只需说明新孵出的蚱蜢在周围所遇到的某种情况，或者其内在生成的某种物质，将其神经能量转化为行动，作用于某个特定机制的神经能量形成了昆虫的动机，而具有如此性质的机制能够克服地心引力。因此，如果在各个方面是正常健康的，如果没有碰上巨大的障碍，生物就能不可避免地到达地面，就像淹没在水下的软木塞最终还是要浮出水面一样。

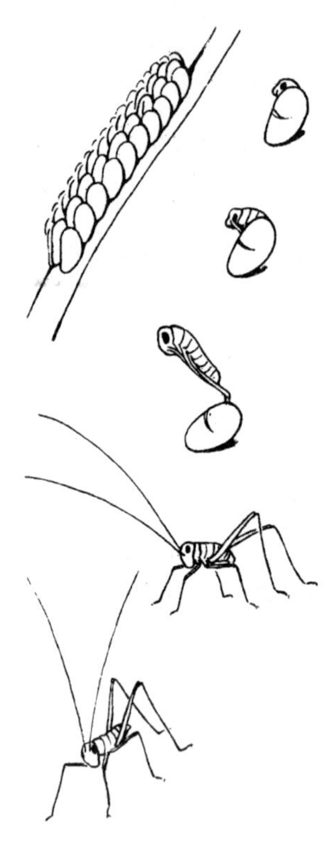

图7 依恋在嫩枝上的美洲大螽斯的卵；幼虫从卵中孵出的几个阶段；新孵出的幼虫

在露天环境从卵里孵出的昆虫，其生活开端的条件可能要比蚱蜢稍好一些。例如图7所示的属于大螽斯家族一些昆虫的卵。它们看起来像是平卧的椭圆形的种子一样，一排排交错地挤在一起，有些依附在嫩枝上，有些出现在叶子上。当要孵化时，每个卵都会在一侧（快到一半的地方）裂开，在无遮蔽的平坦的表面上横越，形成一个十字形裂口，这为幼虫孵出提供了一个容易的出口。后者被一个精妙透明的鞘包裹，在鞘里面，昆虫的长腿和触角被紧紧地压在虫体身下；但是，当卵裂开，鞘也裂开，幼虫孵出时，皮肤随之脱落，把皮留在鞘里。新出生的昆虫这时没有什么事情可做，只能伸展它的几条长腿，然后迈腿走开。如果这时得到了适当的食物，昆虫很快就会满意地进食。

现在让我们更进一步地观察这些刚刚从卵囊这个黑暗地下室里爬到地面的小蚱蜢（图8）。你也许会说，虽然有三对腿支撑着，但如此大的一个脑袋，肯定会使短小的虫体失去平衡。但是，无论什么样的比例，大自然作品的画面从来不会让人觉得画得不够准确，不够协调；由于某种补偿法则，你永远也不会觉得这些自然产物在构造方面有什么错误，让你感到不安。尽管它的头巨大，蚱蜢婴儿却是敏捷的。它的所有六条腿都依附在紧靠头部后边的身体部位，这一部分叫做胸部（图63），而身体的其他部分则被称作腹部（图63），自由伸出，没有支撑。昆虫，依照它的名字，是一种身体可分为几个部分的动物，因为insect（昆虫）在英文里的意思就是in-cut（分割）。所以，苍蝇或黄蜂是理想的昆虫；但是，尽管从字面上讲不是胸部和腹部之间分隔的昆虫，蚱蜢与苍蝇和黄蜂以及所有的其他昆虫一样，拥有一个头，一个带有腿的胸部，和处于末端的腹部（图63）。在头上有一对细长的触角和一双大眼睛。有翅昆虫通常有两对翅膀，依附在胸后的部位。

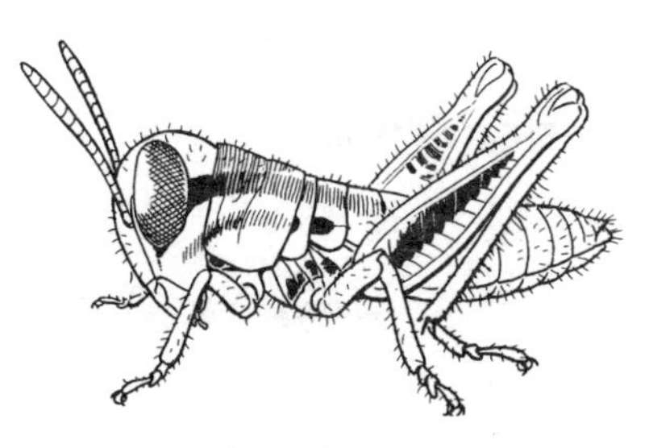
图8　孵化后第二阶段的蚱蜢幼虫，或称蛹

昆虫身体的外部，不像大多数动物那样展现一个完整而又连贯的表面，身上似乎套着许许多多的环，而实际上也真的如此，除头部之外，身体的各个部位均被分成一个个短小且相互覆盖的部分。这些被分割的身体部分称作体节，而且所有昆虫及其近亲，包括百脚动物蜈蚣、虾、龙虾、螃蟹、蝎子和蜘蛛，都是体节动物。昆虫的胸部有三个体节，第一个体节载有第一对腿。第二个体节载有中间的一对腿，而第三个体节载有一对后腿。腹部通常有10个或11个体节，但是一般没有附器，除了在末端有一对小的尖状物，叫做尾须，而在雌性成虫的第8和第9体节上长有产卵器（图2B）。

头部，除携带触角（图63）外，还有三对附器，聚集在嘴的周围，用作进食的器官，通称“口器”。这样，头部出现的这四对附器向我们提出了问题，为什么头部不像胸部和腹部那样有体节呢？在胚胎生长的早期阶段，头部也是分体节的，其每对附器出生时是一个单一体节，但是头部的体节后来被缩进头颅的实心囊之内。这样，我们看到昆虫的整个身体由一系列体节组成，而这些体节则构成了三个身体区域。请注意，昆虫的头部没有“鼻子”或任何呼吸孔。然而，它有许多孔，称作节肢动物的气孔（图70），分布在胸部和腹部的两侧。尽管它的呼吸系统与我们人类的呼吸系统非常不同，但是值得我们在另一个论述内部组织的章节里进行描述。

大多数昆虫幼虫的生长速度都很快，这是因为它们必须在单一季节的时间范围内压缩整个生活。通常只需要几个星期的时间就足以达到成熟，或至少在脱离卵时从外形上达到成熟的生长，因为，就像我们将见到的那样，许多昆虫一生要经历几个不同的阶段，而在不同的阶段，虫体的表现形式也非常不同。然而，蚱蜢这种昆虫从小到大，身体外形却没有什么变化，很容易识别（图9）。另一方面，以蛹的形式孵化出来的蛾的幼虫，却与它们的父母没有什么相似处，而苍蝇和蜜蜂的幼虫也是这样，其形状是一种蛆。昆虫在成长期间所经历的形状改变被称作变态或变形。变形的程度因虫而异；蚱蜢及其近亲变形是一种简单的变态。

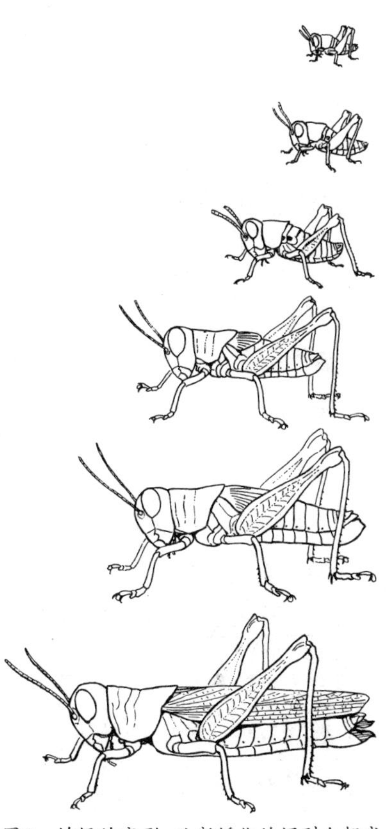

图9　蚱蜢的变形，从新孵化的蛹到全翅成虫发育的六个阶段

昆虫与脊椎动物不同，其差别在于昆虫的肌肉附着在其皮肤上。大多数昆虫物种通过形成强壮的外层表皮使自己的皮肤变得坚硬，以便获得对肌肉的支撑力，并抵御肌肉的拉力。然而，一旦表皮形成之后，表皮的这种功能就会强加给昆虫一种永久不变的状态。结果，不断成长的昆虫，在其身体长到一定尺寸之后就要面临着选择，要么困死在其皮肤的包裹之中，要么丢弃原有的表皮，重新获得一个新的、更大一点的表皮。昆虫为自己找到了适宜的策略：周期性蜕皮。这样，昆虫的生活历程就会出现几次蜕皮阶段，即表皮的脱落。

蚱蜢从孵化出来到完全成熟要经受6次蜕皮，所需时间大约6个星期，而且还要经过六个胎后期阶段(图9)。第一次蜕皮时脱掉胎衣，正如我们看到的那样，通常发生在幼虫出现在地面上的一瞬间。这时的蚱蜢可以过上大约一个星期平安无事的日子，吃着眼前能吃到的几乎任何绿色植物，但是最喜欢吃的还是豆科植物的嫩叶。在此期间，它的腹部由于体节之间细胞膜扩张而被拉长，但是虫体的坚硬部分无论是在体积还是在外形上都没有作出改变。到了第七天或第八天，昆虫停止了其活动，静止了好一阵子，然后表皮纵向地在胸的背面和头部顶端裂开。死皮这时被丢弃，换句话说，蚱蜢从死皮中爬出来，小心地把它们的腿和触角从鞘里拖出来。整个过程只需花费几分钟时间。这时的蚱蜢正在进入它孵化后的第三个阶段，但是孵皮的脱落通常并为算入一系列蜕皮，而随后的第一次蜕皮，我们会说，引导它进入地上生活的第二阶段。在这种状态中，昆虫在某些方面与第一阶段的状态是不同的：不仅虫体变得大了一些，而且与头的大小相比，虫体，还有触角，尤其是后腿，也显得长了许多。昆虫再次变得活跃，忙于它的例行生活；就这样又过了一个星期，昆虫开始第二次蜕皮，伴随而来的是在体形和比例方面的变化，使之有一点像一个成熟的蚱蜢。经过连续三次蜕皮之后，昆虫看上去已经具有成虫的外形，在余下的生活当中会一直保留这种外形。

尽管还处在卵中，蚱蜢的腿、触角以及大多数器官已经得到了发育。然而，这个时候孵化出来的蚱蜢还没有翅膀，大家知道，大多数生长完全的蚱蜢有两对翅膀(图63)，一对依附在胸部中间体节的背面，另一对依附在第三体节。所以，在其从幼虫到成虫的生长期间，它已经获得了自己的翅膀，而且通过观察不同阶段昆虫的发育情况(图9)，我们也许能够获知翅膀是如何形成的。在第一个阶段，翅膀形成的迹象还不太明显，但是到了第二阶段，覆盖胸部第二和第三体节背面的片状组织的后下角得到了一点扩大，像一对裂片微微向外突出。在第三个阶段，裂片的尺寸已经增加，看上去有些像翅膀的雏形，而实际上也确实如此。当昆虫进入第四个阶段，又要经历一次蜕皮，小小的翅垫向上翻转，在后部展开，其排列不仅颠倒了翅膀的自然位置，而且使后边的一对翅膀超过了前边的一对。在接下来的蜕皮中，翅膀仍保持这种颠倒的姿势，但是它们的体积又一次得到了增加，不过还远远没有达到成年蚱蜢翅膀的尺寸。

在最后一次蜕皮的时候，蚱蜢采用的姿势是把头向下伸向树干或树枝，并用脚爪牢牢地抓住树干或树枝。然后，当其表皮裂开时，它就向下从表皮里爬出来。然而，一旦蚱蜢获得自由，它就颠倒自己的姿势。观察一下迅速张开并伸长的翅膀（这时的翅膀已经能够下垂，自由伸展，没有被压皱的危险），你就会看出这种行为的智慧。在15分钟内，翅膀从小小的、无关紧要的爪垫扩大到细长的、细胞膜的扇形物，延伸到虫体的末梢。有这样一个事实可以解释这种快速生长，即翅膀是空心的囊状物；翅膀在尺寸上的明显增长不过是它们皱缩的细胞壁的膨胀状态，因为它们完全是在旧的表皮的束缚下形成的，而且在蜕皮之前，就像存放在那里的一些小软块，而这些小软块一旦从约束它们的鞘里面移出，很快就完全舒展开来。它们细小柔软的细胞壁这时紧缩到一块儿，变干变硬，而柔软松弛的袋子转换成飞行器官。

了解蚱蜢身上发生的蜕皮过程是很重要的，因为变形过程就像那些完成蛹转变成蝴蝶的过程一样，只是在程度上不太一样。蚱蜢一生任何两个阶段期间都会出现一次蜕皮。昆虫的主要生长形成于蜕皮之前的这些休止期。所以，此时处在这个时期的昆虫，各个部位都在增大，并在形状上作出改变。原有的表皮已经松弛，表皮下开始发生变化，与此同时新的表皮在重新塑造的身体表面生成。已增大的触角、腿和翅膀致使它们被挤压在新旧表皮之间狭窄的空间，而且，当旧的表皮被丢弃的时候，被弄皱的附器就会完全伸展开来。这时，观察者就会获得这样一个印象，即他目睹了这一突然发生的变形。然而，这个印象是错误的；实际发生的情况并不是这样。打

个比方，每到一个特定的季节，商家为了促销都要在橱窗摆上新的服装。然而，这些服装的制作其实在工厂里就完成了，商家要做的就是打开包装盒而已。

成年蚱蜢过着平淡无奇的生活，但是，与许许多多的普通大众一样，它们填充着这个世界分配给它们的空间，并注意这些地方是否还有与它们同类的居住者，时刻防备着在自己被迫退出时是不是会有别的同类占了自己的位置。如果说它们很少高飞，那是因为这么做不是蚱蜢的天性；如果说在东方，某个蚱蜢什么时候飞得比同伴高，恐怕也算不上什么了不起的行为，除非它碰巧落到曼哈顿摩天大楼楼顶，其英勇壮举幸运地刊登在报纸上，而且蚱蜢的名字很有可能被错写成蝗虫。

另一方面，就像所有生来就默默无闻、作为个体不起什么作用的普通老百姓一样，成群结队的蚱蜢成为令人畏惧、难以对付的动物。发生在地中海南部国家的蝗灾在历史上是很有名的事件，即使是在美国，被称作落基山蝗虫的蚱蜢也曾在中西部几个州造成极大破坏，致使政府派遣了大量昆虫学家前往调查虫灾。虫灾发生在美国南北战争结束后的几年里，当时不知道是什么原因，通常习惯居住在落基山脉东边的西北部地区的蝗虫开始不满意它们原来的繁殖地，大规模地向密西西比山谷迁移，所到之处，各种庄稼均遭到了严重的破坏。在新的居住地它们会产卵，下个季节孵化出的幼虫，在获得它们的翅膀之后，就会返回父辈前一年的居住区。

参与过1877年虫灾调查的昆虫学家告诉我们，在一个适宜的日子，迁移的蝗虫“午前起飞，从八点到十点钟，下午从四点到五点落下吃东西。据估算，它们飞行的速度每小时从4.8千米到24千米或32千米，根据风的速度决定。因此，七月中旬从蒙大拿州开始飞行的昆虫可能在八月或九月初才能到达密苏里州。这段路程大约需要六个星期，然后它们才能抵达自己预定的繁殖地。大批蝗虫在天空飞行的场面被描述成“就像一大片浮云飘了过来”，或者说“像雪片般在空中飘舞”。大片飞来的蝗虫“时而飞得很低，几乎接近地面，时而又飞得很高，肉眼很难看得清楚”。据估计，蝗虫的飞行高度离地面可达4千米，或者说海拔4.5千米。参与虫灾调查的一位昆虫学家C.V.赖利博士说，成群落下来的蝗虫致使这个地区“像是发生了一场大瘟疫或大灾难”。赖利博士还为我们生动地描绘了当时的状况：

农民耕地播种。他满怀希望地耕作，观赏着正在生长的庄稼在温暖的夏风吹拂下，掀起一道道优美的波浪。绿色的庄稼逐渐变得金黄；丰收在望。喜悦使他忘却了劳累，因为辛苦劳作的成果即将变成现实。天气晴朗，太阳露出灿烂的笑容，金色的阳光照耀着丰收在望的果园和田野，各种牲畜和农具已准备妥当，所有人似乎都很高兴。天空越来越亮。突然，太阳的脸色变黑了，天空一片昏暗。清晨的喜悦被不祥的恐惧取代。随着天色渐暗，成群饥饿的蝗虫落到了地上。翌日，啊！蝗灾带来的这是什么变化呀！丰收在望，硕果累累的肥沃土地已经变成了一片荒原，而太阳，即使是在最明亮的时候，也只能悲伤地把光线穿过充满无数闪闪发光的昆虫的大气层。

即使在今天，美国中西部各州的农民为了保证庄稼获得丰收经常需要花大力气灭虫，尤其是苜蓿和禾本科作物，这些田地里聚集着大量饥饿的蚱蜢。为了减轻虫灾所造成的损失，他们主要采用了两种手段。其中一个方法是利用一种被称作“灭蝗机”的装置，驱除田里的蚱蜢。这个装置可采集活蚱蜢，然后杀死。灭蝗机的主要构造是一个又长又浅的盘状物，长度为3.6

米或4.6米，安装在滑行装置下面的一个低槽里，并配有一个由木框制作的高背，框上绷着金属片或布片。盘状物里面装有水，水上面是一层煤油。当推动灭蝗机在田里走过，大量飞起来的蚱蜢就会撞到高背，要么直接落在盘状物上，要么落入水中，余下的事就由水面上的煤油来做了，因为即使剂量很小的煤油对蚱蜢来说也是致命的。以这种方法，每亩苜蓿田里常常可获得大量的蝗虫尸体；但是还是有许多蝗虫跑掉了，而且灭蝗机通常不能用在不平坦或者高低不平的田地、牧场，以及生长着高科作物的田地。另外一种更有效的灭虫方法是毒杀蝗虫。人们把麦麸、砷、劣质糖蜜混合起来，加水调成糊状，抹在某些能吸引蝗虫吃的东西上，然后把这些致命的诱饵仔细地撒播在经常遭受蝗虫侵袭的田里。

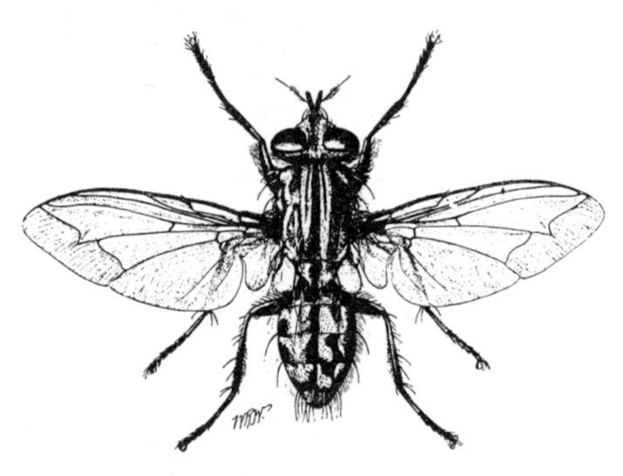
图10　凯利食肉蝇(Sarcophaga kellyi)，其幼虫寄生在蚱蜢身上(多倍放大图)

尽管这样的灭虫方法是有效的，但是难免会被人说成是人类残忍的做法。那么，利用虫子对付虫子的办法又会怎么样呢？一种苍蝇，不是那种普通的苍蝇，而是被昆虫学家以F.O.G.凯利博士的名字命名的凯利食肉蝇Sarcophaga Kellyi(图10)，频频出现在堪萨斯州的田野上，而那里恰恰聚集着大量的蚱蜢。凯利博士向人们描述了这种苍蝇的习性。他叙述说，人们经常见到这种苍蝇突然冲向蚱蜢的翅膀，向翅膀发动进攻。受到攻击的蚱蜢顿时落到地上。检验结果表明，蚱蜢的身体没有受到伤害，但是进一步仔细观察发现，在蚱蜢翅膀底下粘着一些极小的白色软体。毒药丸？传染疾病的颗粒状药丸？事情没那么简单。这是一些生物，它们沿着翅膀的折层爬向翅基——简而言之，它们是母蝇身体冲击蚱蜢一瞬间生出来的小苍蝇。不过，你根本看不出这些刚出生的幼虫是苍蝇的后代；它只是一种类似蠕虫的生物，或者说是蛆，没有翅膀，没有腿，只能通过收缩和扩张其柔软灵活的身体才能移动（图181D）。

在形状方面，凯利食肉蝇幼虫与其他种类苍蝇的蛆相比并没有什么特别的不同之处，但是总的说来，这种苍蝇与其他大多数苍蝇的主要差别在于，它们的卵是产在母体内的。所以，这些苍蝇孵出来的是幼蛆，而不是卵。这样，当雌性食肉蝇向飞行的蚱蜢发动攻击的时候，她承载着准备孵出的幼蛆，利用幼蛆身上的水分把蛆粘到蚱蜢翅膀上。幼小的寄生虫就这样被它们的母亲强加给蚱蜢，而蚱蜢还不知道自己身上发生了什么事。苍蝇幼蛆在毫无防备的寄主蚱蜢翅膀上蠕动，并在翅基这个地方找到一片柔软的薄膜区域；它们穿透膜状区域，并由此进入受害蚱蜢的身体。在这里它们以无助的蚱蜢的体液和细胞组织为食，在10—30天期间逐渐发育成熟。与此同时，当然了，蚱蜢死了；而且当寄生虫完全成长起来，它们离开蚱蜢的尸体，把自己埋入土中，深度约5—15厘米。在土里它们将经受变形，变成与它们父母一个模样。当它们达到这一个阶段，它就从土里出来，成为有翅膀的成年苍蝇。就这样，一种昆虫遭到毁灭，另外一种昆虫就可能活下来。

难道凯利食肉蝇是异常精明的动物？是为了避开照看后代的工作而想出奇妙方法的发明家？毫无疑问，把自己新出生的后代放在陌生人家的门阶上，它的方法真的是一种改进，因为苍蝇的受害者必须接受赋予它的信任和责任，不管它是否愿意。但是凯利博士告诉我们，苍蝇并不能把蚱蜢与其他飞虫区别开来，比如说蛾和蝴蝶，排放在这些飞虫身上的蝇蛆找不到合意的寄主，也永远不能发育成熟。他还说，热切的苍蝇母亲也会追逐丢入风中被弄皱的纸片，并把蝇蛆排放在纸片上，而无助的婴儿毫无生存希望地依附在那里。如此这般的表现，以及其他一些昆虫许多类似的表现，都说明本能确实是盲目的，不是依靠先见之明，而是依靠神经系统的某种机械行为。这种行为在大多数情况下能获得理想的结果，但是如果出现紧急情况或条件不合适，这种行为便得不到有效的保护。

在现代的人类社会中，犯罪分子从表面上看已经变得与遵纪守法的市民没有什么区别。从前，我们观看电影或舞台表演，小偷和恶棍都是一脸流氓相或面目可憎的家伙，很容易识别，不会弄错；但是今天，强盗多半是穿戴整洁、彬彬有礼的年轻人，走在人群里丝毫不会引起别人的怀疑。昆虫界里的状况也如此，完全不受怀疑的一种昆虫可能接近另一种昆虫，并在一夜之间抢劫人家的住所，或者对邻居施加暴力行为。举例来说，有一种表面上清白无邪的甲虫就常常和蚱蜢住在同一片田野里，身长大约1.9厘米，虫体为黑色，并有黄色条纹(图11B)。这种甲虫的昆虫学名称是横带芫菁，当然与蝗虫没有什么关系。它现在是一个素食者，但是在它幼小的时候，它强夺蚱蜢的巢穴，并吞食蚱蜢的卵，它的后代还会做着相同的事情。横带芫菁及

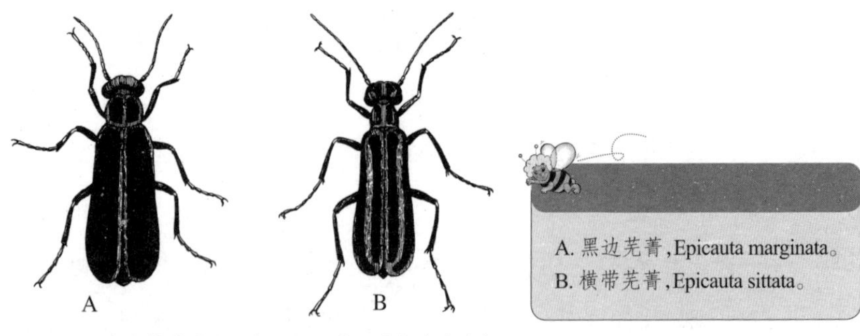

图11　两种芫菁科昆虫，其幼虫以蚱蜢的卵为食(放大两倍图)

其家族的其他成员统称为芫菁科昆虫，因为它们的血液里含有“斑蝥素”这种物质，可用作发炮药，以前曾广泛用作药材。一些种类的雌性芫菁将卵排放在蚱蜢经常出没的田野里，即将孵出的幼虫在这里可以找到蚱蜢的卵囊。小的芫菁（图12）孵出的样子相当不同于它们的父母，在昆虫学上被称作三爪幼虫，因为在它们的每只脚上的单爪旁边有两个棘状突起，使它们的脚看上去似乎有三个爪。虽然芫菁幼虫这种恶棍是破门而入的盗贼或小偷，但是它的故事与许许多多罪犯的故事一样，往往能引起人们浓厚的兴趣。下面就是C.V.赖利博士为我们讲述的横带芫菁的故事（略有删节）：

从7月起直到10月中旬，卵被散落地、不规则地排放在地里，平均每堆大约有130个卵——雌虫为了排卵先要开凿一个洞，事后用脚把卵堆掩盖起来。它几次排卵的间隔时间并不相同，所产卵的总数大概有400—500个。为了顺利排卵，它更喜欢到蝗虫选择的阳光充足的温暖地带，而且本能地把卵排放在蝗虫居所附近，我已经好几次观察到这样的情景。在大约十天的过程中——或多或少，根据地面的温度而定——第一期幼体，三爪幼虫孵化出来。这些小的三爪幼虫（图12），起先虚弱无力，虫体苍白，但很快就显现出了它们天生的淡褐色，并开始四处蠕动。在夜晚，或天气寒冷潮湿时，一窝孵出来的三爪幼虫就聚在一起，不怎么动弹；但是，如果天气暖和，有阳光照着，它们就变得非常活跃，迈开长腿在地上跑来跑去，并用它们的大脑袋和坚实的下巴刺探在土里的每一处缝隙，到了适

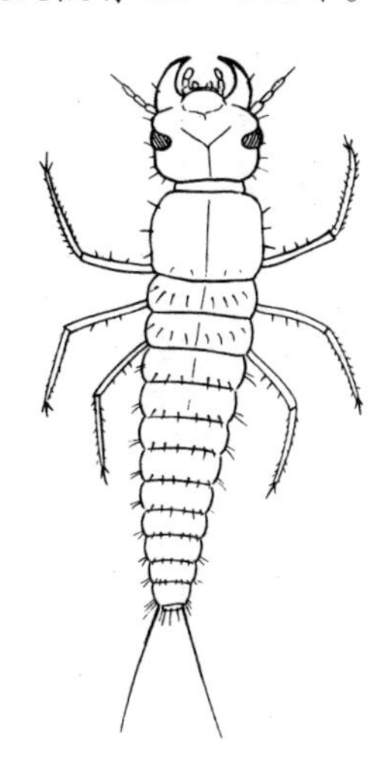

图12　芫菁（图11）的第一期幼体，三爪幼虫（放大12倍图）

当的时间，它们就会在土里掘出一个洞藏进去。随着它们成为食肉动物，它们必须勤奋地寻找自己的猎物。它们表现出了极强的忍耐力，只要气候适宜，即使两周时间不吃任何食物也能生存下来。然而，在寻找蝗虫卵的过程中，毫无疑问，许多三爪幼虫命中注定要死亡，只有更幸运者才能找到适合自己的食物。

到达一个蝗虫卵囊后，三爪幼虫偶然地或本能地，或两者兼而有之，开始挖穿黏液质的颈状物，或者叫覆盖物，而且在那上面吃了第一顿美餐。如果它已经搜寻很长的时间，而且它的下巴变得足够坚硬，它就能很快穿过这种多孔的细胞物质，并一下子咬住一个卵，首先吞食卵壳部分，然后，经过两天或三天的时间，吸光卵内所含之物。假如两个或更多的三爪幼虫进入相同的一个卵囊，你死我活的冲突迟早跟着发生，直到剩下唯一一个胜利者。

幸存的三爪幼虫接着攻击第二个卵，或多或少完全吃光其内含之物，这时，在其进入孵化期大约8天后，它停止进食，进入一段休止期。很快，表皮顺着背部裂开，这样导致三爪幼虫进入其生存的第二个阶段。非常奇特的是，这时它的外貌非常不同，通体白色，身体柔软，腿也比以前短了许多（图13）。在继续以卵为食大约一星期之后，幼虫第二次蜕皮，但外貌仍然与它们的父母不同。然后再一次，接着第四次，它脱掉外皮并改变了自己的相貌。然而，就在第四次蜕皮之前，它放弃卵，在土里挖出浅浅的一个洞，在这里让自己平静下来，休息一段时间，而且在这里接受另外一次蜕皮，但外皮没有被丢弃。就这样，半成熟的昆虫度过了冬天，而且在春天第六次蜕皮后重新活跃起来，但是没过多长时间——它的幼年

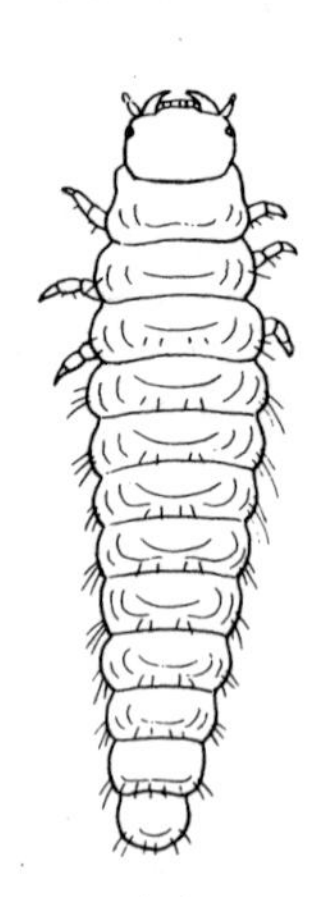

图13 有条纹的芫菁的第二期幼体

生活就要结束，再一次蜕皮使它变成了一个蛹，而且就是在这个阶段它将变回与父母一样的形态。最后一次变形用不了一个星期就能完成，接着它就会从土壤里浮现出来，现在它已经是完全成形的有条纹的芫菁科昆虫了。

除了芫菁科昆虫幼虫，蚱蜢的卵还为其他许多昆虫供应食物。有些苍蝇和类似小黄蜂的昆虫，其幼体在卵囊进食，所采用的方式与三爪幼虫一样。另外还有一些昆虫是杂食者，它们吞食蝗虫卵，作为它们混杂食物的一部分。然而，虽然它们繁殖后代的生殖细胞遭受了这种破坏，蚱蜢的家族仍然兴旺，因为蚱蜢像大多数其他昆虫一样，相信这样一句格言，即安全存在于数量。所以，每个季节都会有众多的卵产出，储存在地里。数量之多，即使它们的敌人把全部力量结合在一起也不可能彻底消灭蚱蜢，蚱蜢完全可以保证自己安然渡过难关，完好无损地继续保持自己物种的延续。这样我们看到，大自然拥有各种不同方法达到循环发展的目的——大自然在卵囊里已经给予蚱蜢卵更好的保护，但是，由于通常无法照管每一个个体，大自然便选择利用繁殖力保证物种的繁衍不绝。

第二章

蚱蜢的旁系远亲

大自然趋向于群体生产而不是个体生产。你能想到的任何动物都可能与另一种动物或其他一些动物在某些方面相似。昆虫一方面与虾或螃蟹相似，另一方面与蜈蚣或蜘蛛相似。动物之间的相似性要么是表面性的，要么是根本性的。例如，鲸鱼或海豚与鱼相似，过着鱼类的生活，但是它们却有着生活在陆地上的哺乳动物的骨骼和其他一些器官。因此，虽然它们的外表像鱼，有着水中生活的习性，但按照分类，鲸和海豚是哺乳动物，并不属于鱼类。

当动物之间的相似性具有根本的性质，我们认为，它们实际上体现出了一种血缘关系，也就是说追溯到远古它们有着共同的祖先；但是，动物之间关系的确定可不是一件容易的事，因为一般很难弄清哪些是根本性特征，哪些是表面特征。不过，这是动物学家的一部分工作，他们能够彻底研究所有动物的结构，并确立动物之间真实的关系。动物学家根据他们对动物结构的研究而做出的推论通常以动物的分类加以表述。动物王国的基本分类经常被比喻成一棵树的许多分枝，这些分枝就是“门”。

昆虫、蜈蚣，蜘蛛和虾，小龙虾、龙虾，螃蟹和其他诸如此类的动物属于节肢动物门。这个门的名称意谓“有节的腿”；但是，由于许多其他的动物也有有节的腿，这个名称并没有区别性意义，除非说明节肢动物的腿以特有的方式连接在一起，每一条腿由一系列部件组成，这些部件以不同的方向相互弯曲。然而，一个名字，就像大家知道的那样，并不一定就意指什么，因为叫史密斯（Smith铁匠）的先生可能是一位木匠，而叫卡彭特

（Carpenter木匠）的先生可能是一个铁匠。一个门可划分为纲，纲划分为目，目划分为科，科划分为属，属由种组成，而种就很难向下进一步划分和定义，但是它们就是我们通常认为的动物的种类。种被赋予双重名称，第一是属名，第二是种名。例如，属名为“蝗”Melanoplus的普通蚱蜢种，可以分类为黑蝗（Melanoplus atlanus）、红腿蝗（Melanoplus femur-rubrum）、差分蝗（Melanoplus differentialis）等等。

属于节肢动物纲的昆虫被称作Insecta，或有六足的节肢动物。前边我们已经提到过，“昆虫”这个词在英文里是“分割”的意思，而Hexapod则是“有六条腿”的意思——两个术语都适用于指昆虫。蜈蚣（图14C）是多足纲节肢动物，顾名思义就是有很多脚；螃蟹（图14A）、虾、龙虾，还有其他类似动物属于甲壳纲，如此称呼是因为它们大多数都有很硬的外壳；蜘蛛（图14B）是蛛形纲节肢动物，以古希腊神话中一少女的名字命名，她因自夸纺织技能高超而被女神密涅瓦点化为蜘蛛；但是有些蛛形纲节肢动物，例如蝎子，并不织网。

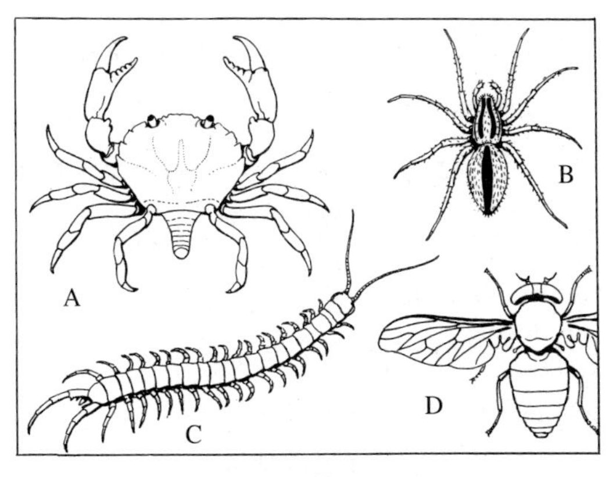

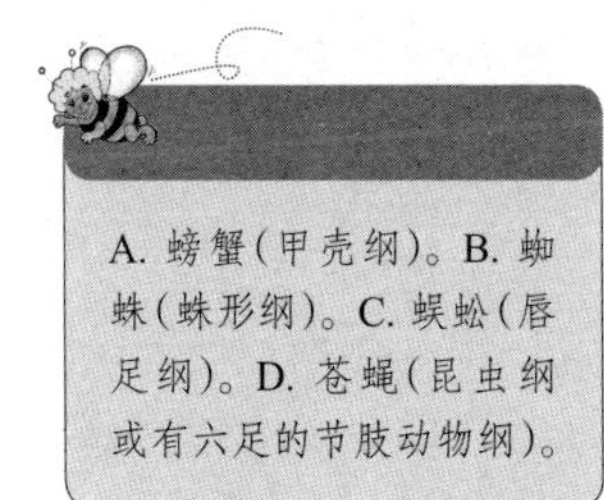

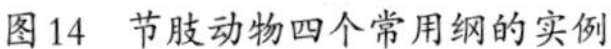
图14　节肢动物四个常用纲的实例

昆虫的主要群体是目。蚱蜢和它的远亲构成一个目；甲虫是一个目；蛾和蝴蝶是一个目；苍蝇是另外一个目；黄蜂、蜜蜂和蚂蚁也是另外一个目。蚱蜢的目叫做“直翅目昆虫”，字面意思是“直的翅膀”，但是，还得再说一次，这个名称并不能适用于所有情况，虽然作为名称用起来比较方便。目是由相关科组成的群体。在直翅目昆虫中，蚱蜢或蝗虫形成一个科，美洲大螽斯形成另一个，蟋蟀形成第三个；而且所有这些昆虫，加上其他一些不太为人所知的昆虫，也许可以被说成是蚱蜢的旁系远亲。

直翅目昆虫的科在许多方面是值得注意的，有些成员众多，规模很大，有些外貌惹人瞩目，有些具有音乐才能。尽管这一章节主要介绍蚱蜢的堂（表）兄弟姊妹，但是除了前边章节谈过的，我们仍然还会讲述蚱蜢的一些趣事。

蝗科昆虫

蚱蜢或蝗虫科昆虫叫做剑角蝗科。所有的成员在外貌和生活习性方面非常相似，虽然有的翅膀长一些，有的翅膀短一些，有的体形硕大，身长将近15厘米。前面的翅膀较长和狭窄（图63，W_2），有一点僵硬，质地有些像皮革。前翅覆盖着较薄的后翅，作为对后翅的一种保护，而且由于这个缘故，它们被称作覆翅。后翅展开的时候像两把扇子（图63，W_3），每个翅膀从翅基延伸出许多翅脉。这些翅膀是滑翔器，不是飞行器官。大多数蚱蜢通过它们强壮的后腿跳到空中，然后依靠展开的翅膀飘飞，飞行距离要看翅膀虚弱的拍翅能把它们带多远了。然而，我们经常见到的卡罗莱纳蝗虫却是一个强壮的飞行者。当它飞起来的时候，可以轻快地沿着起伏的航线飞过草丛和矮树丛，有时还能飞过小树的树梢，但是总是以这种方式或那种方式突然转向，似乎拿不定主意该落在哪里。有些蝗虫，它们在迁移过程中所完成的伟大飞行更多的是依靠风力，而不是翅膀的力量。

蝗虫的明显特征就是它们在虫体的两侧拥有大的器官，这些器官的设计似乎是为了满足它们听觉的需要。当然了，没有哪一种昆虫的脑袋上长有"耳朵"；假定的蚱蜢听觉器官位于腹部的底部，一边一个（图63，Tm）。每个器官是由体壁上一个椭圆形凹陷构成的，上面是一层薄薄的鼓状的膜，或者说鼓膜。气囊靠在膜的内面，为自由振动所必需的空气压力平衡提供装备，作为对声波的反应，而这一套复杂的感觉装置依附在其内壁上。然而，即使有了如此大的耳朵，让蚱蜢获得听觉的尝试从来就不是非常成功；但是它的鼓膜器官在结构上与那些善于鸣唱的昆虫的器官是一样的，因此，也许可以假定它们能听到自己发出的声音。

具有音乐天赋的蚱蜢并不多。它们大多数是沉闷的动物，不善于表露情感，如果它们有情感的话。它们在白天活动，到了夜晚就睡觉——值得赞美的习性，但是这种习性并不能使它们获得多少艺术成就。不过，有些蚱蜢发出的声音，在它们自己的耳朵里也许就是音乐。一种朴实无华，褐色的小蚱蜢（图15）就是这样一种昆虫，身长大约2.2厘米，头部与翅膀之间的背部覆盖着鞍状盾形背甲，背甲的两侧各有一个黑色大斑点。除了学名斑蝗，它没有别的名称，也不太为人们所熟悉，而且它的鸣声也是非常虚弱无力。依照斯卡德的说法，它唯有的音符类似于tsikk-tsikk-tsikk，在阳光的照耀下，大约3秒钟内重复10—12次，如果是阴天，频率就稍微低一些。斑蝗是一个小提琴手，能同时演奏两件乐器。琴身是它的前翅，而琴弓就是它的后腿。在每只后大腿（或称腿节）的内面有一排小齿（图15B，a）。图15C所示的是放大图。当大腿摩擦翅膀的边缘，腿节上的小齿刮擦着尖锐的翅脉，如图15b

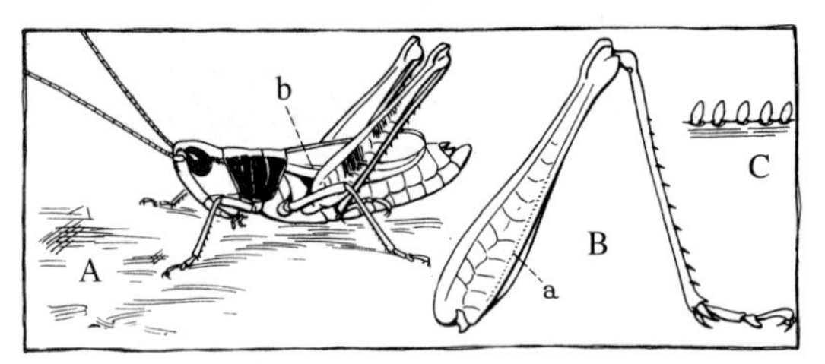

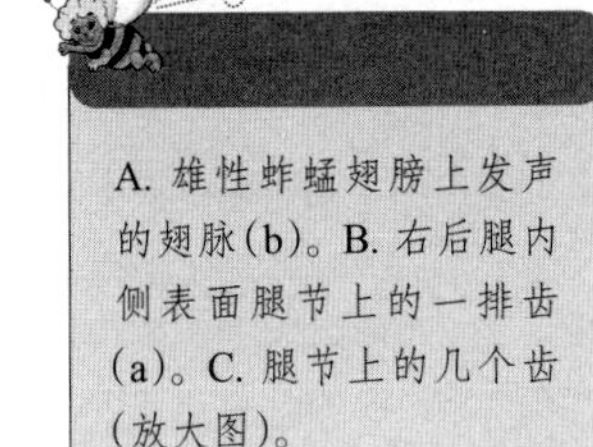

A. 雄性蚱蜢翅膀上发声的翅脉(b)。B. 右后腿内侧表面腿节上的一排齿(a)。C. 腿节上的几个齿(放大图)。

图15　利用后大腿刮擦尖锐的翅脉而发声的蚱蜢

所示。这样就发出了我们刚刚提到过的tsikk声响。这样的音符在我们听来并不含有多少音乐成分，但是斯卡德说他曾见过三个雄虫同时向一个雌虫鸣唱。可是，这个雌虫正忙于在附近的一个树墩上排卵，而且没有任何迹象表明它欣赏这几个追求者所作出的努力。

其他几种小蚱蜢也仿照斑蝗的样子演奏小提琴，但是另外一种，名字叫细距蝗（Mecostethus gracilis）（图16），发出刺耳音的点不是在腿上，而是在每个前翅上有一个翅脉（B.I）及其分支，如C所示放大，装备着许多小齿，正是在这上面，蚱蜢用位于后腿内侧尖锐的隆起部分与其进行刮擦。

在另外一组蚱蜢中，还有一些能在飞行时发出噪声，这种急促而轻微的声音显然是翅膀本身以某种方式发出来的。其中一种，常见于美国北部的几个州，被称为爆竹蝗（Circotettix verruculatus）。同一属的其他几个成员也能发出尖厉而急促的声响，其中叫得最响的是被叫做噼啪蝗（C.carlingianus）的蚱蜢。斯卡德说，“这种蚱蜢喧闹的尖叫声很大，离老远人们就能听得到。在干旱的西部地区，这种蚱蜢特别喜欢待在多岩石的山坡和陡峭的悬崖周围炎热的地带，充分享受阳光的沐浴，在这里它们连续而清脆的鸣叫声在岩壁上发出回响”。

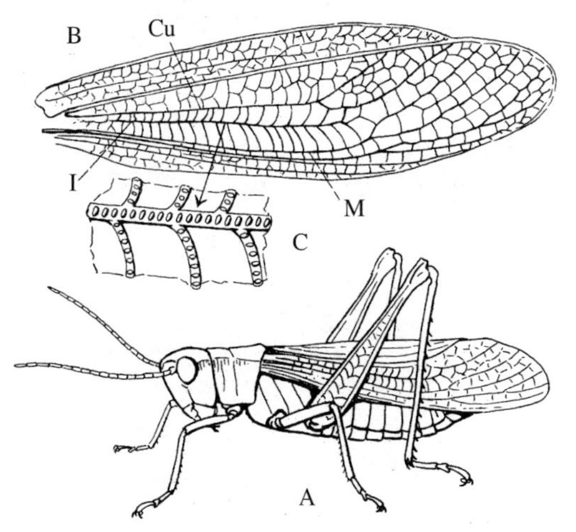

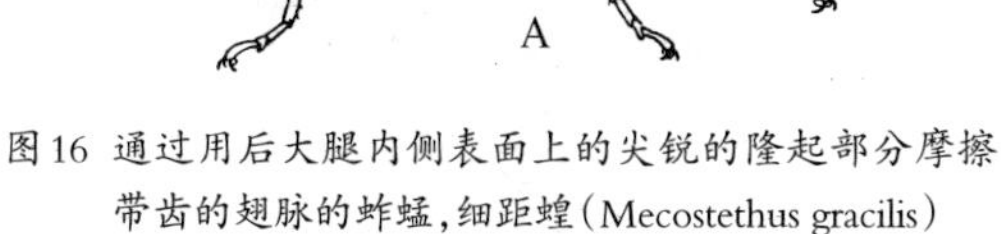

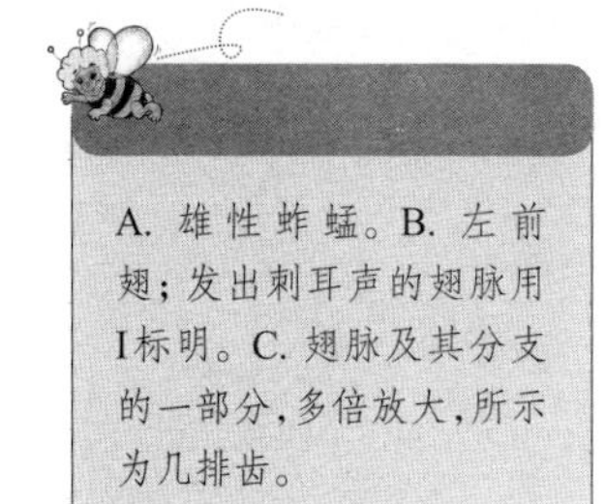

A. 雄性蚱蜢。B. 左前翅；发出刺耳声的翅脉用I标明。C. 翅脉及其分支的一部分，多倍放大，所示为几排齿。

图16　通过用后大腿内侧表面上的尖锐的隆起部分摩擦带齿的翅脉的蚱蜢，细距蝗（Mecostethus gracilis）

美洲大螽斯科昆虫

尽管蚱蜢的例子已经说明了昆虫在音乐创作上所作出的原始尝试，而且在这方面也可以和原始人类的尝试进行比较，昆虫中音乐造诣最高的还要说是螽斯。不过，就像人类家庭，如果某个成员取得了辉煌成就，就势必会影响到其亲戚和后代，螽斯科昆虫某个成员拥有的突出才艺也能为其所有同属动物带来荣誉，而且它应得的名声开始被公众不加区别地应用到歌手所属的整个部落，可是这个群体中有些虫子歌唱能力很低，甚至很差，它们也被叫做“螽斯”，只是因为它们与螽斯沾亲带故罢了。在欧洲，螽斯被简称为长角蚱蜢。昆虫学上，这些昆虫现在被归属在螽斯科，尽管很久以来以直翅目蝗科而闻名。

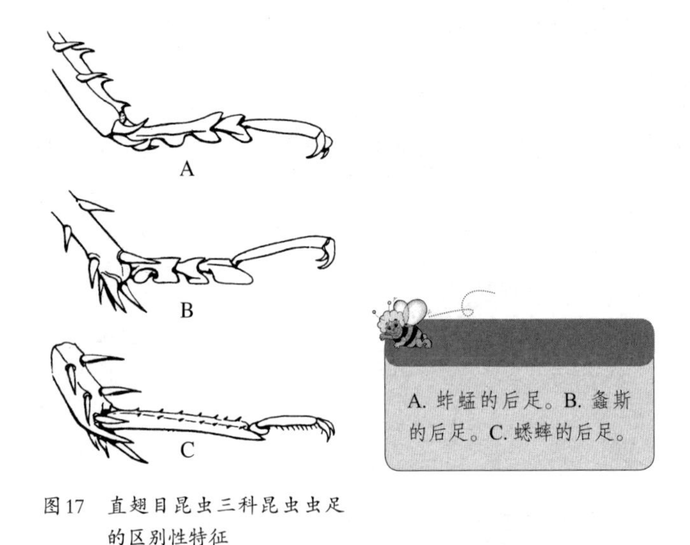

图17　直翅目昆虫三科昆虫虫足的区别性特征

从整体上看，美洲大螽斯最容易与蝗虫或短角蚱蜢区别开来，其显著特征就是从前额延伸出来的雅致的、敏感的、逐渐变细的长长的触角。但是这两科昆虫还在足的节数上不太一样，蚱蜢有三个节（图17A），而螽斯有四个节（图17B）。蚱蜢把整个脚踩在地上，而螽斯通常只用三个基础节行走，长的端关节是抬起来的。基础节的下侧有爪垫，可以黏附在任何表面平滑的东西上，例如树叶，但是端关节长着一双爪，用来在必要的时候抓住支撑物的边缘。尽管螽斯的虫体呈绿色，大多数的体形也很优美，它们却是以夜间活动为主的动物。与体形笨重的蝗虫相比，它们的姿势和行为举止表现出了优雅的风度和较高的教养。虽然螽斯科昆虫的一些成员生活在田地里，而且在外貌和生活方式方面很像蚱蜢或者蟋蟀，典型的螽斯更喜欢隐居在灌木丛或树上。这些是直翅类昆虫中的真正贵族。

昆虫当然不是人类，昆虫音乐家在许多方面与人类音乐家不同。昆虫艺术家全都是乐器演奏者；但是由于诗人和其他一些无知的人总是说到蟋蟀和螽斯的“歌唱”，使用公众语言也许比纠正这种说法更容易一些，况且我们也找不到比“摩擦发音器”这个拉丁文名称更好的词语。但是，如果我们打算通过词语解释我们的意思，用什么词关系不大。所以我们必须懂得，虽然我们说到昆虫的“歌唱”，昆虫没有真正的嗓音，因为“嗓音”的实际意义是呼吸作用于声带而发出的声音。实际上，昆虫的所有乐器是它们身体的部位；不过这些部位更像是小提琴或鼓，因为它们发声靠的是刮擦表面和振动表面。刮擦表面的部位，就像蚱蜢的乐器（图15、图16），通常是腿和翅膀。声音可以通过特别的共鸣区域得到增强，就像弦乐乐器的琴身，有时在翅膀上，有时在虫体上。我们将在另一章专门讲述的蝉在体壁上有很大的鼓膜，利用这个鼓膜，善于鸣唱的蝉能发出尖锐刺耳的声响。蝉不是敲击鼓膜，而是通过虫体肌肉的运动来震动鼓膜。在绝大多数情况下，各科昆虫能鸣唱的都是雄虫，所以人们假定这是雄虫在向雌虫求爱，但是情况是不是真的如此，我们并不能确定。

螽斯的乐器与蚱蜢的乐器非常不同，位于前翅，或翅脉相互复叠的基部。因为这个缘故，雄虫的前翅总是与雌虫的前翅不同，雌虫的前翅保持着平常的或原始的结构。图18C显示的是雌虫的右翅，这种螽斯的名字叫大草螽（Orchelimum laticauda），一种与蚱蜢很相似的种。从基部延伸出的四条主要翅脉横贯翅膀。最接近内侧边缘的脉叫做肘脉（Cu），而在肘脉和这个翅膀的边缘之间的空白则被由小脉所组成的网络填满，这些小的翅脉的排列没有什么特别的顺序。然而，在雄虫的翅膀上，如图18A所示，这个内侧基本区域被扩大了很多，拥有一层又薄又脆的膜（Tm），由从肘脉（Cu）伸

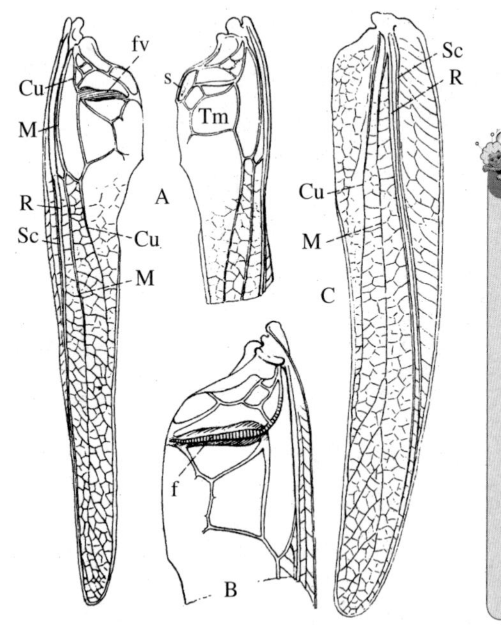

A. 雄虫的左前翅和右翅的基本部分，所示为四个主要的翅脉：肋下脉(Sc)，径脉(R)，中脉(M)和肘脉(Cu)；还显示了每个翅膀放大的基本振动区域，鼓膜(Tm)，左翅厚实的音锉脉(fv)和右翅的刮响器(s)。

B. 雄虫左翅翅底较低表面，显示音锉脉(A,fv)底侧的音锉(f)。

C. 雌虫右前翅，上面没有发音器官，显示的是普通简单的虫翅的脉序。

图18　大草螽的前翅，翅脉，显示螽斯科昆虫典型的发声器官

出来的一些分支小脉支撑绷紧。其中一个翅脉(fv)，横向在膜上穿过；这个翅脉在左翅上很厚，如果把翅膀翻过来，就会看到其底面有密密的一系列小的横向的隆骨，将其转变成可变化的音锉(f)。在右翅，这个翅脉就要细小得多，其音锉也很弱，但是在这个翅膀的基角位置有一个硬挺的隆骨(s)，这在另一个翅膀上还没有出现过。螽斯总是把左翅复叠在右翅上，以这种姿势，左翅上的音锉位于右翅的隆骨(s)的上方。如果这时翅膀斜向一边移动，在隆骨或刮响器上摩擦音锉就会产生刺耳的声响，而这正是螽斯鸣唱出其音符的方法。然而，声音的音调和音量在很大程度上可能是通过振动翅膀上的薄膜而产生的，这个膜被叫做鼓膜(Tm)。

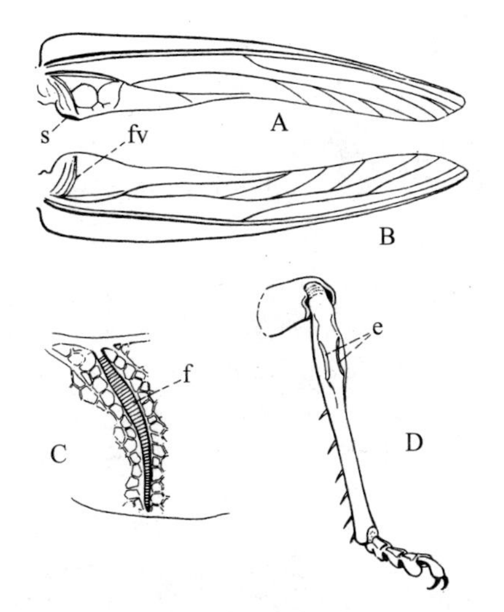

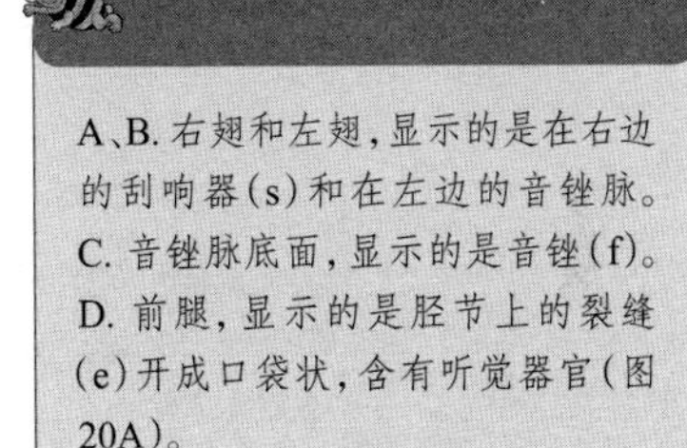

A、B. 右翅和左翅，显示的是在右边的刮响器(s)和在左边的音锉脉。
C. 音锉脉底面，显示的是音锉(f)。
D. 前腿，显示的是胫节上的裂缝(e)开成口袋状，含有听觉器官(图20A)。

图19　螽斯科昆虫锥头蚱蜢(conehead grasshopper)的翅膀，发声器官和“耳朵”

不同演奏者的乐器在它们结构的细节方面有所不同。不同种昆虫翅膀上的音锉和刮响器的形状和大小都有些变化。另外，如图19的A、B和C对草螽(图27)的描画，支撑鼓膜的翅脉也有所差别。例如螽斯科中最伟大的歌手叶螽，它们的音锉、刮响器、鼓膜和翅膀本身(图26)都得到了很高的发展，形成了效率极好的乐器。但是，大体上讲，不同种昆虫的乐器所发出的音符却没有多少不同。同一把小提琴可以演奏出无数的音调。至于昆虫，每一位音乐家只知道一个音调，或这个音调的几个简单变调，这是它从祖先那里继承来的，随之一起继承的还有如何演奏乐器的知识。摩擦发音器官的部位直到成熟才能在功能上得到发育，这时昆虫就能立即演奏天赋的乐器。在学习的过程中，它从来不会用悲哀的音符扰乱邻居。

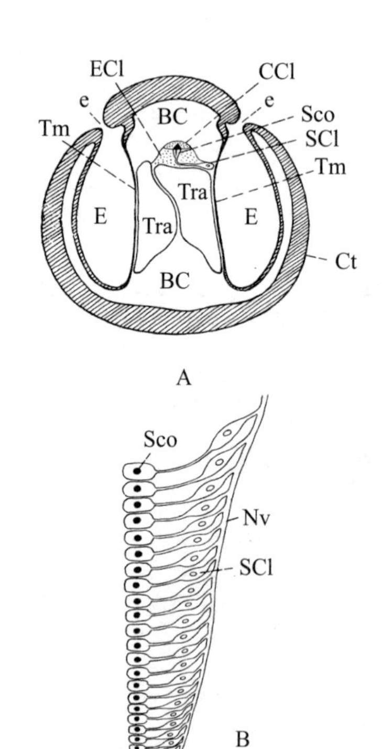

图20 螽斯科成员(Decticus)前腿上可能的听觉器官

A. 穿过听觉器官腿的截面，显示的是耳朵细长裂口(e, e)，通向较大的耳洞(E, E)，其内面上是鼓膜(Tm, Tm)。鼓膜之间是两个气管(Tra, Tra)，将腿腔分成上下两个通道(BC, BC)。感觉装置在内部气管的外表面形成一个壳，每个成分包括一个冠单元(CCl)，一个含有感觉棒(Sco)的外层(ECl)，一个感觉单元(SCl)，一层形成坚硬腿壁的表皮(Ct)。

B. 感觉器官的表面视图，自上而下显示按大小排列的组成成分。感觉单元(SCl)依附在腿内侧的神经(Nv)上。

非常奇怪的是，与蝗虫不同，螽斯及其同科昆虫的身体两侧都没有类似耳朵的器官。人们普遍认为，它们假定的听觉器官位于前腿，与蟋蟀的听觉器官相似。位于胫节(tibiae)上部分垂直的细长裂口(图19D，e)张开成小口袋状(图20A，E)，骨膜(Tm)在其内壁伸展开来。在薄膜之间是气腔(Tra)和一个复杂的感觉接收装置(B)，由一根神经连接，这根神经穿过具有中枢神经系统的腿的基本部分。

螽斯科昆虫有好几个群体，以亚科分类。按照拉丁文的做法，昆虫的亚科名称在英文里以inae结尾，以便与以idae结尾的科名称区别开来。

圆头树螽属昆虫

这是螽斯科昆虫的第一大组的成员，其主要特征是长着大翅膀和圆滑的脑袋。它们组成了露螽亚科（Phaneropterinae），其中包括的种在整个直翅目昆虫中是最优美、最文雅、最有教养的昆虫。从某种程度上讲，几乎所有圆头树螽都有音乐天赋，但是，它们的作品并不是高超的那种。另一方面，虽然它们的音符调子很高，通常也不会让你晚上睡不着觉。

在这一组里有树螽。此种昆虫身材中等，翅膀比其他昆虫苗条一些，其所在的属通常被称为树螽属（Scudderia），也被称作薄翅树螽属（Phaneroptera）。之所以被称为树螽是因为人们发现它们常常出没在低矮的灌木丛中，特别是潮湿的草地边缘一带，尽管它们有时也会在别的地方居住，而且它们的鸣叫声在夜里会出现在房屋附近。

我们最常见的一种，也是美国各地都有的一种树螽就是叉尾树螽（Scudderia furcata）。图21显示的是雄虫和雌虫，雌虫正在清理后腿上的爪垫。螽斯科昆虫都特别注意保持爪部的清洁，因为始终保持它们黏性的爪垫处在完好的工作状态是非常有必要的；所以它们经常停下正在做的事情，无论什么事情，舔一舔这只脚或那只脚，就像狗被跳蚤咬后瘙痒那样，看起来更像是与生俱来的习性，而不是必要的清洁行为。叉尾树螽是不炫耀的歌手，只发出一种音符，高调的zeep，连续反复好几次。但是与其他大多数歌手不一样，叉尾树螽一般不会持续重复系列鸣声，而且它们的歌声很容易被蟋蟀的爵士乐乐团的喧闹声淹没，人们很可能听不到。然而，有时候它轻柔的zeep、zeep、zeep可能会从附近的灌木丛或从树的较低的树枝上飘过来。

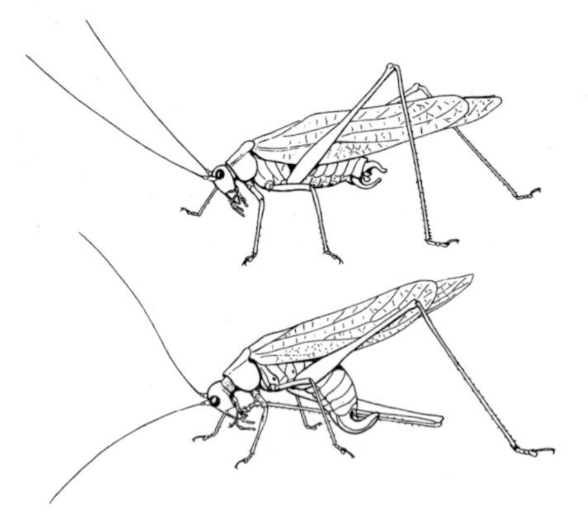

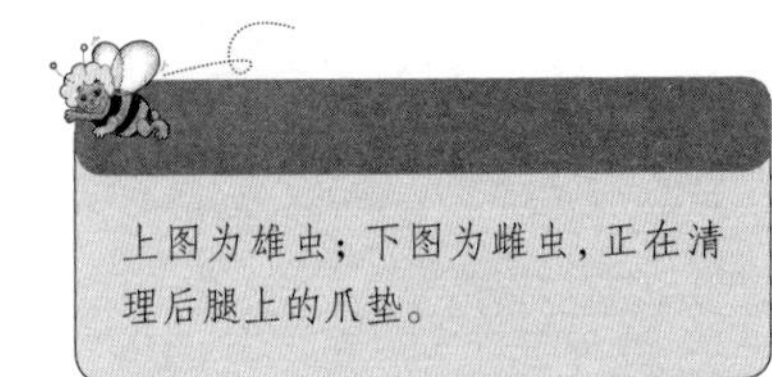

上图为雄虫；下图为雌虫，正在清理后腿上的爪垫。

图21 树螽，叉尾灌丛树螽(Scudderia furcata)

其他种的音符已经被描述为zikk、zikk、zikk，或zeet、zeet、zeet，而一些观察者则记录了同种昆虫的两个音符。由此，斯卡德说，叉尾灌丛树螽白天的音符和夜晚的音符非常不一致，白天的音符被描述为bzrwi，而夜晚的音符只有白天音符的一半音长，被描述为tchw。(花点时间练习，读者就能很好地模仿这种树螽的叫声。)此外，斯卡德还说，白天的时候，如果乌云遮住了太阳，它们鸣唱的音符就会变成夜晚的音符。

圆头树螽属(Amblycorypha)所包括的种群昆虫，其翅膀要比灌丛螽斯的翅膀宽一些。它们中的大多数是平庸的歌手；但是在美国东部和加拿大南部发现的一种昆虫，名字叫圆翅螽斯(A.oblongifolia)，却以其硕大的体形和高雅的举止而闻名于世。有一年夏天，笔者捕获了一只雄虫(图22)，关在笼子里。然而，尽管受到了被禁闭的羞辱，这只雄虫从未失去端庄稳重的风度。它显然过着自然而又满足的生活，吃着葡萄叶和成熟的葡萄，在葡萄皮上咬开一个洞，吸食里面的果浆。它总是沉着的、镇静的，它的行动总是缓慢的和不慌不忙的。行走的时候，它小心地抬起每一只脚，稳步地迈腿走向

图22　圆翅螽斯(Amblycorypha oblongifolia),雄虫

新的位置,然后小心地再次把脚放在地上。只有做跳跃动作时它才会快速移动。但是它为跳跃所做的准备动作与它做其他动作一样沉着冷静,不慌不忙:脑袋向上,慢慢地向下放低腹部,两条长后腿在虫体的两侧弯曲成倒V字形,让人误以为它准备坐下来;但是,当它突然向上跳入树叶里时,瞬间从什么地方释放出一个抓取动作,为了这个目标它采用了如此长时间的精心准备。

有很长的一段时间,这个被关在笼子里的贵族昆虫没有发出任何声响,但是最终在一个晚上它重复吱吱叫了三次,类似shriek,而s音在很大程度上是用送气的方式发出的,在ie音上有一个延长的震动。第二天晚上它又唱了起来,最初发出的是微弱的swish,swish,swish,其中s非常明显是咝音,而i则是颤音。但是在唱完这首序曲之后,它开始尖声发出shrie-e-e-e-k,shrie-e-e-e-k,重复了六次。布拉奇利把这种响亮的叫声描述为"一种响而粗的叫声——就像梳齿刮在绷紧的弦上发出的声音"。

圆头树螽中，也许还是整个这科昆虫中最闻名的成员，就是角翅树螽。它们是一些大个的槭树叶绿昆虫，从一边到另一边弄得很平，类似叶状的翅膀高高折叠在背后，上部翅边突然弯曲，使这种昆虫表面上看给人驼背的印象，并由此得名角翅树螽。隆肉前面背部的斜向表面形成一块较大的平坦三角形，雌虫平滑一些，但是雄虫由于具有音乐装置的翅脉而显得粗糙，有皱纹。

角翅螽斯在美国有两个种，均属于角翅螽斯属（Microcentrum），按体形大小区分，较大的一个是广翅螽斯（M.rhombifolium），另一种较小的是角翅螽斯（M.retinerve）。广翅螽斯雌虫（图23），也是最为普通的螽斯，其体长从翅尖量

图23　广翅螽斯（Microcentrum rhombifolium），上边的为雄虫，下边的为雌虫

起可达6厘米。它们产下的卵为扁平椭圆形,成排附着在一些细枝或树叶上。

角翅螽斯容易受到光的吸引,夏天的夜晚在房屋附近的灌木丛里,甚至门廊和纱门上经常能够看到它们。角翅螽斯通常利用轻柔但调子很高的叫声表明它们的存在,声音类似tzeet,以短系列发出,第一组音符重复的速度快一些,接下来的几组音符明显慢了下来,音调也随之不那么尖锐刺耳。尽管这些尖锐的高音调必须加以想象,其音符也许可以写成tzeet-tzeet—tzeet—tzeet—tzek—lzek—tzek—tzuk-tzuk。阿拉德说,这些音符"尖锐,是强烈的沙沙声,听上去就像硬梳齿慢慢地在某种东西上刮擦发出的声音"。他把音符写成这个样子:tek—ek—ek—ek—ek—ek—ek—ek—ek—ek—ek—tzip。但是,无论角翅螽斯的歌声如何用英语的音表示出来,都不能与其著名的堂兄叶螽的叫声联想在一起。然而,大多数人会把这两种螽斯混淆起来。更有甚者,听到的是一种螽斯,看到的却是另一种螽斯,他们得出了明显错误的结论,以为听到的叫声是看到的螽斯发出来的。

角翅螽斯(Microcentrum retinerve),虽然不像其他那些螽斯那么常见,却有着类似的生活习惯,而且在夜晚能够听到它们在房屋附近的灌木丛里或藤蔓上歌唱。它的歌声是锐利的zeet,zeet,zeet,三个音节隔开写成ka-ty-did,而许多人很有可能误以为这些角翅螽斯唱出的音符就是叶螽唱出的音符。

广角螽斯非常温和,是一种不会猜疑的动物。当它们被人拾起时,从来不会试图逃脱。但是它们非常善于飞行,它们盘旋在空中的时候很像飞机模型,翅膀笔直地伸向两侧。休息时,它们有一个古怪的习惯,身子向一边倾斜,好像它们觉得头重脚轻,失去了平衡。

叶　　螽

我们现在来谈一谈一种艺术家，它正当合理地拥有“螽斯”的名称，在昆虫界被称为pterophylla camellifolia，而且在美国民众看来是最伟大的昆虫歌手。当然了，这种螽斯是否真的是音乐家，那要看评论家怎么说了，但是它的名望没有疑问，因为它的名字家喻户晓，与我们熟知的一些伟大艺术家的名字一样，虽然没有留声机记录下他们的音乐。的确，蝉在全世界的名气要比螽斯大得多，因为蝉在世界许多地方都有代表，但是它们的歌声还没有以音符的形式写出来，让民众能有所理解。而且如果简单易懂是检验真正艺术的标准，螽斯的歌声能够通过检验，因为没有比katy-did更简单易懂的音符。即使是其一些变体，例如katy，katy-she-did，或katy-didn’t，也非常简单易懂。

然而，虽然几乎每一个土生土长的美国人都亲耳听过或听别人说起过螽斯的音乐，我们却很少有人熟悉音乐家本身。这是因为它几乎始终如一地选择高高的树梢做自己的舞台，很少从那上面下来。此外，它的高耸的歌

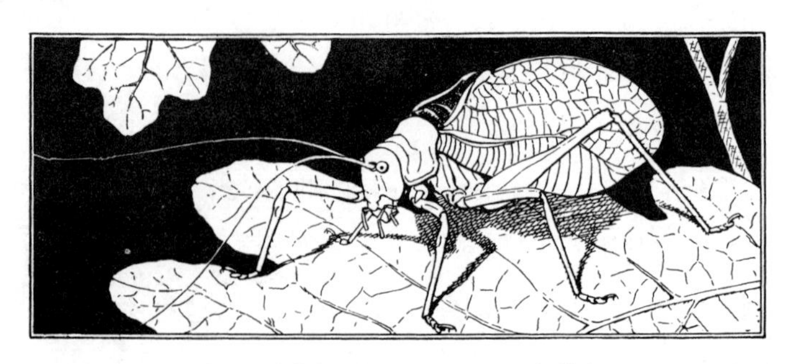

图24　叶螽（Pterophylla camellifolia），雄虫

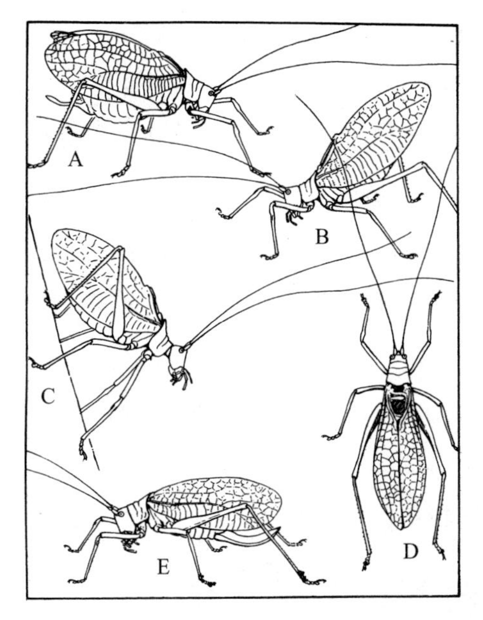

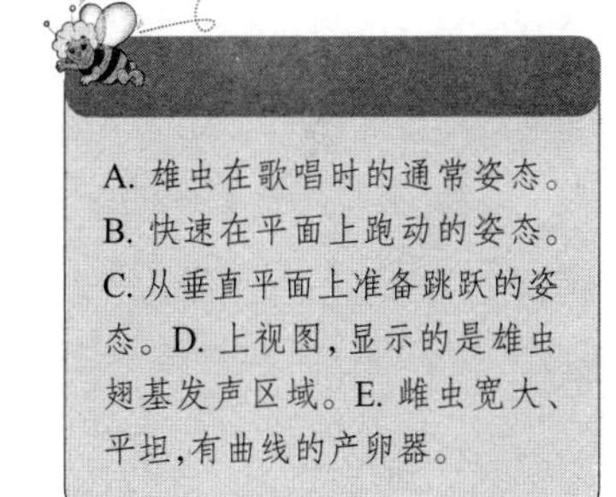

图25　各种姿态的螽斯

台还是它的工作室、它的家和它的世界，如果哪个记者想当面采访，那就需要具有熟练的攀爬技能。当然了，有时候也碰巧会有哪个歌手在较低的树上安家，这时接近它们就容易一些，通过晃动树枝甚至能让它落下来。我们8月12日以这种方式抓获的一只虫活到了10月18日，为我们的研究提供了如下的材料：

图24和图25展示的是这只被捕获的虫子的身体特征和一些姿态。从前额到翅尖，它的体长是4.4厘米；与螽斯科其他昆虫相比，它的前腿比较长，也比较粗壮一些，但后腿则非常短。不过，它的触角特别长，触须纤细，特别精巧，长约7厘米。在头部两个触角根部之间有一个很小的圆锥形凸出物，这个身体特征将叶螽与露螽区别开来，并使叶螽被划为螽斯亚科的昆

虫。螽斯亚科除了有我们说的叶螽，还包括许多主要生活在热带地区的一些昆虫。翅膀的后面边缘呈平滑的圆形，翅膀的两侧强烈地向外鼓起，似乎是要遮盖它们非常圆胖的虫体，但是两翅之间的空间几乎是空的，或许可以形成一个共鸣腔，增强发声部位产生的音响的音调和音量。或许可以看作是螽斯的马甲，即暴露在翅膀之下的虫体部位，其上面沿着中线有一排纽扣状的凸出物，随着每一个呼吸运动有节奏地起伏。所有的螽斯都是利用腹部进行呼吸的昆虫。

螽斯的颜色是普通的绿色，背部有一处挺显眼的暗褐色三角形，覆盖着翅膀上的摩擦发音区域。口器的顶端有些发黄。眼睛是透明的淡绿色，但是每只眼睛中心都有一个黑点，就像一个在作画的学生，总是在盯着你，无论你躲在哪个角落。

被捕获的螽斯运动起来很慢，尽管在野外露天它能够跑得很快，而且当它匆忙赶路时，经常采取相当可笑的姿态，正如图25B所显示的那样，头部朝下，翅膀和虫体向上抬起。它从来不飞行，也从来没有人见过它们展开翅膀，但是当它做短距离跳跃的时候，翅膀会微微拍动。在准备跳跃时，如果距离只是几厘米或30厘米，它会非常小心地进行准备，仔细观察预定的落地位置，尽管它夜间的视力也许更好一些，行动也更加敏捷。假如它准备从水平表面起跳，会慢慢地将腿收拢，蹲伏下来，就像我们所熟悉的猫做出的动作；但是，如果是从垂直的支撑物起跳，它伸直自己的长腿，抬起身子，正如图25C所显示的那样，令人想起正在吃树上绿叶的骆驼。它谨慎地吃着人们给它放进笼子里的橡树叶和枫树叶，但是它似乎更偏爱新鲜的水果和葡萄，津津有味地品尝着泡在水里的面包。与大多数直翅目昆虫相比，它水喝得比较少。

当灌木丛里的螽斯在夜晚鸣唱的时候，似乎非常害怕有人打扰，附近如果有人说话或从树下走过，说话的声音和脚步声足以让树梢上的螽斯安静下来。关在笼子里的这只雄虫从来没有发出一个音符，直到后来把它安置在黑暗当中，并让它安静了好长一段时间之后它才鸣唱起来。但是当它确信自己不会受到干扰时，它就会开始自己的音乐演唱，只是在房间里它的鸣叫显得声音很大，近距离听上去是那种令人难以置信的刺耳声，完全不是我们在野外远处所听到的那种美妙的乐曲。在它歌唱的时候，人们只有非常小心才能靠近，即使是这个时候，一道短暂的光线也足以使它们的歌声戛然而止。然而，有时候人们偶尔也能瞥见正在演唱的音乐家，最常见的是它头朝下站在那里，身体相当僵硬地支撑在腿上，前翅只是稍微抬了起来，后翅的翅尖有点向外突出，腹部下沉，强烈地呼吸着，长长的触角向各个方向摆动。每一个音节似乎是通过翅膀快速地拖曳，由一个分开的振动系列所产生的，中间的音节速度快一些，而最后一个音节则明显得到了加强，这样它发出的叫声听上去像是ka—ty—did，ka—ty—did，在温暖的夜晚这种鸣唱通常一分钟重复大约60次。刚开始唱的时候，它经常只发出两个音符ka—ty，似乎歌手觉得一下子完整地唱出ka-ty-did有些困难。

图26显示的是翅膀的结构和摩擦发音部位的细节。翅膀（A，B）垂直地靠在虫体的两侧，但是翅膀内部的基础部分形成了宽大、挺实、水平的三角形襟翼，相互重叠，左翅覆盖在右翅上。左边鼓膜（Tm）的基部有一个厚实的、凹陷的、横越的翅脉，这是音锉脉（fv）。根据图C所示，可以看到宽大的，厚重的音锉，上面有一排特别粗糙的锉脊。右翅（B）上相同的翅脉要小得多，也没有音锉，但是鼓膜内部基础的角度被引入一个大的凸角，在翅的边缘处承载着一个强壮的刮响器（s）。

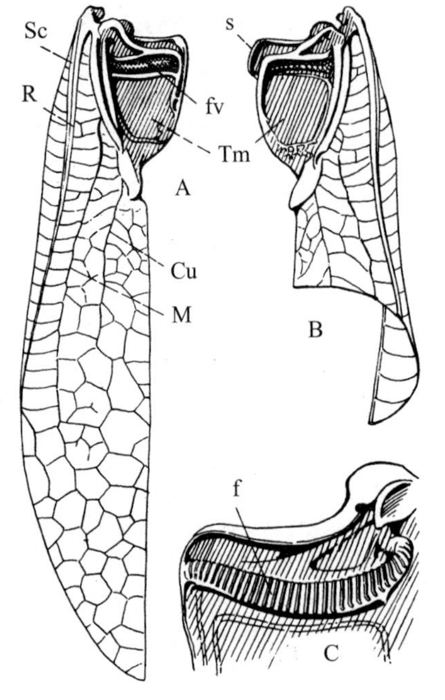

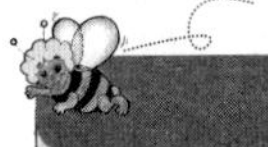

A. 左前翅，显示的是多倍放大的鼓膜区域(Tm)，其中包括厚实的音锉脉。B. 右前翅根部，其内角有一个较大的刮响器(s)，但是音锉脉非常小。C. 左翅音锉脉表面之下的较大的、平的、粗糙的翅脉(f)。

图26　螽斯的翅膀和发声器官

螽斯歌声的音质在不同地区似乎也有所不同。在华盛顿附近的一些地方，这种虫子毫无疑问唱的是ka—ty—did，与任何其他昆虫唱的一样清楚。当然了，重音也是放在最后一个音节上。当只有两个音节发出来的时候，它们总是发前两个音节。有时候，群唱当中的某个虫子还会发出四个音节“katy-she-did”；也有时候整个乐团在用四个音节歌唱，其中却夹杂个别虫子不时唱出三个音节。据说，在南方的某些地区，螽斯被叫做“cackle-jack”，必须承认，这个名称很适合人们用字母把它们的叫声表述出来，但是这个名称缺少感情，与这种昆虫艺术家应有的名誉不符。在新英格兰，来自康涅狄格州和马萨诸塞州的研究者说他们听到的螽斯的叫声只有两个音节，而不是常见的三个音节，而且声音特别尖锐刺耳，是一种响亮的squa-wak、squa-wak、squa-wak，第二个音节比第一个音节稍微长一些。这种情况与那些鸣唱ka-ty的昆虫就不一样了。假如所有新英格兰螽斯都这么唱，新英格兰一些研究者没有能够搞清楚这些昆虫是如何获得“katydid”（螽斯）这个名称就不会让人感到惊讶。斯卡德说，“它们的音符明显缺少美妙的乐感”；他用xr记录这种昆虫的叫声，并表示其叫声通常只有两个音节。他说，“它们两次刮擦自己的前翅，而不是三次；这两个音符得到了同等的（也是非凡的）强调，后一个音符比前一个音符长大约四分之一；如果发出的是三个音符，第一个音符和第二个音符相似，都比最后一个音符短一点。”

当我们听昆虫歌唱的时候，我们总会发出“它们为什么歌唱”这样的疑问，而且我们也许还会承认我们并不知道是什么动机驱使它们这么做。很有可能是雄虫出于本能在使用它们的发声器官，但是在许多情况下，所发出的声调显然受到雄虫身体状态和情绪的调整。人们似乎以某种方式把音乐与异性相互吸引联系起来，通常的观点认为这些鸣唱是为了吸引雌虫。然而，就拿许多蟋蟀来说吧，雄虫吸引雌虫真正的体现是从它背部渗出一种液体，唱歌显然是用作炫耀自己流出液体的一个广告而已。无论怎么讲，把雄虫的爱情喜悦和感情与音乐联系在一起更可能的是人们的想象，而不是实际情况。爱情这个主题是令人陶醉的，在这个领域里，有些科学家往往由于观察真实情况的路径过窄而变得虚弱，偏离了正确的研究方向，像诗人或记者那样沉迷于自由的想象，希望自己对某些事件的叙述更加生动有趣，出现在每日的新闻当中，但是这种做法对我们了解真正的知识毫无实际价值。

尖头草螽

这组螽斯科昆虫是一种类似蚱蜢，虫体细长的昆虫，其前额形成了一个较大的圆锥形，脸部明显地向回缩，但是同样有着细长的触角，而这种触角使它们与叶螽或短角螽斯区别开来。它们构成了尖头草螽亚科。

最为常见，分布最广，体形较大的一种尖头草螽是具剑新圆锥头草螽(Neoconocephalus ensiger)，或称“佩剑尖头草螽”。然而，只有雌虫佩剑，而且也并不是真正的剑，仅仅是雌虫的一个较长的排卵器官，被称作产卵器。图27所显示的雌虫具有与此相似的器官，虽然它属于一个被称作微凹新圆锥头草螽(retusus)的种。除了头部圆锥形有些不一样外，这两种尖头螽斯在所有方面都非常相似。它们看起来像细长的、尖脑袋的蚱蜢，体长3.8—4.4厘米，通常颜色为明亮的绿色，虽然有时也呈现褐色。

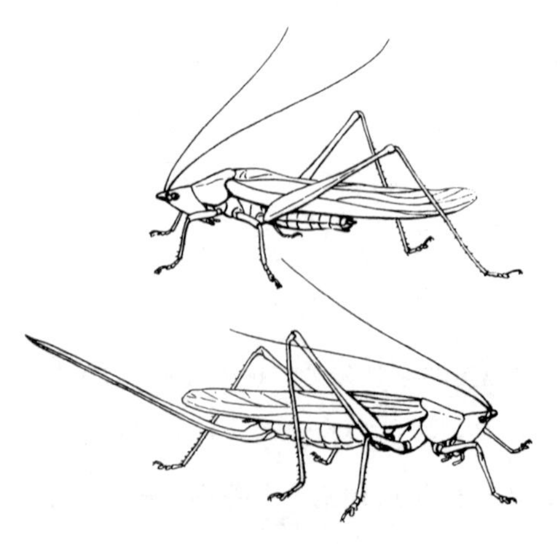

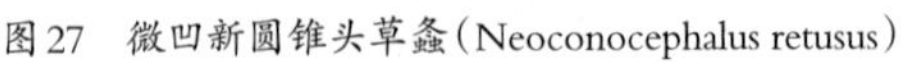
图27　微凹新圆锥头草螽(Neoconocephalus retusus)

佩剑尖头草螽的歌声听起来像是小型缝纫机发出来的噪声，仅仅由一长列单音符组成，即tick、tick、tick、tick，等等，没完没了地重复。斯卡德说，佩剑尖头草螽以一个类似brw的音符开始进行演唱，然后中止一会儿，接着立即快速地连续发出一连串chwi这样的声音，每秒钟五个音符，而且无限制地继续下去。麦克尼尔把这些音符写成zip、zip、zip；戴维斯则表述为ik、ik、ik；而阿拉德说它们的歌声听上去更像是tsip、tsip、tsip。微凹新圆锥头草螽（图27）的歌声就相当不同了，含有长长的尖厉的嗡嗡声，雷恩和赫巴德把它描述为连续不断的zeeeeeeeeee。声音不是很大，但声调却很高，而且随着翅膀的加速运动，演唱者的调门也调到了最高。虽然有些人的耳朵几乎听不到它们的歌声，但是对另外一些人来说，它们的鸣叫声清晰可辨。

图28　强壮新圆锥头草螽（Neoconocephalus robustus），它脑袋朝下，前翅分开，翅膀微微抬起，正在歌唱

体形较大，具有更强壮乐器的尖头螽斯就是强壮新圆锥头草螽（Neoconocephalus robustus）（图28）。它是北美直翅类昆虫中歌声最响亮的歌手之一，其音调是那种强烈而又持续不断的嗡嗡声，有点类似于蝉的鸣叫。被关进笼内的螽斯在房间里的歌唱制造了震耳欲聋的噪声。伴随着主要的嗡嗡声，还有一种低沉的嗡嗡声，是从什么部位发出来的现在还不清楚，很有可能是翅膀的二级振动所形成的。螽斯歌唱的时候总是头向下地坐在那里，腹部做着深沉而又迅速的呼吸运动。

强壮新圆锥头螽斯习惯于生活在马萨诸塞州到弗吉尼亚州之间的大西洋沿岸的干燥多沙地区。按照布拉奇利的说法,印第安纳州密歇根湖畔附近地区也有这种螽斯出现。笔者则是在康涅狄格州纽黑文北部奎尼匹克峡谷的一片沙地上结识了它们,夏天的夜晚在那里老远就能听到它们尖锐的歌声。

草　螽

这些螽斯虫体较小,但身材修长,外表看上去有些像蚱蜢,喜欢白天活动,居住在潮湿的草地,因为这里的植物总是非常新鲜,液汁丰富。它们构成了螽斯科的草螽亚科,有着圆锥形的头,但是大多数的头型要小一些。草螽有很多种,但是生活在美国东部的大多数属于大草螽斯属(Orchelimum)和草螽属(Conoceph)这两大类。数量最大,分布最广的第一类是普通草螽(Orchelimum vulgare)。图29所示的是雄虫,体长2.5厘米多一点,脑袋与身体很不协调,显得太大了;眼睛也很大,呈现出明亮的橘黄色。它的身体的底色有些发绿,但是头顶和胸甲有一个暗褐色的长三角形的斑块,而翅膀上的摩擦发音部位在各自的角落由一个棕色

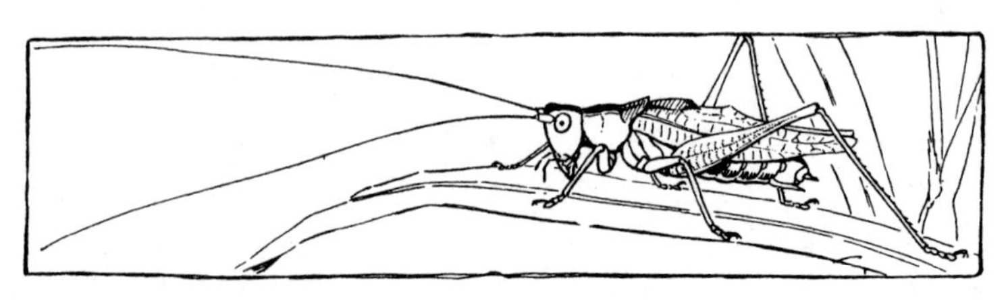

图29　普通草螽(common meadow grasshopper, Orchelimum vulgare),螽斯科昆虫成员

斑点标明。这些小草螽很喜欢唱歌，即使是被关在笼子里，而且无论是白天还是夜晚。它们的音乐非常朴实，毫不夸耀，声音传出的距离也不远，主要是一种轻柔的沙沙声，持续时间只有两三秒。这种嗡嗡声在发出之前或随后经常伴随着翅膀慢速运动所产生的一连串咔嗒声。歌手在开始演唱时，通常会打开翅膀发出一个咔嗒声作为起点，随之发出嗡嗡声，最后随着翅膀逐渐放慢运动而产生的一系列咔嗒声结束演唱。当然，它们有时候的演唱并没有序曲和尾音。

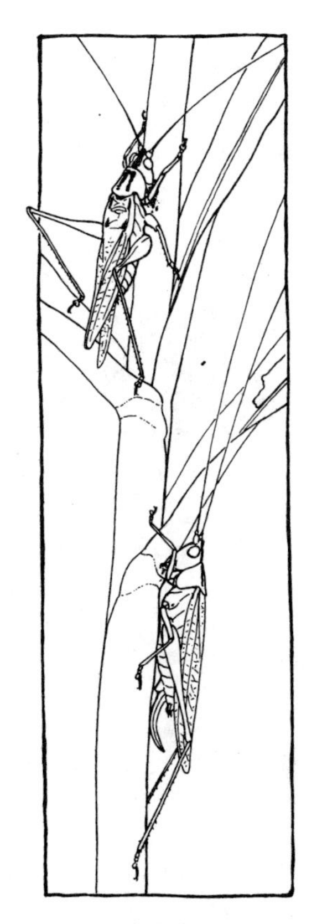

图30　漂亮的草螽（handsome meadow grasshopper）

这一属另外的一个常见成员是灵巧草螽（Orchelimum agile）。据说，它的音乐是长长的zip、zip、zip、zee-e-e-e，其中zip这个音节多次重复。zip和zee这两个音素是所有螽斯属昆虫的音乐特征，一些螽斯把重音放在zip上，另外一些螽斯把重音放在zee上，有的螽斯两个音节都发，有的螽斯只发其中一个音节，另一个被省略。图30显示的是一种非常可爱的螽斯属昆虫，俗称“漂亮的草螽”（Orchelimum laticauda或pulchellum）。当休息的时候，无论是雄虫还是雌虫，通常都是坐在植物的茎叶上，身体的中部靠在支撑物上，长长的后腿在身后伸展开来。戴维斯说，这种草螽歌唱的音符是zip、zip、zip、z、z、z，与普通草螽的歌声有着明显的区别。

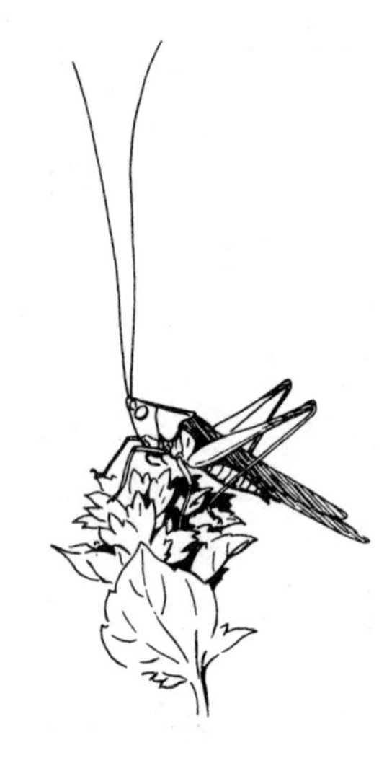

图31　苗条的草螽(slender meadow grasshopper)

属于草螽属更小一些的草螽通常被叫做细草螽(Xiphidium)。图31所显示的是“苗条的草螽”(C.fasciatus),这是数量最为丰富的一种草螽,体长不到2.5厘米,虫体为绿色,胸的背面为暗褐色,翅膀微微呈现红褐色,腹部的背面有一道较宽的褐色斑纹。阿拉德说,这种体形较小的螽斯所唱出的音符可表述为tip、tip、tip、tseeeeeeeeeeeeee,但是整首歌曲的声音非常微弱,几乎听不到。皮尔斯则把音符说成是ple-e-e-e-e-e、tzit、tzit、tzit、tzit。与普通草螽的歌声一样,它们要么以断音开始演唱,要么以断音结束演唱。

盾背螽斯

螽斯科昆虫的另一大组群构成了螽斯亚科,它们的外观很像蟋蟀,主要生活在地面,但是翅膀很短,所以不善于歌唱。它们被叫做“持盾者”,因为第一个体节上大块的背甲或多或少向外延长,就像是一个盾牌。这种昆虫大部分住在美国的西部,它们有时在那里群居,形成了数量众多、破坏性较大的团伙。摩门螽斯(Anabrus simplex)就是这样一个种群,而另一个种群是涠谷螽斯(Peranabrus scabricollis)(图32),均生活在华盛顿州中部干燥地区。这两种螽斯的雌虫普遍没有翅膀,但是雄虫的前翅保持有短小的翅根,上面的发声器官使它们能够发出轻快的唧唧声。

螽斯科还有一个数量较大的亚科,名字叫驼螽亚科(Rhadophorinae),其

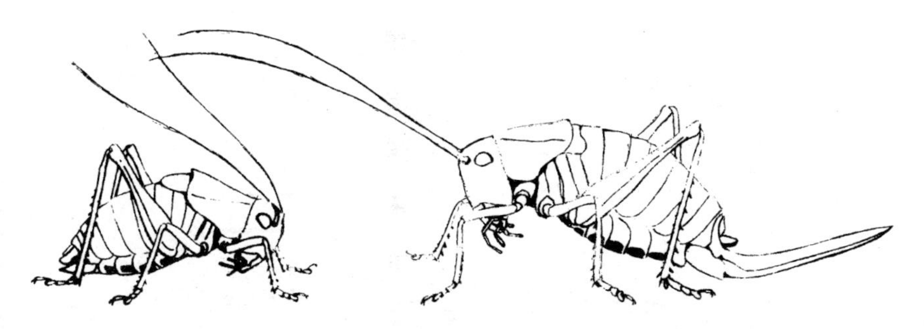

图32　涸谷螽斯(Peranabrus scabricollis),雄虫与雌虫,螽斯科中与蟋蟀类似的一种昆虫

中就包括俗称“灶马”的螽斯。但是它们都没有翅膀,所以默不作声。

蟋蟀科昆虫

在直翅目昆虫的鸣叫声中,我们最熟悉的音符也许莫过于蟋蟀的唧唧声。但是只有一种蟋蟀最为民众所知晓,这就是田野黑蟋蟀,它们那活泼的鸣叫声常常出现在庭院和花园里。它在欧洲的堂兄弟姊妹是家蟋蟀,以“火炉边上的蟋蟀”而闻名,因为它们喜欢壁炉的温暖,而这种温暖由此刺激它必须把自己的热情用歌曲表达出来。自古希腊和古罗马时代起,这种家蟋蟀一直被用拉丁文称作Gryllus,而人们又以这个名字为基础命名蟋蟀科昆虫,即Gryllidae,因为还有许许多多其他种类的蟋蟀,一些住在树上,一些住在灌木丛中,一些生活在地面上,还有一些住在泥土里。

蟋蟀与螽斯一样,都有细长的触角,翅膀的根部都有发声器官,前腿长有它们的耳朵。但是它们还是有与螽斯不一样的地方,也就是说它们的脚上只有三个节(图17C)。在这一方面,蟋蟀的脚与蚱蜢的脚相似(图17A),但是通常与蚱蜢的脚的不同之处在于,其根部的节比较平滑或毛茸

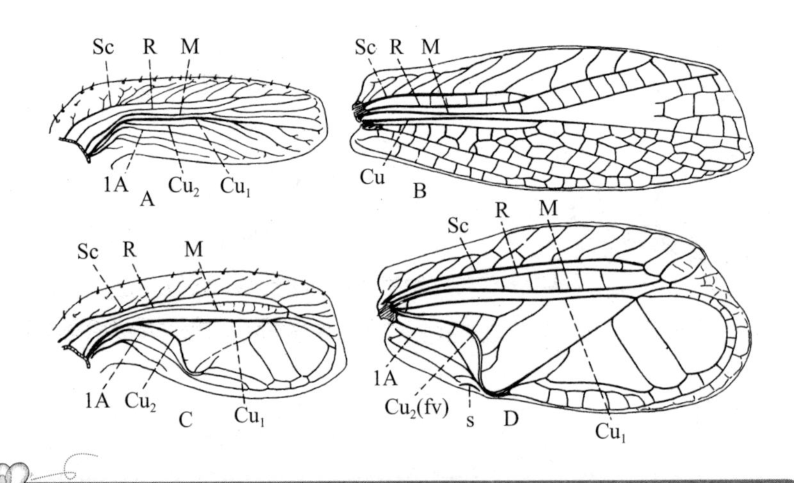

A. 未成熟雌虫的右前翅，显示的是翅脉的通常排列　Sc. 肋下脉　R. 径脉　M. 中脉　Cu_1. 肘脉的第一分枝　Cu_2. 肘脉的第二分枝　1A. 第一肛区。B. 窄翅树蟋蟀成年雌虫的前翅。C. 未成熟雄虫的前翅，显示的是内部一半的扩大所形成的振动区，或称鼓膜，以及这一区域翅脉的改变。D. 窄翅树蟋蟀成年雄虫的右前翅；肘脉的第二分支（Cu_2）变成了卷曲的音锉脉（fv）；s，刮响器。

图33　树蟋蟀的翅膀

茸的，只有一个爪垫位于脚底表面。还有，在大部分蟋蟀身上，脚的第二个节非常小。有些蟋蟀的翅膀很大，有些蟋蟀的翅膀很小，还有些蟋蟀根本没有翅膀。雌虫拥有长长的产卵器，用来在树枝上或地面上排卵（图35，图36）。

蟋蟀的乐器或发音器官与螽斯的发音器官类似，都是由前翅根部的翅脉所形成的。但是在蟋蟀身上，每只翅膀上的器官得到了相等的发育，看上去好像这些昆虫能够利用其中任何一只翅膀进行演唱。然而，大多数蟋蟀坚持保留右翅的领先地位，使用右翅上的音锉和左翅上的刮响器，恰恰与螽斯的做法相反。

雄性蟋蟀的前翅通常非常宽大，外缘像一个宽大的片状垂悬物向下翻卷，翅膀收拢的时候在虫体两侧折叠起来。雌虫的翅膀比较简单，通常也比较小。图33的B和D所显示的是雪树蟋（图37）的雄虫和雌虫前翅之间的区别。雄虫翅膀的内面一半（或翅膀展开时的后一半）非常大（D），而且只有几条翅脉，这些翅脉支撑或绷紧宽大的膜状振动区域（鼓膜）。雄虫翅膀内侧的基部，或称肛区，也比雌虫的大，而且含有一个突出的翅脉（Cu_2），这个翅脉形成了一道明显的弧线通向翅的边缘。这个翅脉在其底部表面有一个发声音锉。雌性成虫翅膀上的翅脉（B）相对说来比较简单，而雌性幼虫翅膀上的翅脉（A）更是如此。但是雄虫身上复杂的翅脉是从雌虫简单的类型发展而来的，而这种现象大多数昆虫普遍存在。雄性幼虫的翅膀（C）与雌性幼虫的翅膀（A）区别不是太大，但是相应的翅脉可以加以识别，正如字母所显示的那样。接着看一下雄性成虫的翅膀（D），确定哪些翅脉被变形而形成了发音装置则是一件很容易的事了。当树蟋蟀歌唱的时候，它们翘起的翅膀就像两个大扇子（图37、图40），而且向一边倾斜地移动着，由此右翅的音锉刮擦左翅上的刮响器。

蝼　　蛄

蝼蛄（图34）是地球上庄重的生物。它们像真正的鼹鼠那样生活在地下洞穴里，通常是在潮湿的田野或溪流岸边。它们的前足较宽，并向外翻，用来像鼹鼠的前足那样挖掘。但是蝼蛄不同于真正的鼹鼠在于它们有翅

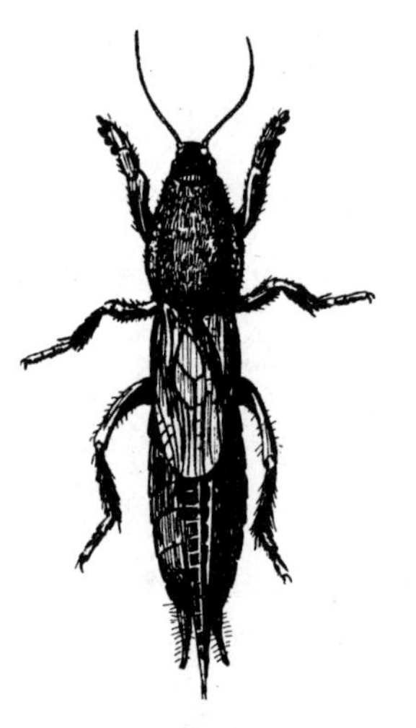

图34 六指蝼蛄(Neocurtilla hexadactyla)

膀,而且它们有时候会在夜晚离开自己的洞穴,四下飞行,偶尔会受到光的吸引。它们的前翅很短,平坦地伸展在腹部的底部,但是长长的后翅则纵向地越过背部折叠起来,超过虫体的末端伸出来。

尽管它们的栖息地令人感到抑郁,但是雄性蝼蛄也歌唱。然而,它们的音乐是严肃的,而且单调的,听上去像是churp、churp、churp,非常有规律的重复,大约1分钟100次,如果歌手没有受到干扰就会无限制地持续唱下去。由于在大多数情况下这些音符是从多沼泽地的田野或从溪水边传过来的,很多人可能会以为这是一些小青蛙在叫唤。在它们歌唱的时候,你很难捕捉到一只蝼蛄,因为它很有可能站在自己的洞穴的开口处,没等人们靠近它,它就已经安全地撤退了。

田 地 蟋 蟀

这一组蟋蟀包括Gryllus这样典型的成员,但是昆虫学家首先关注的是一种个头较小的棕色蟋蟀,名字叫针蟋。属于针蟋属的蟋蟀品种很多,不过分布最广的是横带地蟋蟀(N.vittatus)。这种蟋蟀体形很小,身长大约1厘米,颜色为近棕色,腹部有三道暗棕色条纹,时常出现在田地和庭院里(图35)。到了秋天,雌虫利用它们细长的产卵器把卵排放在地上(D,E),而这些卵到了来年夏天就会孵化出来。

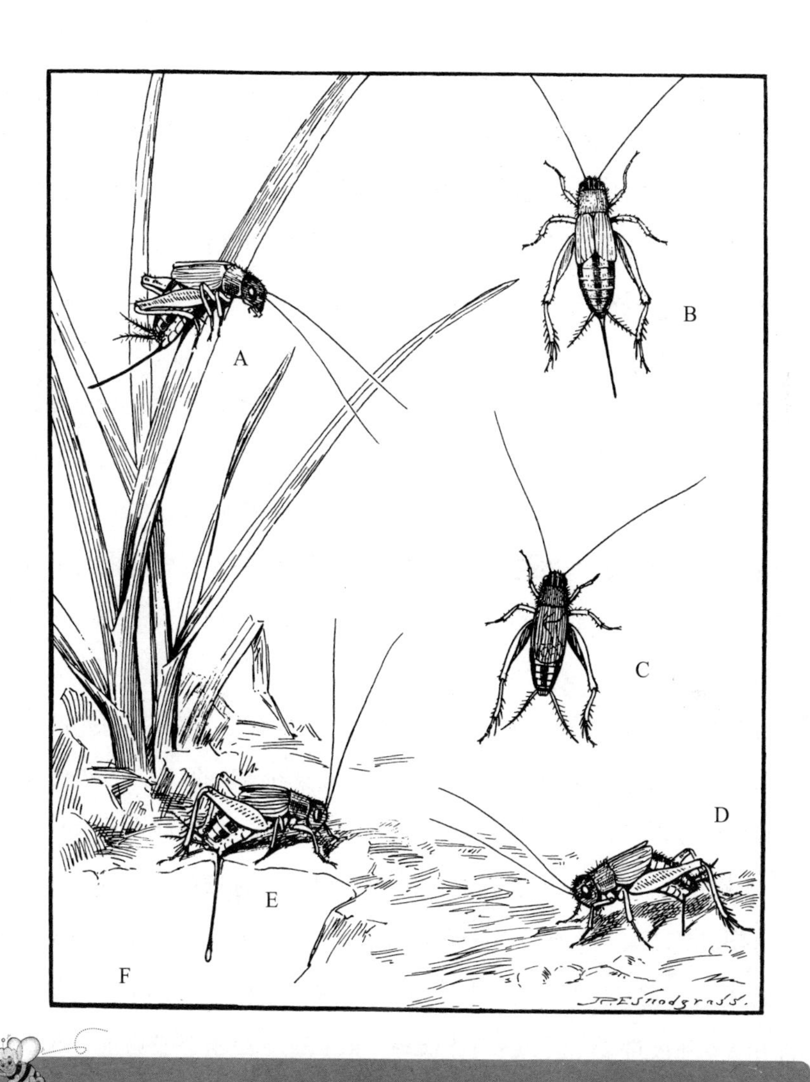

A、B. 雌虫，区别特征是其长长的产卵管器。C. 雄虫。D. 正在把产卵器插入地下的雌虫。　E. 雌虫，产卵器已完全插入土里，并从末端处排卵。F. 地上一个被排出的卵。

图35　横带地蟋蟀

针蟋属雄虫的歌声是一种持续不断的吱吱颤音，声音极小，不注意听，你是听不到的。在歌唱的时候，雄虫成大约45°翘起自己的翅膀。发音翅脉上有一些完美的脊脉，这些脊脉似乎不可能产生什么声响，即使是针蟋发出来的那些耳语般的音符。当受到我们笨拙的手指摆弄或被一把镊子夹住时，昆虫大部分的乐器会发出某种嘶嘶声、嘎吱嘎吱声，或刺耳的摩擦声，但是只有活昆虫的技能能使这些噪声形成音调和音响，它们有能力这么做。

最著名的、也是最常见的蟋蟀是黑蟋蟀（Gryllus）（图36），无论是在田野还是在庭院，随处都可能发现它们，有时它们甚至会闯进屋里。真正的欧洲家蟋蟀（Gryllus domesticus），已经适应我们这个国家的生长环境，出现在美国东部的几个州里，虽然数量还不算多。但是我们本土最常见的蟋蟀则是普通黑田蟋（Gryllus assimilis）。尽管昆虫学者倾向于把所有蟋蟀归于一个物种，他们还是区分了几个变体。

田地蟋蟀的成虫在秋天出现得特别多；在新英格兰南部，每年的这个季节都有数百万蟋蟀来到这里，到处都有它们成群结队的身影；跳跃着穿过乡村公路或道路的蟋蟀数量之多，致使人们在行走或开车时不可避免地踩死或压死它们。大部分雌虫在九月和十月产卵，并把这些卵单个地排放在地上（图36D，E），而这种做法与雌性针蟋一样。这些卵大约在来年的六月初就能孵化。但是与此同时，另一组蟋蟀个体也长大成熟，即上一年仲夏孵出，并在幼年度过了冬天的那一批蟋蟀。到了五月末，在华盛顿的这些雄性蟋蟀开始歌唱，而在康涅狄格州，从六月初直到六月底都可以听到蟋蟀的歌声。接下来的一个半月里人们就很少能听到蟋蟀的叫声。到了八月中旬，春天出生的雄虫开始成熟。从这时起，它们的歌声越来越多，而进入秋季后它们的鸣叫几乎是持续不断，不分白天和晚上，直到霜降才停歇下来。

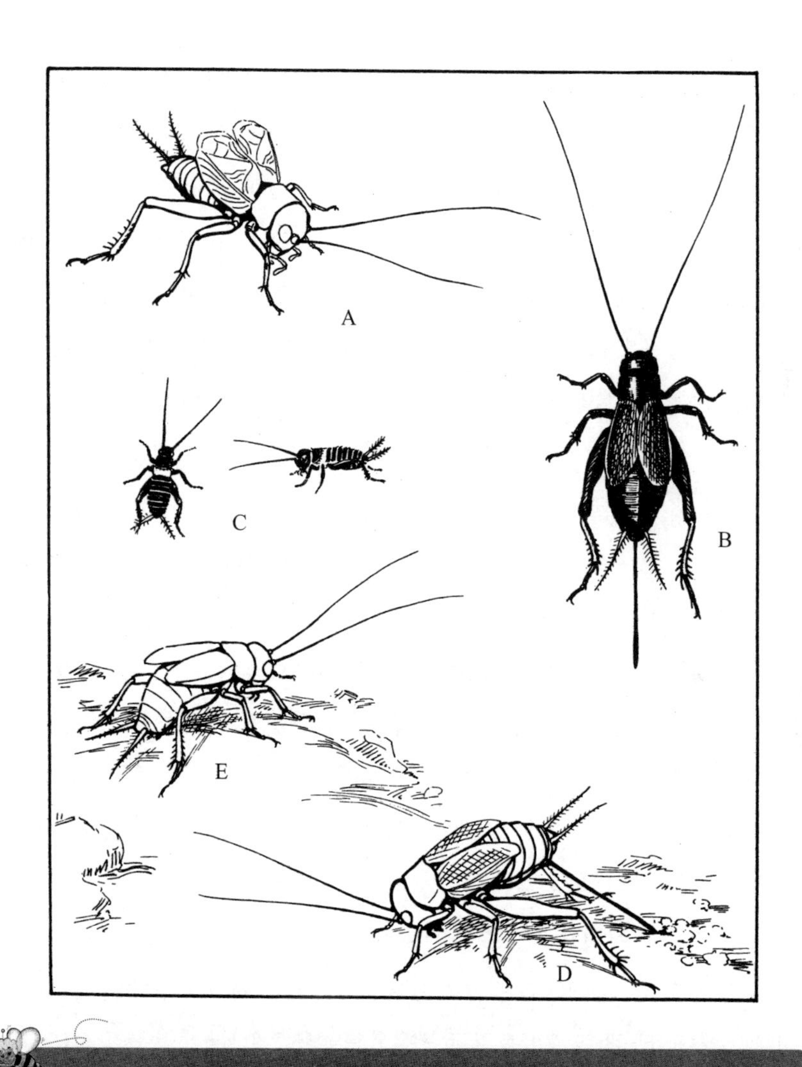

A. 一只雄虫，抬起翅膀，正在歌唱的姿态。B. 一只雌虫，长有一个长长的产卵器。C. 新孵化出来的幼虫（放大约2.5倍）。D. 把产卵器插入土中的雌虫。E. 已经完全把产卵器埋入土中的雌虫。

图36　普通黑田蟋（Gryllus assimilis）

田地蟋蟀的音符总是活泼的，令人感到愉快，有时候也会因为愤怒而变了音调。它音符只是一些chirp，可以通过一种破裂的或振动的声音与其他蟋蟀区别开来。这些音符没有多少乐感，但是演唱者有着足够的自夸手段来弥补这一缺陷。两只精力充沛，被关在同一笼子里，并有几只雌虫相伴的雄虫很少能够和平相处。无论什么时候，只要其中一只雄虫开始演唱，另一只雄虫就会马上随之唱起来，显然是对第一只雄虫的做法表示厌恶，如果哪只雌虫在雄虫演唱的时候碰巧跑向它，雄虫总是会感到恼怒，甚至引起愤怒。如果一只雄虫正在独自演唱，另一只雄虫靠近它，这只雄虫就会张开嘴巴冲向侵入者，与此同时加速它翅膀的拍打，直到它发出的音符几乎变成尖锐的口哨声。另一只雄虫通常也会利用歌唱的方式进行回应，并竭力使自己的声音压过前一只雄虫。这时双方的鸣叫声开始越来越急促，它们的调门越来越高，直到各自的声音达到了极限。然后双方会休战一会儿，接着再次较量。从来没有哪一只雄虫对它的对手造成伤害，而且尽管它们都向对方表现出了野性的威胁，但是从来不会用嘴去咬对方的任何身体部位。如果有哪只雌虫在它歌唱的时候不小心打扰了它，雄虫就会发狂地扑向雌虫，但是绝不会张开嘴巴威胁雌虫。

天气对雄虫的情绪有着很强的影响：如果天气晴朗温暖，它们的鸣叫声总是最为响亮，它们的竞争也最为激烈。在寒冷的日子里把它们装在笼子里放在阳光下，两只雄虫总是马上唱了起来。在户外，虽然蟋蟀在任何时候，任何天气状况下都能歌唱，它们的音符根据不同的气温，在音调和力度方面都会有一些明显的变化。这并不是由于湿气对它们的发音器官产生了什么作用，因为两只被关在屋子里的，好斗的雄虫在天气寒冷或者天气阴沉时，它们在温暖明亮的日子里所特有的好脾气就没有了。联想到它们的歌声总是针对对方，带有明显的报复和愤怒的情绪这样一个现象，这是很好的证据，说明田地蟋蟀是在自我表达，而不是“吸引雌虫”。事实上，我们经常觉得难以确定它们是在歌唱还是在发誓。如果我们能理解它们的话，我们可能会对它们辱骂对手的恶毒语言感到吃惊。然而，发誓只是情绪的一种表达方式，而歌唱是另外一种方式。田地蟋蟀就像一名歌剧演员，仅仅是在用音乐的方式表达它所有的情绪，而且无论我们能否理解它们的语言，我们都能理解它们的情感。

最后，被关在笼内的一个雄虫死了，是自然死亡还是因意外死亡永远也难以查明。在死亡的当天早晨它还活着，但是显得很虚弱，虽然虫体仍然保持完好，没有受伤。然而，到了傍晚，它仰面躺了下来，僵硬地伸直了后腿；只有前腿的几下动作表明它的生命还没有完全终止。一只触角正在萎缩，而上嘴唇和相邻部分已经不见了，明显是被嚼断的。但这并不一定就是死亡随着暴力而产生的证据，因为在蟋蟀王国里，更普遍的是暴力随死亡而起；也就是说，它们残忍地吃掉同伴的尸体，而不是把尸体掩埋起来。几天前，死在笼子里的一只雌虫很快被同伴完全吞食，只剩下头盖骨。这只雄虫死后，它的对手，另一只仍旧活着的雄虫就再也不像以前那样经常演奏自己的小提琴，也不再发出那种尖锐而富有挑衅性的声调了。不过，这可不是因为悲哀，它曾蔑视它的对手，而且明白无误地希望摆脱它；它的变化完全是因为缺乏表现自我的特殊刺激。

树蟋科昆虫

夏季的傍晚，一旦天色暗了下来，户外总会不绝于耳地响起一阵阵鸣叫声；尖锐悦耳的旋律不知从何处来，似乎无处不在。这很有可能是树蟋蟀们在进行大合唱，仿佛是无数的竖琴在黑暗中演奏着协奏曲。在所有昆虫的鸣叫声中我们最熟悉的就是这种音符，但是公众对其演唱者却不甚了解。当某一只树蟋蟀恰好来到窗下或进入房间开始进行独唱，它鸣叫的声音是那样大，那样突然，致使你毫不怀疑这位歌手就是你所听到的混声乐团中的一位成员，它们的音符由于距离的缘故而变得轻柔，因树叶的遮挡而变得低沉。

在户外，个体蟋蟀的歌声是那么飘忽不定，即使是当你以为自己已经锁定某片灌丛或哪条藤蔓，以为声音就是从这里发出来的，这个声音似乎一直在转移着，躲闪着。你当然以为歌手一定是藏在那片叶子下面，但是当你把耳朵凑过去仔细听时，叫声却显然是从别处飘过来的；但是等你赶了过去，你会发现还是没有找对地方，声音似乎来自更远一点的地方。最后，虽然寻找起来挺费劲，但是它的叫声如此强烈，在你的耳畔鸣响，所以你最终还是能够找到声音的来源。瞧，一只小巧玲珑、体形精致、腿脚纤细的浅绿色昆虫正坐在一片树叶上，背部张开着朦胧透明的帆形翅膀。但是，就是这么个不起眼的小生物，怎么会发出如此震耳欲聋的声响？如果你想靠近这个小家伙，又不打断它的音乐，那就需要非常谨慎的行动，因为只要轻轻触动茎叶或树干，它就会停止歌唱。但是现在，原先看上去像是模糊花饰的薄纱状翅膀终于现出了其清楚的轮廓；不过，如果遇上干扰，哪怕是很小的干扰，就有可能导致它们收拢翅膀，平铺在自己的背部。这时你必须沉默一段时间，否则小家伙的演唱不会重新开始。接着，突然地，花边状的薄膜向上升起，翅膀的轮廓再一次变得模糊，强烈的尖叫声再次刺激着你的耳膜。说得简单一些，你正在目睹宽翅树蟋蟀（Oecanthus latipennis）的一场个人演唱会。

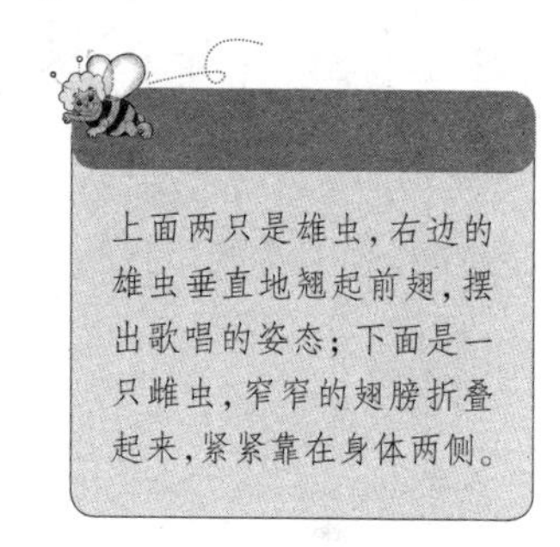

图37　雪树蟋（Oecanthus niveus）

但是如果你注意听一听其他歌手的音符，你将会体察到，在它们的合唱声中存在着一些曲调上的变化。许多音符是长长的颤音，就像你已经辨别出的那样，持续时间也不确定；但是其他音符则是较轻柔的呜呜声，持续时间大约两秒钟，还有另外一些音符是短暂的拍打声，很有规律地重复，每分钟大概100次以上。最后一种音符是雪树蟋（Oecanthus niveus）发出来的。这种蟋蟀之所以被称作雪树蟋是因为虫体的颜色较淡。实际上它的颜色是绿色的，但是颜色太浅，在暗处看上去很像是白色。雄性雪树蟋（图37）体长超过1.27厘米，翅膀宽大平坦，收拢的时候在背部交叠，翅缘向下翻转，靠在身体两侧。雌虫的个头要比雄虫大一些，但是翅膀比较狭窄，折叠时沿着背部收拢在一起。雌虫具有一个长长的产卵器，以便使它能够把卵排放在树皮里。

雄性雪树蟋大概在七月中旬就能达到成熟，并开始鸣唱。歌手垂直地翘起背上的翅膀，并斜向地振动翅膀，速度之快，瞬间就随着一个个音符发出而变得模糊不清。这种声响我们前边已经描述过，是treat、treat、treat、treat，重复得很有规律，很有韵律，就这样可以唱上整整一个晚上。在这个季节的初期，每分钟它们拍打翅膀的次数大约是125次，但是后来，尤其是炎热的夜晚，拍打的速度就会快一些，可以达到每分钟160次。到了秋天，随着夜晚一天天凉爽，速度会逐渐慢下来，每分钟100次左右。最后，在这个季节行将结束的时候，歌手因为寒冷而变得迟钝起来，所唱出的音符也变成了嘶哑的哀鸣，重复的速度缓慢，也不那么有规律了，似乎歌唱是让它们感到痛苦和困难的事情。

属于蟋蟀属（Oecanthus）的树蟋蟀有好几种，它们在外表上非常相似，只是雄虫在翅膀的宽度方面像有些不同，另外有些或多或少呈褐色。但是在它们的触角上，大多数树蟋蟀都有其区别特征（图38），很容易被识别出来。举例来说，雪树蟋触角两个基部关节上，其侧面之下各有一个椭圆形的黑色斑点（图38C）。另一种，窄翅树蟋蟀，在第二个关节上有一个斑点，在第一个关

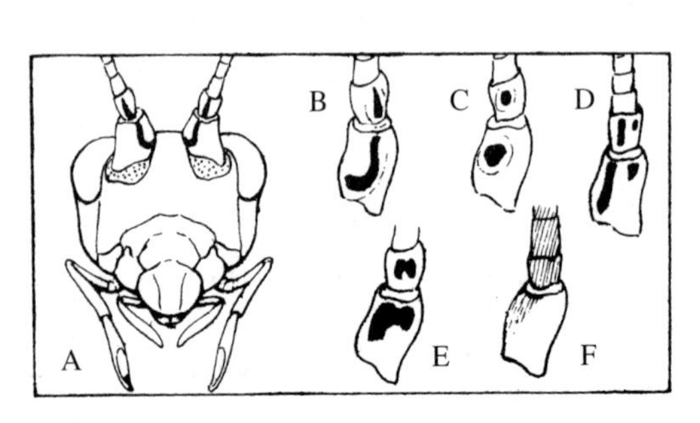

A、B. 窄翅树蟋蟀（Oecanthus angustipennis）。C. 雪树蟋蟀（niveus）。D. 四斑树蟋（nigricornis quadripunctatus）。E. 黑角树蟋蟀（nigricornis）。F. 宽翅树蟋蟀（latipennis）。

图38　普通树蟋蟀触角基部关节上的区别特征

节上有一个黑J（A，B）。第三种，四斑树蟋（D），两个关节上并排各有一划和一点。第四种，黑角树蟋蟀或称斑纹树蟋蟀（E），每个关节上各有两个黑点，或多或少地挨在一起，有时候致使触角的整个基部都呈现出黑色，还有时候这种颜色可能会遍布身体的前部，而且在某些个体蟋蟀的背上还会形成斑纹。第五种，宽翅树蟋蟀（F），触角上没有什么标志，一律呈褐色。

窄翅树蟋蟀（Oecanthus angustipennis）在几乎所有方面都让人把它与雪树蟋联系到一起，但是它的音符非常容易被识别。它们的歌声含有较缓慢的呜呜声，通常延长大约两秒钟，并以相同的时间长度间隔，但是随着秋天的临近，这些音符会变得更慢、更长一些。它们的音调总是很忧郁，声音传得也较远。

其他三种常见的树蟋蟀是黑角树蟋蟀，或称斑纹树蟋蟀（Oecanthus nigricornis）、四斑树蟋蟀（O. nigricornis quadripunctatus）和宽翅树蟋蟀（O.latipennis），它们都是颤音歌手；也就是说，它们的音乐包含着一种长长的、尖锐的呼呼声，而且不确定地持续着。在这三种蟋蟀中，宽翅树蟋蟀发出的声响最为洪亮，而且在华盛顿附近地区的数量很多。黑角树蟋蟀则多半出现在北部稍远一些地区，尤其喜欢在白天歌唱。在康涅狄格州的许多道路两旁，到处都能听到它那颤音发出的音符；它们充分享受着9月和10月下午温暖阳光的沐浴，坐在树叶或枝条上尽情地欢唱。还是在这个季节，无论是雪树蟋还是窄翅树蟋蟀也是白天歌唱，但是通常是临近傍晚了，并且躲藏在更隐蔽的地方。

我们自然很想知道这些小动物为什么这样坚持不懈地歌唱，它们的音乐都有哪些用途？真的像人们假设的那样，雄虫这么做是为了吸引雌虫的注意？我们不知道；但是当雄虫在歌唱的时候，雌虫有时会从后面

雌虫正在吸食雄虫背部流出的体液，而雄虫张开自己的前翅正在歌唱（放大三倍图）。

图39　窄翅树蟋蟀（Oecanthusangustipennis）的雄虫和雌虫

靠近雄虫，在雄虫的背部到处嗅闻，而且很快就发现在翘起的翅膀的根部后面有一个挺深的盆状洞穴。这个小洞里有着清澈的液体，而雌虫开始非常急切地舔食起来；尽管雄虫这时已经停止了歌唱，但是它的翅膀并没有放下来，静静地让雌虫继续舔食（图39）。于是，我们一定怀疑，在这种情况下，雄虫吸引雌虫的是它所提供的美食，而不是它的音乐。因此，歌唱的目的似乎是一种广告形式，向雌虫通报自己所在的位置，因为雌虫知道雄虫能够为自己提供美食；或者说，哪怕这种体液是酸的或苦的，这也没有什么不同——只要雌虫喜欢，它还是会尾随而来的。那么，如果这种引诱雌虫的手段最后会以婚姻的形式而告终，从中我们就可能看出雄虫拥有演奏其器官，拥有如此持续不断演奏的本能的真实理由。

图40所示的是一只翘起前翅的雄虫（上后视图），它也许正在期待着一只雌虫。在它背部上的盆状凹陷处（B）是第三胸节背板上一个深深的洞穴。身体内一对大的分枝腺状组织（图41Gl）正好在盆状凹陷处的后边缘张开，而这些腺体为雌虫提供了它们可以获得的液体。

有一种树蟋蟀属于另一个属（Neoxabia），因为雌虫的翅膀上有两个颜

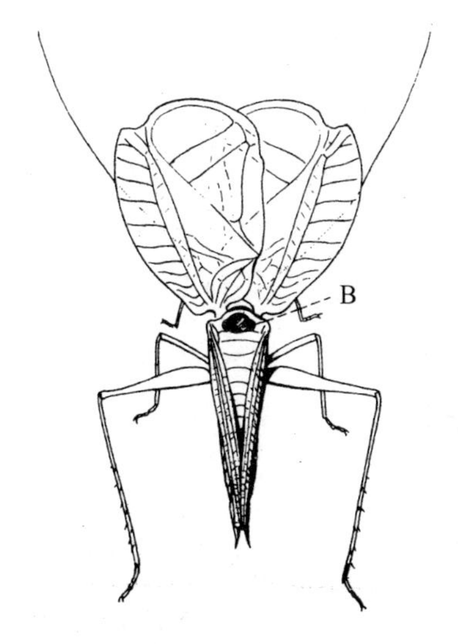

图40　宽翅树蟋蟀(Oecanthuslatipennis),雄虫,翅膀翘起,摆出歌唱的姿态,上后视图显示的是其背上的一个椭圆形凹陷处(B),从里面流出的液体能够吸引雌虫

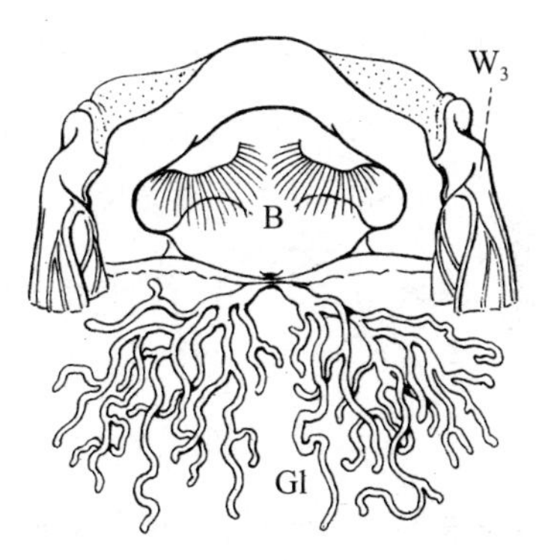

图41　宽翅树蟋蟀第三胸节的背面,其凹陷处(B)接受体内腺状组织(Gl)分泌出的分泌物

色较深的斑点,被称作两斑树蟋蟀(N. bipunctata),这种蟋蟀的个头比树蟋蟀属的任何一种树蟋蟀都要大一些,虫体略带粉褐色。这种蟋蟀广泛分布在美国东半部地区,但是相对来说数量比较稀少,也很少能够遇见。阿拉德说,它的音符与窄翅树蟋蟀的音符相似,也是比较低沉圆润的颤音,但是它们的音调却更像宽翅树蟋蟀,持续的时间有几秒钟,中间有短暂的间隔。

灌 丛 蟋 蟀

灌丛蟋蟀与其他蟋蟀的不同在于其足中节大一些,形状更像螽斯足上的

第三个关节（图17B）。在灌丛蟋蟀中有一种值得注意的歌手，经常出现在华盛顿的邻近地区。这就是灌丛跳蟋（Orocharis saltator）（图42），它们一般在8月的中旬，或稍晚一些时候登台献艺。其音符响亮，是那种清晰、尖锐的喳喳声，快结束的时候带有声调变音，令人联想到雨蛙的叫声，而且灌丛跳蟋的鸣叫声能够立刻让听众感觉到一种新颖别致的音符出现在昆虫的节目单中。不过，一开始的时候，你很难确定这些歌手的位置，因为它们不是连续不断地在进行演奏——一个音符似乎来自这里，第二个音符则来自那里，第三个音符又来自一个不同的角度，所以几乎不可能找出任何一只蟋蟀的藏身之处。但是过了大约一个星期之后，跳蟋的数量开始增多，每一个演奏者持续的时间也越来越长，很快它们的音符成为晚间音乐会的主旋律，以其嘹亮清晰的

图42　灌丛跳蟋（Orocharis saltator）

歌声与整个树蟋蟀合唱团唱对台戏。正如赖利所说，这一喳喳声“是如此有特色，只要有人对此进行过研究，就忘不了这种声音；即使是在螽斯和其他一些夜晚歌手所造成的喧闹声中，人们也能辨别出跳蟋的音符”。

进入9月不久，锁定演奏者的位置已经不那么困难了。当我们用手电筒照到它们时，发现这是一种个头中等，呈褐色，腿较短小的蟋蟀（图42），外形有些像普通蟋蟀，但个头小一些。然而，灌丛蟋蟀雄虫与树蟋蟀的方式一样，在歌唱的时候也是高高地翘起自己的翅膀，它的背上也有一个盆状的凹陷处，里面盛装着雌虫渴望得到的液体。事实上，这种液体对雌虫是那么有吸引力，至少是在笼子里，所以雌虫坚持不懈地努力去争取获得这种美味，结果却使雄虫有时感到非常苦恼，甚至想竭力甩掉雌虫。据有人观察说，一只雄虫在试图摆脱雌虫的纠缠时（假设是它的妻子，因为它是和雄虫一起被捕获，并关在笼子里的），就会通过自己的行动清楚地表明：我真的希望你不要打扰我，让我歌唱！这是另一个证据，说明雄性蟋蟀唱歌主要是表达自己的情绪，无论是什么情绪，并不是为了吸引雌虫。但是，如果就像树蟋蟀出现的情况那样，它的音乐是告诉雌虫什么地方能找到它喜爱的甜点，而这么做反过来在雄虫心情不错的时候又导致了结婚，那么，这就显现出雄虫的发声装置和歌声的实际用途和理由了。

竹节虫与叶虫

天才的特征似乎总是为一家族所共有，或与家族有关系，但是天才并不一定以同样的方式表达自我。如果说螽斯和蟋蟀是著名的音乐家，它们属于竹节虫科（Phasmidae）的一些亲戚就是无与伦比的模仿者。不过，这种模

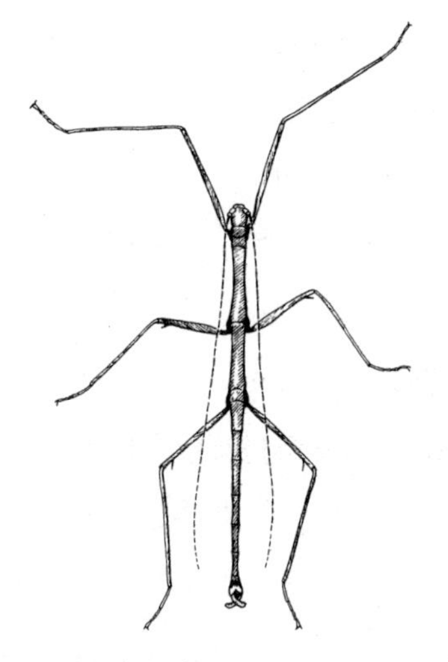

图43 美国东部普通竹节虫(Diapheromera femorata)(长度为6.4厘米)

仿并不是一个有意识的行为，而是经由一长串祖先的世系在它们体内形态上养育而形成的行为。

如果什么时候你在树林中偶然见到一个短小纤细的树枝突然动了起来，缓慢地迈开六条细腿开始散步，眼前的情景你可不要以为是什么奇迹，这是一只竹节虫(图43)。这些昆虫在美国东部地区是相当普遍的，但是由于它们的外表很像树枝，又习惯于长时间保持沉默，身体紧紧贴在树枝上，所以经常被人们忽略。然而，它们有时会在一个地区成群出现。据推测，竹节虫与树枝相像，其目的是为了保护自己不受到敌人的侵袭，但是它们躲避的敌人到底是什么，现在还没有什么证据可以表明。竹节虫在一些南方国家和热带国家更为常见，那里有些竹节虫的体长相当长。比如来自非洲的一种竹节虫，完全成虫时体长是28厘米。在新几内亚，那里生长的一种竹节虫看上去更像是一支小木棍，而不是小树枝，一种大块头，多刺的动物，身长接近15厘米，身体最粗的部位差不多有2.5厘米宽(图44)。

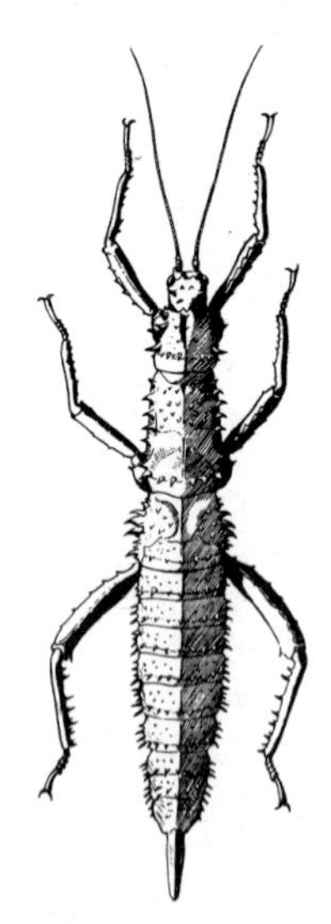

图44 来自新几内亚的巨体多刺竹节虫(Eurycanthus horrida)

竹节虫科昆虫的其他成员已经专攻模仿树叶。这些昆虫到了成虫阶段长有翅膀，当然了，翅膀让它们更容易采用树叶的形式进行伪装。生活在东印度的一种著名的竹节虫看上去非常像是两片树叶粘在一起，一种昆虫能长成这个样子真是不可思议，令人惊异（图45）。整个虫体呈扁平状，身长约7.6厘米，腿的基部较宽，不规则地出现凹口，腹部铺开，几乎像真正的树叶那样薄，而树叶状的翅膀紧紧地贴在腹部上。最后是这种昆虫的颜色，其类似树叶的绿色或褐色为其全面伪装创造了必要的条件。

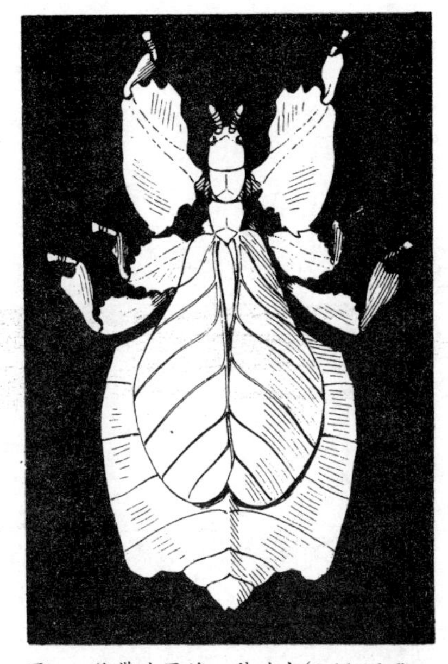

图45　热带地区的一种叶虫（Pulchriphyllium pulchrifolium），竹节虫科昆虫的成员（体长7.6厘米）

螳　　螂

人们经常会注意到，天赋的智慧也可能被错误地运用，甚至用来作恶。与蚱蜢、螽斯和蟋蟀有着亲属关系的螳螂这科昆虫就是这样，其成员都非常聪明，但是却很不老实，十分恶毒。

祈祷螳螂（Stagmomantis carolina）（图46），虽然它可能还有"直立马"（它受惊时能像马那样提起前腿）或"占卜者"这样一些别名，但是由于它在休息时常常采用祷告的姿态，所以人们更多地称其为"祈祷螳螂"。支撑着

图46　祈祷螳螂(Stagmomantis carolina)(体长6.4厘米)，以及它上一餐吃剩的残物

小脑袋的长长的颈状前胸抬起，前腿被温顺地折叠起来。但是如果你近距离观察这些被折叠起来的腿，无论其中哪一条，你就会看到第二部分和第三部分武装着外表可疑的长钉，这些长钉在两个部分相互封闭时被隐藏起来。事实上，螳螂是一个诡计多端的伪君子，虔诚的姿态和温顺的长相并不能说明它的内心有多么谦卑。多刺的双臂，那么天真无邪地合拢在胸部，其实却是可怕的武器，时刻准备着在第一时间袭击哪只没有戒备的昆虫，只要这只昆虫进入了它的进攻范围。设想一下，一只小蚱蜢走近这个假圣徒：它的头马上就狡猾地倾斜，装出一副谦恭的样子，狡诈的目光斜视着正在靠近的蚱蜢，不放过一丝一毫的细节。接着，突然地，没有发出任何警告，祈祷螳螂变成了行动的魔鬼。精确的距离计算，迅速敏捷的行动，凶猛可怕的抓握，不幸的蚱蜢命中注定要被俘获，整个身体就像被用铁夹子牢牢夹住一样。就在这个倒霉的家伙踢腿挣扎的时候，捕捉者的嘴巴已伸进它的脑后，显然是在寻找脑髓；受害者几乎来不及做更多的挣扎就被吞食掉了。腿、翅膀和其他一些不合口味的残体被丢在一边。当螳螂再次进入休息状态，它又虔诚地合拢自己的双臂，温顺地等候下一个机会的到来，以便一次又一次地继续享用生吃活食的大餐。

有一些外来的螳螂品种，其前胸的两侧向外展开，形成了一个较宽的盾

（图47），而前腿就折叠在盾的下面，完全被隐藏起来。还不清楚它们从这套装置中能获得什么好处，但是看上去像是一种更巧妙的欺骗手段。

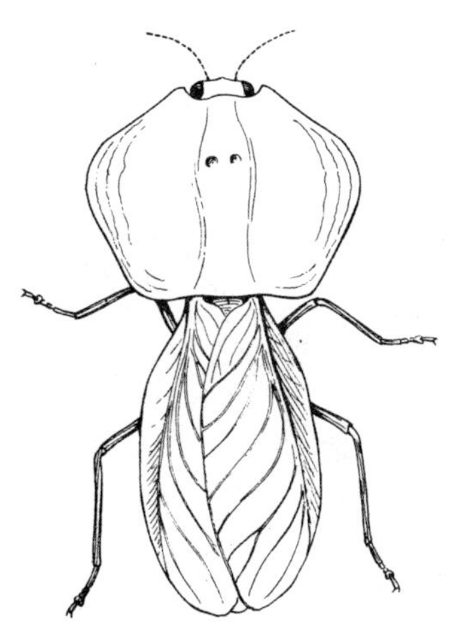
图47　来自厄瓜多尔的一种螳螂（体长8.6厘米），其背上长有类似盾的盔甲

当然了，正如稍后我们有机会观察到的那样，行善和作恶在很大程度上是相对的事情。站在蚱蜢的立场上看，螳螂是一种邪恶的动物；但是也有一些嫉恨蚱蜢的昆虫把螳螂视为大恩人，因为螳螂为它们消灭了死敌蚱蜢。因此，我们至少应该把螳螂看作对人类福祉有益的一种昆虫。好多年前，有一个很大的螳螂种群被从中国引入美国东部，现在已经被认为是很有价值的自然资源，对农业发展有益，因为有大量的害虫是被它们吃掉的。

螳螂把它们的卵排放在一个较大的卵囊里，粘在树枝上（图48）。制成卵囊的物质与蝗虫封闭它们的卵的物质类似，是雌性螳螂产卵时从体内渗出来的。螳螂幼虫是活泼的小动物，还没有长出翅膀，但是腿很长，而那些寄生于各种植物叶子上的麦二叉蚜、蚜虫或木虱，在不受保护的情况下命中注定要成为这些螳螂幼虫口中的美食。

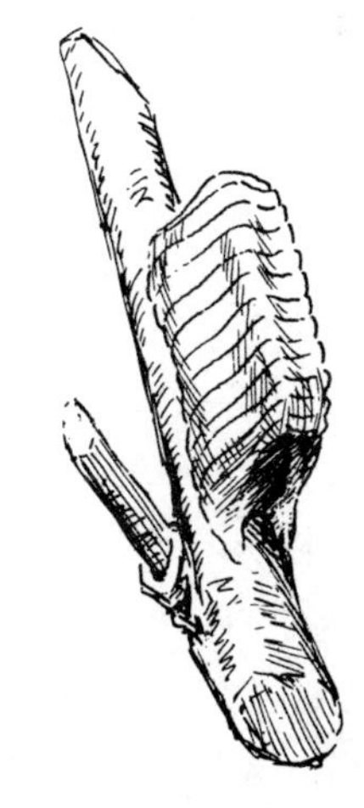
图48　附着在树枝上的螳螂的卵囊（Stagmomantis carolina）

第三章

蟑螂及其他远古昆虫

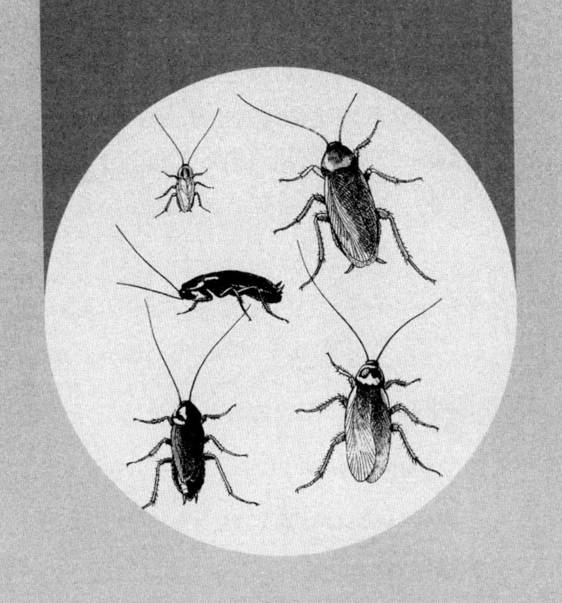

我们习惯于自信地把时间说成某种确定下来的东西，可以用时钟来测量，把1年或100年当作具体的持续时间量。然而，在当今我们这个讲究相对论的年代，关于时间的概念我们觉得并不那么容易明确。地质学者以年为单位计算地球可能的年龄，以及地球上某些地质事件自发生以来已经流逝的时间长度，但是他们的数字只是意味着地球在此期间围绕着太阳大概转了多少圈。在生物学方面，如果说某种动物在地球上已经存在100万年，而另一种动物存在了上亿年，这种说法没有什么意义，因为进化的单位不是年，而是代。如果某种动物，例如大多数昆虫，每年都会有许多代，而另外一种动物，比如我们人类，100年也就有4代或5代，那么按照进化论的计算，前一种动物显然比后一种动物古老得多，虽然两种动物随着地球围绕太阳旋转的圈数是一样的。所以，地球上比人类早好几亿年就出现的昆虫的的确确是古老的生物。

蟑螂简直不需要介绍，在这个世界上无论你居住在哪个地区，属于哪个阶层，都会对这种昆虫十分熟悉。不同的民族赋予蟑螂各种不同的别名，而这种现象表明蟑螂长久以来已经在人类社区扎下了根。据说，现在蟑螂通用的英语名称cockroach是来自西班牙语的cucaracha。德国人有点不太恭敬地称蟑螂为Kuchenschabe，意思是“厨房里的虱子”。古罗马人把蟑螂叫做Blatta，而蜚蠊科（Blattidae）这个学名正是从这个词派生出来的。被昆虫学者命名为“德国小蠊”（Blattella germanica）的一种欧洲小蟑螂，现在是我们美国最常见的蟑螂，并在纽约获得了“茶婆虫”（Croton bug）这个绰号，因为不知道是什么缘故，它似乎是随着克罗顿峡谷（Croton Valley）水系的引入而蔓延开来的，现在这个称呼在美国的许多地区仍然流行。

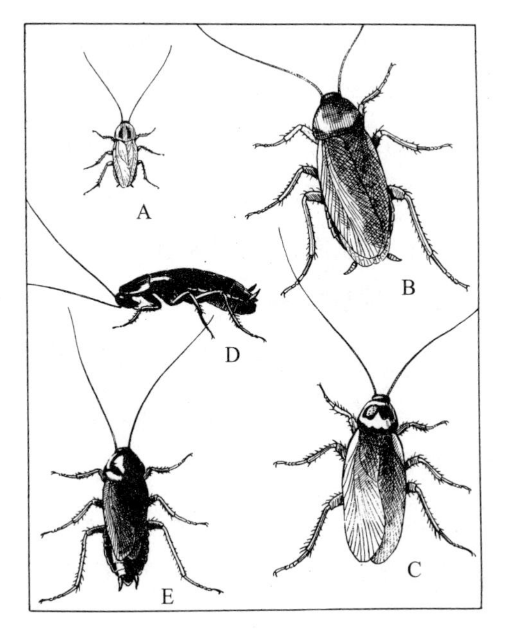

图49 家蟑螂的四个常见品种

A. 德国蟑螂，或称茶婆虫(Blattella germanica)(体长2.3厘米)。B. 美国蟑螂(Periplaneta)(体长3.5厘米)。C. 澳大利亚蟑螂(Periplaneta australasiae)(体长3.2厘米)。D. 东方蟑螂的无翅雌虫(Blatta orientalis)(体长2.9厘米)。E. 东方蟑螂的有翅雄虫(体长2.5厘米)。

茶婆虫，或称德国蟑螂(图49 A)，在各种"家养的"的蟑螂当中是体形最小的。这种蟑螂相当苗条，虫体呈淡褐色，其身体的前盾甲上有两个暗斑。这种蟑螂是美国东部地区许多家庭厨房的主要害虫，为那些卖蟑螂的厂商带来了很大的财富。幸运的是，其他几种个头较大的蟑螂种群数量不大，不过人们对这样一些蟑螂也并不陌生。在这些蟑螂中，第一种被称作美国蟑螂(图49B)，第二种是澳大利亚蟑螂(图49C)，第三种是东方蟑螂(图49D，E)。这四种蟑螂都十分善于长途旅行，不受国籍约束。无论是在海上还是在陆地，它们就像是在自己的家里，如同船上未受到邀请的乘客，船走到哪里，哪里就留下它们的身影，所以世界各地都有蟑螂。

除了家蟑螂之外，还有许许多多种蟑螂生活在野外，尤其是温暖的或热带地区。它们中的大多数都呈褐色，但色度的深浅不同，或带一点黑色，也有一些蟑螂呈绿色，少数几种蟑螂的身上有斑点、条纹或斑纹。不同品种的个头相差很大，如果从合拢后的翅尖量起，最大的蟑螂体长能达到10厘米，而最小的蟑螂体长还不足2.4毫米。它们的体形几乎都是人们熟悉的那种扁平状，头部向下弯在身体的前部之下，而又长又细的触角向前伸出。大多数蟑螂有翅膀，收拢后紧贴在背上。至于东方蟑螂，雌虫的翅膀非常短（图49D），这个体征使得雌虫在外貌上与雄虫大不一样，所以好长时间人们一直以为这两种性别的同种蟑螂是不同的两种蟑螂。

当然了，蟑螂并不是天生就被指定为一种家庭昆虫，而且早在人类能够建屋造房之前，蟑螂已经在野外生活很多年了，但是其具有的本能和身体形态恰好能特别适应房间里的生活。敏锐的感觉，灵活的动作，夜晚出没的习性，无所不吃的胃口，扁平的体形，所有这些特质为它成为人类家里的害虫提供了条件。

许多种蟑螂可以生出幼虫；但是我们现在常见的蟑螂种群却是通过产卵繁衍后代。它们把卵封存在硬壳荚囊中，荚囊的材料是一种坚韧而又柔软，类似角质的物质，作为一种分泌物由雌虫体内一根通向输卵管的特殊腺体产生出来。荚囊是在输卵管内形成的，当卵囊被夹在输卵管口的时候，卵就流入其中。封口的边缘开有很细的凹口，而荚囊表面上的横向印痕表明了里面的卵所处的位置。

茶婆虫，或德国蟑螂（图49A）所形成的卵囊就像一块扁平的小块，雌虫通常会随身携带一段时间，从身体的末端向外突出，有时候在虫卵孵化期间，雌虫仍然带着卵囊。美国蟑螂和澳洲蟑螂（图49B，C）形成的卵囊更像

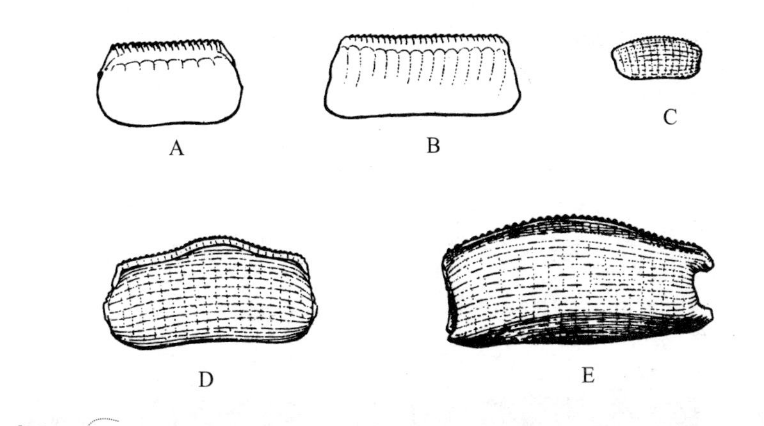

A. 澳大利亚蟑螂(图49C)的卵囊。B. 美国蟑螂(图49B)的卵囊;其他三种是户外蟑螂的卵囊。

图50　五种蟑螂的卵囊(放大三倍图)

小钱包或烟口袋,长度大约9.5毫米或1.3厘米,上部边缘有一排锯齿状的扣子(图50A,B)。某些体形娇小的蟑螂品种,其卵囊的长度只有1.6毫米(图50C)。而个头较大的蟑螂品种,它们的卵囊能够达到1.9厘米长(图50E)。

胚胎期蟑螂在卵里面成熟,而且当它们准备好孵出时,就会出现在卵囊内。通过某种手段,原先封闭的,并粗糙不平的边缘这时被打开,以便让被囚禁的昆虫逃脱出来。此时,一团团细小的动物开始膨胀,最后卵囊内蠕动的幼虫整体伸了出来。先有一只或两只幼虫解脱出来,然后是几只一块儿掉了下来,接着出来得越来越多,很快卵囊内空了,卵壳遭到遗弃。

当蟑螂幼虫最初把自己从卵囊中解放出来的时候,它们是孤立无助的动物,因为每一只幼虫都被一层胚膜包裹,迫使它折叠起来的腿和触角紧紧

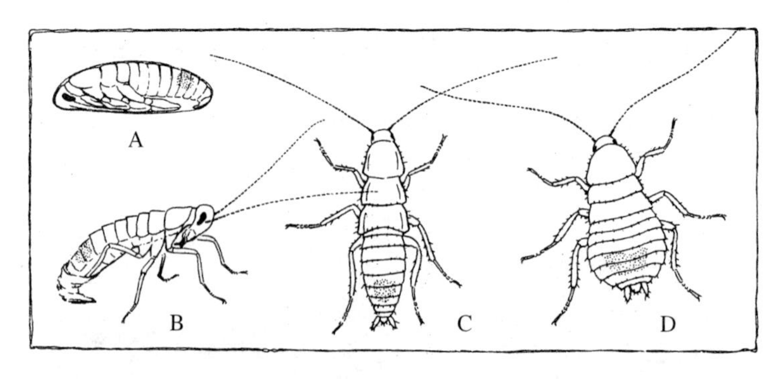

A. 临近孵化，卵内的幼虫。B. 刚孵化出的幼虫，正在蜕去胚膜。C. 蜕去胚膜的幼虫。D. 出生半小时后的幼虫。

图51 处于孵化前后不同阶段的德国蟑螂幼虫

贴在身体上，脑袋被压向胸部（图51A）。然而，如此一层封套纤薄得几乎看不见，很快就因为急切希望获得自由的小蟑螂的拼命挣脱而破裂——胚膜裂开，很快从虫体上滑落下来（图51B），幼虫最后终于完全从里面出来了。被丢弃的残皮皱缩在地上，让你几乎不敢相信，就是这个不起眼的东西刚刚还包裹着昆虫的幼体。

新解放出来的幼小蟑螂一落地就能用它那细细的腿快速跑动，对于一个此前从来没有使用过自己的腿的动物来说，这一举动的确相当令人惊讶。它的体态是那样纤细（图51C），看上去根本就不像是一只蟑螂。除了腹部有一团艳绿色，整个虫体苍白无色。但是，几乎就是一瞬间的事，幼虫开始出现变化；胸的背板变平，身体由于体节的交叠而被缩短，腹部呈现出一个宽广的梨形轮廓，头部被缩进胸盾之下。也就是半个小时的时间，这只小昆虫便明明白白地显露出其蟑螂幼虫的样子来（图51D）。

蟑螂有一个强有力的天敌，这就是家蜈蚣（图52）。这个家伙长着很多腿，所以当它急速跑过起居室的地板，或者迅速消失在地下室的阴暗角落时，瞧着就像是会动弹的一团模糊的影子，你甚至来不及确定自己是否看到了什么。不过，我们经常会在浴缸里抓到它，而它在这个地方的出现很容易让家庭主妇歇斯底里地喊叫起来。然而，除非你特别喜爱蟑螂，否则家蜈蚣应该受到保护和鼓励。笔者曾把一条家蜈蚣放入一个有盖子的玻璃盘子里，里面事先已经放入了一只德国蟑螂雌虫和一个正在孵化虫卵的卵囊。还没等刚出生的蟑螂幼虫学会四处跑动，家蜈蚣就已经把它们当美餐吃起来，只有当最后一窝蟑螂都被吃掉，这一顿大餐才算告一段落。蟑螂妈妈这时还没有受到骚扰，但是第二天的早晨，它却四腿朝天地躺在那里，也死了，它的脑袋被咬掉了，被拖到离身体挺远的地方，体液已经被吸干——所有这一切都无言地证明，夜间的某个时刻发生了一场悲剧，或许是因为家蜈蚣的饥饿感又出现了，它再次投入捕食行动。家蜈蚣并不是只吃活蟑螂，它几乎什么食物都吃，但是对家庭的储藏室来说，它从来就不是一种害虫。

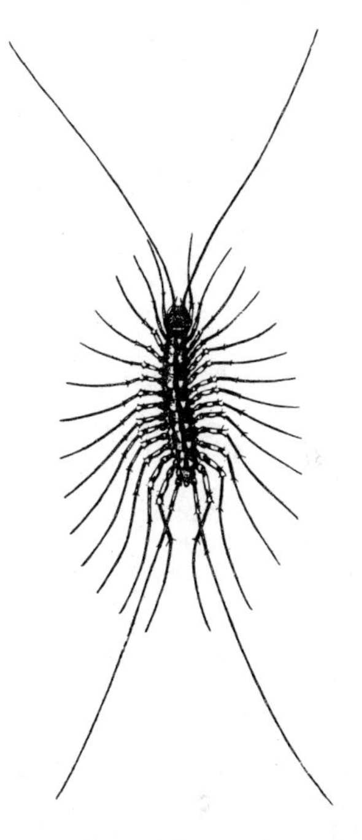

图52　常见的家蜈蚣（*Scutigera forceps*），蟑螂幼虫的杀手

大多数品种的蟑螂都有着两对发育良好的翅膀，通常情况下折叠在背

后，因为作为家种蟑螂，它们平常在寻觅食物时并不需要飞行，除非偶尔为了避免被捕获才会张开翅膀飞走。前翅比后翅长一些，也厚实一些，并覆盖在后翅上；后翅较薄，在不使用的时候成扇形收拢起来。就这些特征而言，蟑螂与蚱蜢和螽斯相似，而它们所属的科——蜚蠊科，通常与直翅目的那些昆虫放在一起。

昆虫的翅膀是非常有趣的研究课题。正如图53所示的那样，当蟑螂的翅膀平展地张开以后，我们可以见到翅膀上有很薄的膜状组织，由从基部向外延伸的多条翅脉所支撑。所有昆虫的翅膀都是遵照相同的总体样式而构造的，都同样有主翅脉。但是，由于昆虫的主要特长就是飞行，它们的进化也就集中在翅膀上，不同的种群试验过不同的翅脉类型，结果现在就是依据翅脉排列的某种特殊模式和分支情况来甄别昆虫。这样，昆虫学者不仅能够根据它们的翅膀结构区分各种不同目的昆虫，例如直翅目，蜻蜓、蛾，蜜蜂和苍蝇，而且在很多情况下还能确定昆虫的科，甚至属。对研究昆虫化石的学者来说，这些翅膀具有特别的价值，因为虫体在多数情况下都不会得到很好的保存，所以只能借助对翅膀的研究，古生物学家才能在古代昆虫的研究方面取得进展。而且，实际上，对古代昆虫的不断认识，以及对昆虫化石残迹的研究，在极大程度上帮助我们了解昆虫这个变化多端、分布广泛的动物种群。

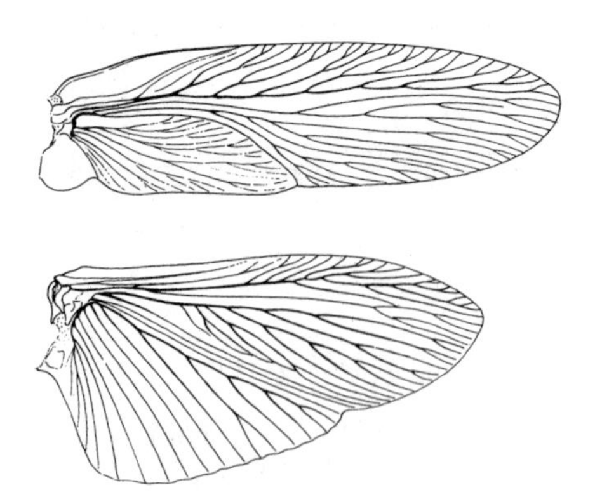

图53　蟑螂（Periplaneta）的翅膀，显示的是具有蟑螂科特征的翅脉式样

古生物在地球上的生活史向

我们显示，这块土地上前前后后曾经居住过许多不同形态的动物和植物。某种特别的动物种群出现在地球上，最初相对说来还微不足道；然而随着数量的不断增加，形态发生变化，通常在个体尺寸方面的增大，这种动物就可能成为占优势地位的生命形态；接下来，随着这种动物族群个体的身材见小，种群数量逐渐降低，直至开始走上灭绝之路，它就可能退化成毫无意义的生命形态。与此同时，表现另外一种结构类型的动物族群就可能异军突起，兴旺发展，然后逐步衰退。然而，如果我们认为所有的生命形态都必须在其生命史中经历这样的起伏，这可是一种错误的印象，因为有许多曾存在过的动物在极其漫长的时间周期里并没有发生多大变化。

昆虫的历史给了我们一个关于永久性很好的例子。早在动物已有的记录被保存在岩石上之前，昆虫就已经在古老而又遥远的年代的某个时期、某个地方成为昆虫。它们一定是在海洋里到处都是鲨鱼和庞大的甲胄鱼的那个年代就出现了；它们一定是在我们的煤床逐渐形成的时候就已经开始兴旺起来；它们见证了那些庞大的两栖动物和巨型爬行动物的出现，例如恐龙、鱼龙、蛇须龙、苍龙等，这些庞然大物以及其他一些巨型动物族群的名称现在已是家喻户晓的常用词，而它们的骨骼陈列在博物馆里供我们大家参观。还是在鸟类开始有牙齿，逐渐从它们的爬行动物祖先那里进化的年代，在开花植物开始装扮山水风景的年代，昆虫就已经有了新的形态分支；从哺乳动物年代的开始到大型毛皮动物达到鼎盛，再到一些动物的绝迹，整个过程都有昆虫在场；它们陪同我们人类来到这个地球，伴随着我们人类的整个进化过程一直走到今天；它们仍然和我们在一起——一个活力十足的族群，没有任何迹象表明它们在退化、数量在减少。在所有的陆地动物中，按照世系的长度来算，昆虫是真正出身名门的贵族。

人们所知道的最早的昆虫遗迹是在岩石的上部岩床找到的，而这些岩石层则是在地球史上被称之为石炭纪这个地质学时期形成的。在石炭纪时期，内海或湖泊沿岸的大多数陆地是沼泽地，上面生长着大片的树林，而我们现在的煤层就是这些树林石化以后形成的。但是，石炭纪的陆地风景让我们觉得陌生，也觉得奇怪，因为我们已经对丰富的硬木材、阔叶树和灌木丛以及各种各样的开花植物司空见惯了。但是在那个时代，植物的这些形态还没有哪一个已经出现。

石炭纪沼泽地的大多数下层灌丛是由类似蕨类的植物组成的，其中确实有许多是真正的蕨类植物，而且很有可能是我们现代的欧洲蕨的祖先。这些古老的蕨类植物有一些能够长得非常高大，超过其他一些树状植物，可以达到18米，甚至更高，巨大的叶子像羽冠那样伸展开来，形成许许多多的枝杈。另一组具有石炭纪植物群特征的植物包含了种子蕨，如此命名的原因是它们与真正的蕨类植物有些不同。尽管从整体外观上种子蕨与蕨类植物非常相像，但是它们结出的是种子，而不是孢子。种子蕨主要属于小植物，叶片精致，也很漂亮，但是这个物种没有子孙繁衍到现代。

与大量的蕨类植物和种子蕨一道，在石炭纪的沼泽地还生长着巨大的石松，或称石松属植物，其高度有时候能达到30多米，在那个时候的树林里算得上最惹人注目的大树了（图54）。这些石松属植物长着高耸的圆柱形树干，树身被许许多多的小鳞片覆盖，很有规则地呈螺旋形排列。一些石松属植物有很粗厚的侧枝，从树干的上部分分叉，侧枝上长满了坚挺而又锋利的树叶；其他石松属植物则在树干的顶部结出一大簇细长的树叶，有点像我们现在的丝兰、千手兰或凤尾兰的巨大变体。较大一些树的根部，其直径可达0.9米或1.2米，由分布在地下的巨大分枝支撑，而树根正是从这些分枝长出

在前面的两棵树中，左边的一棵树是封印木(Sigillaria)，右边的一棵树是鳞木(Lepidodendron)；背景上中间两棵树中，左边的是科达树(Cordaites)，右边的是蕨类植物；远处那些高高的树是芦木(Calamites)，与我们现代的马尾蕨有亲缘关系。

图54　一组常见的石炭纪植物，按树的尺寸和比例绘制

来的——或许可以说，这种设计让石松属植物在沼泽地松软的泥土中有了一个宽敞的基础。

石炭纪石松属植物为我们提供了主要的煤炭资源，然而，后来它们被其他新的植物类型替代。不过它们这个物种还没有绝迹，因为即使是在今天，我们也能够在被称之为石松的这种低矮、四季常绿的植物身上看到它们的许多代表性特征，其伸展开来的、分叉很多的主枝通常蔓生在地上，由一排

排短小而坚硬的树叶覆盖着。我们最熟悉的石松属植物是“扁叶石松”，虽然这不是一个典型的物种。这种不起眼的小矮树被大量用于圣诞节的装饰物，而且现在仍然在一些地方以其柔软、宽大、类似蕨类植物的叶状茎干为树林铺上了绿毯。到了秋天，扁叶石松那郁郁葱葱的暗绿色令人喜爱，与这个季节那些枯黄的落叶所形成的忧郁色调产生了很大的反差，似乎是在表现一种活力，而且正是这种活力确保了石松属植物从远古保存到现在，如果从其伟大的祖先所处的时代算起，它们在这个地球上已经生存了数百万年。“更苏植物”也是古代骄傲的石松树植物的后裔，常常被人当作神奇的保健植物卖给家庭主妇们，谎称或夸张地说这种植物具有使人返老还童的效用。

在我们现代的林区里，沿着河岸或在其他潮湿的地区，还生长着另外一种从石炭纪时代树林保存至今的植物——即我们通常所说的“马尾蕨”，或称木贼属植物（Equisetum）。这种植物的茎干呈绿色，上面有粗糙的螺纹，带有从茎节上长出的细分枝的轮生体。我们的马尾蕨是一种有检束的植物，很少能达到几米高度，虽然在南美洲一些国家有些品种可能高达9米；但是在石炭纪，木贼属植物的祖先的身材已经达到了树的高度（图54），其树干的粗壮程度也可以与石松属植物和巨型蕨类植物的树干相比。

除了这几种植物族群的很多代表之外（它们全都或多或少地与蕨类植物有同盟关系），石炭纪树林还包含另外一组被称作“科达树”（Cordaites）的树状植物，后来出现的苏铁，以及我们现在的银杏树或白果树，都有可能是它的后代。另外，还有某种植物的几个代表性树种是我们现在的松柏目植物的起源。

也许只有那些穿越时空回到远古时代的访客才有可能向我们完整地讲述石炭纪沼泽地里植物生长的状况，这要比我们根据岩石纪录了解情况好多了。不过，古生物学家现在手里掌握的大量材料已经很充分了，至少可以向我们描绘出一幅可信的场景画面，帮助我们了解已知的最早的昆虫生活状态和死亡原因。

那么，居住在远古时代树林里的昆虫长什么样子呢？它们也是样子古怪，居住在遥远仙境的动物吗？不，不是这个样子，至少在外表或结构方面不是这样，虽然从身体这个角度它们也许“适宜”，因为昆虫能很适应地记住在任何地方。简而言之，石炭纪昆虫主要的物种是蟑螂！是的，数百万年前的那些森林和沼泽地生活着蟑螂，而且那个时候的蟑螂与我们现在熟悉的家庭害虫，或者还没有放弃在城市居住习惯的许多种蟑螂并没有多少不同。

无论是谁，如果他想通过查看地质记录找到昆虫进化的佐证，那么他一定会感到沮丧和失望，因为古代蟑螂（图55）和现代蟑螂（图53）的翅脉样式几乎完全相同。图55所示的物种，作为石炭纪蟑螂的典型样本，就能说明问题。尽管样本缺少触角，也没有腿，但是任何人都能看出，这些动物就是普通的蟑螂。因此，我们能很容易地描绘出这些远古的蟑螂，它们急促地爬上高高的、长满鳞片的石松树植物的树干，它们在蕨类植物长满树叶的茎干根

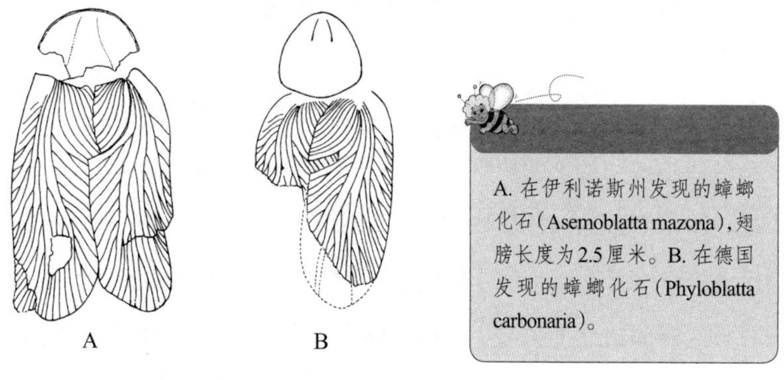

A. 在伊利诺斯州发现的蟑螂化石（Asemoblatta mazona），翅膀长度为2.5厘米。B. 在德国发现的蟑螂化石（Phyloblatta carbonaria）。

图55　石炭纪上层岩石的蟑螂化石

部爬进爬出，而且我们也可能在缠结成团的植物垃圾堆里找到大批蟑螂出没的身影。那个时代的昆虫一定是自由的，没有敌人的侵袭，因为鸟类尚未存在，而且所有侵害其他昆虫的寄生虫的寄主当时还没有得到进化，它们的进化是后来发生的事情。

虽然到目前为止，已知的石炭纪昆虫数量比较大的是蟑螂，或者与蟑螂有密切关系的昆虫，但除此之外还有许多其他形态的昆虫。昆虫学者对其中某些昆虫有着特别的兴趣，原因嘛，就是因为在某些方面，这些昆虫的身体结构比任何一只现代昆虫还要简单，而且在这一方面，它们比我们所知道的任何其他昆虫更接近假象的原始昆虫。不过，这些最古老的已知昆虫，即古网翅目昆虫（Paleodictyoptera），它们的特征与现代的昆虫形态差别甚小，除了昆虫学家，一般人几乎觉察不出来；对那些随便看看的观察者来说，古网翅目昆虫就是昆虫。它们之间的主要区别标志在于翅脉的排列式样，其翅脉与其他有翅昆虫相比更具对称性，因此很有可能更接近所有的有翅昆虫的原始祖先的翅膀。这些远古的昆虫或许不像现在大多数昆虫那样在背上折拢起自己的翅膀，由此表现出了另一个原始特征，不过这算不上区别性特征，因为现代的蜻蜓（图58）和蜉蝣（图60）在休息的时候同样使翅膀保持张开的状态。

昆虫是如何获得翅膀的？这个问题总能引起人们的特别兴趣，因为，尽管我们很清楚地知道鸟的翅膀或者蝙蝠的翅膀不过是前肢的变异形态，导致昆虫翅膀不断进化的原始器官的性质却至今仍然是一个秘密。然而，古网翅目昆虫或许可以帮助我们阐明这个问题，因为有些古网翅目昆虫，它们前胸背板的侧面边缘上各有一块很小的扁平叶片，这在化石标本上就像未发育的翅膀（图56）。这些前胸叶片的存在，正如出现在某些最古老的昆虫

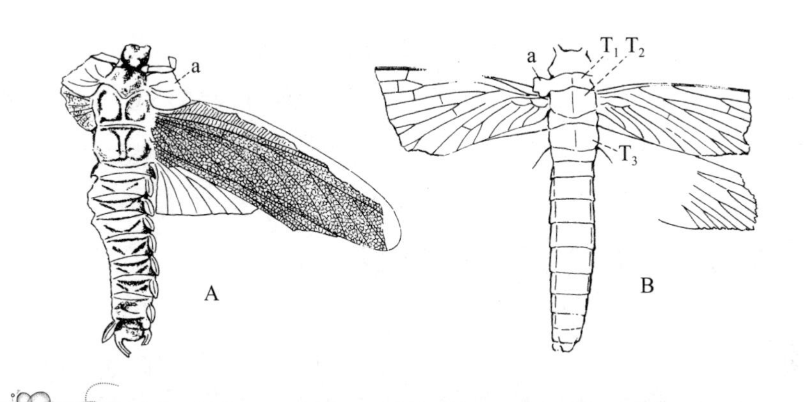

A. 石炭纪的化石昆虫(Stenodictya lobata)　B. 古网翅目昆虫(Eubleptus danielsi): T_1、T_2、T_3,前胸体节上的三块背板。

图56　已知最早的昆虫古网翅昆虫的化石标本,小叶(a)像翅膀那样从前胸伸出

身上的叶片,使人联想到这样一个观点,即真正的翅膀是从中胸和后胸上类似的叶片进化而来的。如果真是这样,我们必须把有翅昆虫的直系祖先描绘成这样的动物:它们的身体两侧各有一排叶片,每排三片,从胸部体节的边缘直挺挺地向外伸出。当然,动物不可能真的利用这种翅膀飞行,但是或许它们可以利用这样的翅膀在空中滑翔,像现代的美洲飞鼠那样从一棵树的树枝飞到另一棵树的树枝上,通过沿前腿和后腿之间身体两侧伸展的皮肤褶皱来进行。如果这样的叶片这时能在根部变得柔软灵活,那么只需要对身体已有的肌肉稍微做出调整,就可以让叶片做上下运动了;在大多数情况下,现代昆虫的翅膀仍然是借助一种非常简单的机制,其中包括额外获得的几块肌肉。

然而,从机械效能方面看,完全发育的三对翅膀似乎太多了。因此,在

昆虫后来的进化中，前胸上小叶的发育只限于供滑行所用，而且在所有的现代昆虫身上，第一对这样的叶片已经失去了。此外，后来越来越多的发现表明，只用一对翅膀才能获得最佳的飞行状态；而且几乎所有的比较完善的现代昆虫都有一对尺寸减小了的后翅，并锁定到前翅上，以确保飞行的协调一致。苍蝇已经把这种进化带到一种双翅状态，而且它们实际上已经获得了成功，因为它们的后翅极大程度上被减小，再也不具备飞行器官的形态和作用。这样一些昆虫被称作双翅目昆虫，它们只利用高度专门化的一对翅膀有效地飞行（图167）。

在石炭纪末期阶段，古网翅目昆虫开始逐渐灭绝，而它们的消失进一步证实了这样一个观念，即它们是早期昆虫类型中最后一批幸存者。但是无论怎么讲，它们并不是昆虫的原始祖先，因为，仅从它们拥有的翅膀上看，说明它们在翅膀的发育过程中一定经历过漫长的进化；但是，对昆虫史的这一阶段的情况我们一无所知。目前已被揭示的岩石表明，那上面并不含有石炭纪沉积岩上层之下的昆虫生活状况的记录，而那个时候昆虫的翅膀已经得到了充分的发育。这一事实说明，我们在提出有关地球灭绝物种的否定陈述时必须小心谨慎，因为早在我们获得它们存在的证据之前，昆虫一定在地球上生活了很长时期了。找不到比石炭纪昆虫还早的昆虫化石，其原因很难解释，因为数百万年来，其他动物和植物的遗迹都得以保存，所被发现的数量相对来说也很大。所以，至于昆虫变成有翅动物，几乎已经进化到现代形态之前的状况，我们并不能具体地进行了解。

目前还有一些无翅膀的昆虫。其中一些昆虫清楚地表明，它们是有翅昆虫最近的后裔。另有一些昆虫则通过自己的身体结构暗示，它们的祖先从来就没有长过翅膀。如此说来，像这样一些昆虫，或许就是通过一条长长

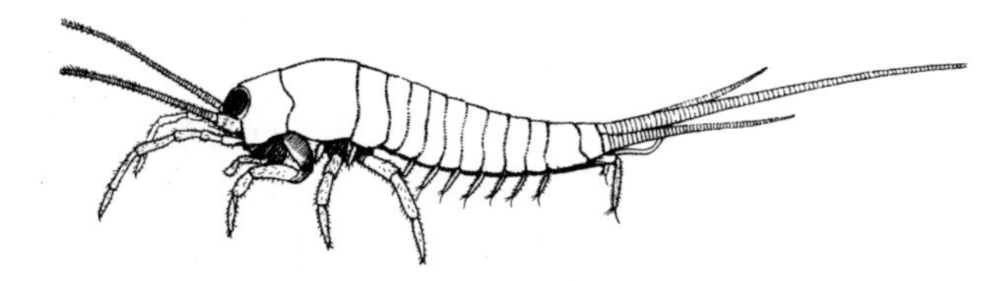

图57　石蚤(Machilis),翅膀进化前古代昆虫的现代代表

的遗传世系,从所有昆虫原始的无翅祖先那里来到我们面前。俗称的“鱼蛾”(昆虫学家称之为衣鱼属),和它的近亲石蚤(图57),就是我们熟悉的真正的现代无翅昆虫的例子。如果它们的遥远祖先像它们那样脆弱,容易被压碎,我们也许就能明白,它们为什么没有在岩石上留下它们的印记。

与石炭纪蟑螂和古网翅目昆虫并存,那个时候还生活着其他几种昆虫,其中许多都是某些现代昆虫种群的代表。蜻蜓就是其中之一。某些蜻蜓的体形很大,在昆虫堆里称得上是庞然大物了,因为它们一根翅膀如果完全张开能达到61厘米,而我们现代的蜻蜓翅膀长度,即使把两根翅膀加在一起,也不会超过20厘米。但是已灭绝的巨型蜻蜓翅膀的长度并不一定就意味着它们的身材比现今还存世的最大的昆虫要大很多。大体上讲,那个时候的昆虫个头都挺一般,大多数古代昆虫与现代昆虫差不了多少。

现代的蜻蜓(图58)以其飞行迅速而闻名,它们还有能力在飞行时瞬间改变飞行的方向。这些素质使它们能在飞行当中捕获其他昆虫作为它们的食物来源。它们的翅膀装备有几组特殊的肌肉,而其他昆虫却没有,这就表明,蜻蜓是从它们石炭纪祖先那里沿着自己的血脉一路传承下来的。它们至今仍然保留祖先留下的这种特性。在不使用翅膀的时候,它们不能像大多数昆虫那样把翅膀折拢起来平放在背上。较大的蜻蜓在休息的时候把翅膀笔直地向身体两侧伸出(图58);但是也有一组纤细的蜻蜓,被称作“豆

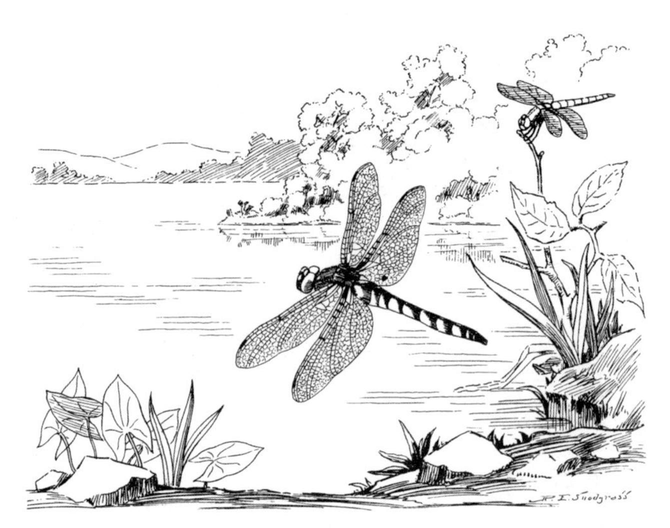

图58　蜻蜓(蜻蜓目),古代无翅昆虫种群的现代代表。成虫是强壮的飞行者,能在飞行中捕获其他昆虫;休息时,翅膀向身体两侧直接伸出。幼虫生活在水里(图59)

娘”,能够以垂直平面把翅膀合拢在背上。

蜻蜓通常喜欢聚集在水域开阔的地方。在一览无遗的水面上,体形较大的蜻蜓为自己找到了一个方便的猎场;但是蜻蜓喜欢水的一个更重要的理由是它们要么把卵产在水面上,要么产在水生植物或水边植物的茎干上。蜻蜓幼虫(图59)是水栖动物,而且一定要居住在离水近的地方。它们相貌平平,甚至有些难看,丝毫没有它们父母的高雅气质。蜻蜓幼虫以其他活物为食,游泳能力使它们能够捕捉到这样的食物。它们特别长的下唇末端上长着几个抓钩(图134A),这些抓钩可

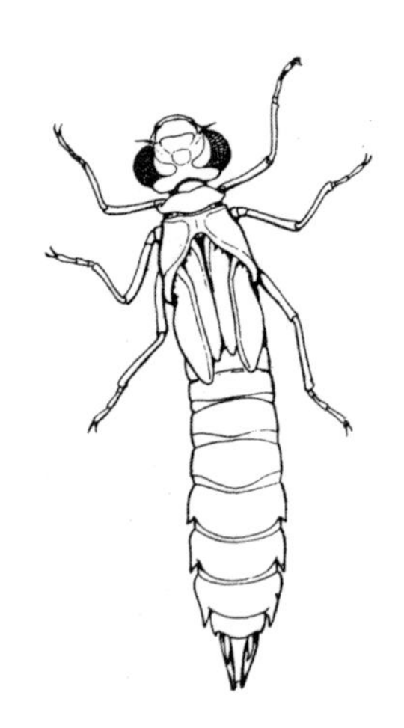

图59　蜻蜓幼虫,一种水栖动物,只有准备蜕变成成虫(图58)时才会从水中离开

以在头部前方向外射出，而幼虫就是凭借着这种武器捕获猎物。古生代时代宽阔的沼泽湖一定曾经为蜻蜓提供了一个理想的栖息地，而且很有可能已知的最远古的蜻蜓在身体结构和生活习性方面与现代蜻蜓物种没有多大差别。

目前，另一种很常见的昆虫是蜉蝣，看上去好像也是古生代祖先的直系后裔（图60）。蜉蝣幼虫（图61）也生活在水里，并具有用于水中呼吸的鳃，沿身体两侧排列着一些薄片状或细丝状的结构。蜉蝣成虫（图60）是非常精致优雅的昆虫，长着四扇薄纱似的翅膀，一对长长的线状尾巴从身体后部伸出。在蜉蝣幼虫开始变形的时候，它们常常成群地出现在水面上，而且它们特别容易受到强光的吸引。由于这个原因，大批蜉蝣夜里来到城里，第二天早晨人们常常能够在墙上和窗户上看到它们。在城市，蜉蝣发觉自己正处在一个对它们天生习性和本能都非常陌生的环境里。蜉蝣并不把自己的翅膀水平地折叠起来，但是在休息的时候垂直地收拢在背上（图60）。在这一方面，它们似乎也保留了古生代祖先的特性；不过我们必须注意到，高度进

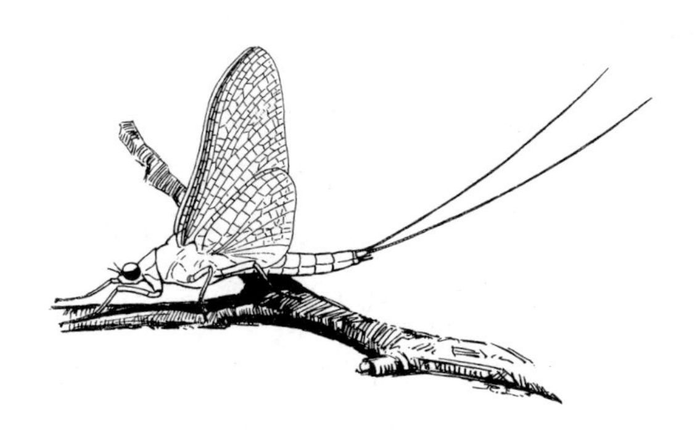

图60　蜉蝣，原始有翅昆虫另一目的代表，在古生代有许许多多的近亲（放大两倍图）

化的现代蝴蝶以同样的方式收拢自己的翅膀。

蟑螂、蜻蜓和蜉蝣都证明昆虫是一个非常古老的物种，因为，既然这些存在于古生代时期的昆虫形态几乎就是它们今天的样子，所有昆虫的原始祖先（我们没有找到相关的地质纪录）一定生活在比古生代更遥远的时代。然而，尽管我们的寻找也许会一无所获，在古生代记录发现不了昆虫的起源和昆虫发展的证据，比石炭纪更晚时期里被保存下来的物种却清楚地表明了现代昆虫随后的更高形态的进化。像甲虫、蛾、蝴蝶、黄蜂、蜜蜂和苍蝇这样一些昆虫在古老的岩石上全都没有留下遗迹，它们是在后来的时期，相对说来离我们现在更近一些时期才出现的，由此我们可以通过研究它们的身体结构来确定这样一个观念，即它们是从更接近于石炭纪岩层中的古网翅目昆虫的祖先那里进化来的。

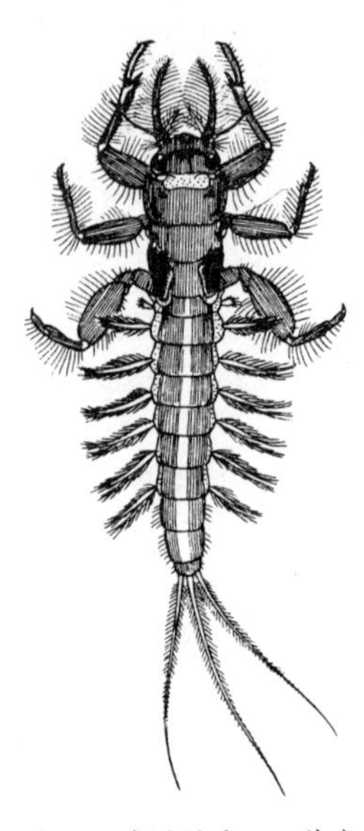

图61　蜉蝣幼虫，一种水栖动物（放大1.5倍）

蟑螂漫长的遗传世系，其结构和形态几乎没有什么变化，为进化论的特殊课程提供了材料。如果进化一直是一个“适者生存”的问题，那么蟑螂，从其生存的状况看，一定是最好的“适者”。然而，蟑螂的适应能力具有普遍性；这种普遍性能使蟑螂在各种条件下，各种环境里成功地生活。大多数其他形态的现代昆虫则是通过更专化的习性，更特殊的生活方式和进食方式来适应环境。这样的昆虫，我们说是得到了专化，而以蟑螂为代表的那些昆虫则得到了普遍化。因此，生存要么依赖于普遍化，要么依赖于专化。动物的普遍化形态与那些特殊适应某种生活的动物的专化相比，前者在经受一系列变化的环境过程中能获得更好的生存机会。不过,如果条件和环境适合,专化的动物也有其自己的优势。

这样一来,蟑螂存活到了今天,而且只要地球适合居住,它们还会继续生活下去,原因很简单,当它们被迫离开一个环境,它们有能力让自己适应另一种环境;但是我们都曾见到专化的蚊子是如何在其滋生地遭到破坏时消失不见的。出于这种考虑,我们能为人类感到一些宽慰,如果我们不介意把自己比作蟑螂;因为,就像蟑螂,人是一种无所不能的动物,有能力使自己适应所有生活条件,有能力在极端条件下继续生存。

第四章

生活方式和生存手段

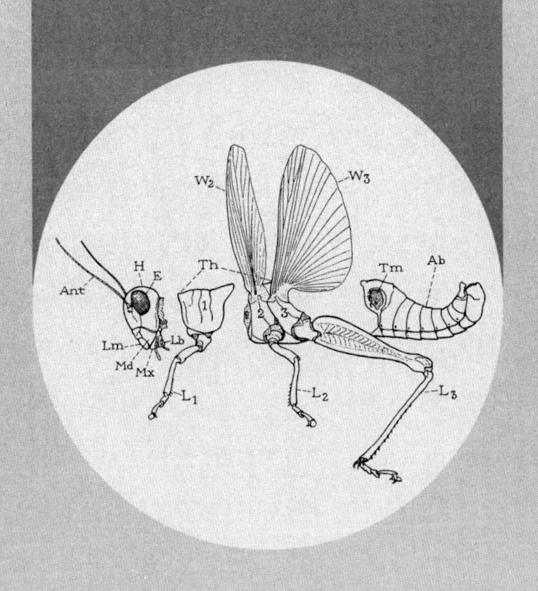

在我们人类社会，每一个人必须获取生存所必需的东西；只要能为自己和家人提供食品、衣物和住所，用什么方式，从事哪一种行业，通过什么途径，从生理方面讲都没什么关系。所有形式的生命体的情况也完全如此。生命物质的生理要求使得某些东西成为维持生命体活着的必需品，但是自然法则并没有具体指定哪一种必需品可以用哪一种方式获取。生命本身会受到限制和约束，但是在生活方式和生存手段方面，生命又具有完全的选择自由。

什么是生命体？如何区分生命体与非生命体，试图为这些概念下一个定义没有什么用途，因为所有的释义都没有能够把动物和非动物物质区别开来。不过我们知道，动物在相互接触和与环境接触时会对某些变化做出反应。根据这个现象我们就能把活物与非活物区分开来。当然了，“环境”必须从广义上加以解释。从生物学上讲，以任何方式关系到生物体的所有东西和力量都应包括在环境这个范畴内。不仅每一种植物、每一种动物从整体上有其环境，就是每一个部分也有一个环境。例如，动物胃的细胞一方面在血液和淋巴方面有它们的环境，另一方面胃的所含之物也有其环境；另外分配给它们的神经能、冷热所造成的影响，这些也是环境因素。

综合体动物细胞生命的环境条件太复杂了，很难进行基本的研究；简单生物或单细胞动物的生命元素及其基本的必需品理解起来要容易一些；但是出于描述的目的，最为方便的还是仅仅谈一谈原生质的性质。大多数高等动物所有的维持生命的必需品都存在于原生质的任何部分，动物就是由这些原生质物质所组成的。

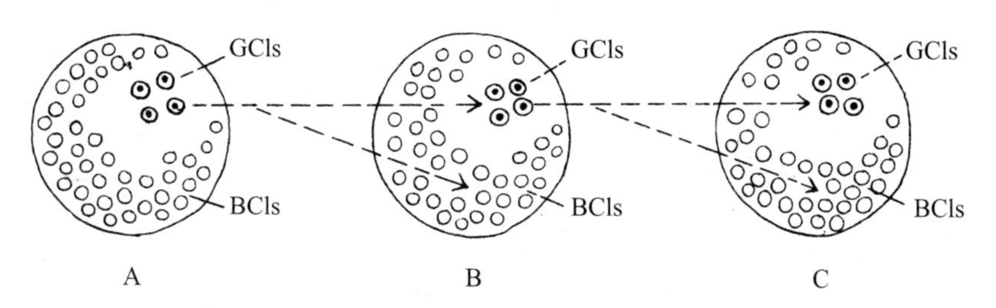

图62　代代相传过程中生殖细胞(GCls)和体细胞(BCls)的关系图示

A代受精的生殖细胞形成B代的生殖细胞和体细胞,B代受精的生殖细胞形成C代的生殖细胞和体细胞等。
B代的后代C从B代的体细胞那里什么也没有得到,但是C代和B代共同起源于A代的生殖细胞。

原生质是一种或一组化学物质,其结构非常复杂,但是在环境不受到干扰的条件下能够得到保持。然而,假设一些很小的事发生,例如气温的变化、光的强度的变化、压力的变化、周围生活环境的化学成分和原生质分子的变化、氧气多少的变化等,都有可能打破它们粒子结构的平衡,随之它们可能部分分解,因为它们不太稳定的元素与氧结合,就会形成更加简单、更加持久的化合物。原生质物质的这种分解,与所有分解过程一样,释放出一定数量的能量(这些能量是在分子形成中储存下来的),而这种能量本身能以多种方式显现出来。如果它以原生质块的形状改变或运动形式的改变表现出来,我们就可以说,原生质块显示出了生命的迹象。然而,如果行为能够得到重复,活着的状态就会更加真实,因为生物的本质特性就是具有能够回复到以前的化学成分的能力,以及由此而获得对另一种环境变化作出再

次反应的能力。为了恢复其丢失的元素，它必须从环境中重新获得这些元素，因为它不可能从已丢失的物质那里把这些元素找回来。

如果用最通俗的术语来表达，这里要说的就是生命的物质基础之谜，就是生命形态进化的动机之谜。这样进行分析并不意味着这些奥秘会更容易理解，但是确实有利于我们对奥秘的全面了解。活着就需要保持重复一种行动的能力；其中包括对刺激的敏感性、氧气的持续存在、废物的排泄以及某些物质的供应，这些物质能够产生碳、氢、氧、氮或其他容易用于替换目的的必需元素。所谓进化，其原因是活物为了能以更有效的方式完成生命过程而必须不断地做出努力；生命为实现其最终目标就要不断尝试，并找到有利于生存的方法，而方法不同，所形成的生物种群也不同。生命机体就像是一部机器，在结构上变得越来越复杂，但其从事的工作却总是一样。

如果动物在身体机制方面能与机器相比，动物的身体真的像是机器，事实上也会磨损，最后无法修复。但是我们的比喻只能到此为止，因为如果是你的汽车跑不动了、坏了，你可以到销售商那里去订购一台新车。大自然能够以更好的体制提供持续不断的服务，因为每一个生命体需要对其继承者负责。这种个体替换的生命阶段为我们研究生存方式和生存手段开启了另一个主题，而且同样可以通过最简单的表述获得最好的理解。

动物的繁殖，这种现象用我们的说法并没有得到很好的表达。更真实的说法应该是“再生产”，而不是“繁殖”，因为个体并不能真的复制自己。世代是序列关系，不是前后相继的关系；个体一个跟着一个，就像树枝上长满的芽；同一根树枝上的芽总是一个样子，或者说几乎一个样，但这并不是因为前一个生产了后一个，而是因为这些树芽都是树枝内同一生殖力的结果。假如芽与芽之间在树枝上的空间越来越小，一个芽与前一个芽紧靠在

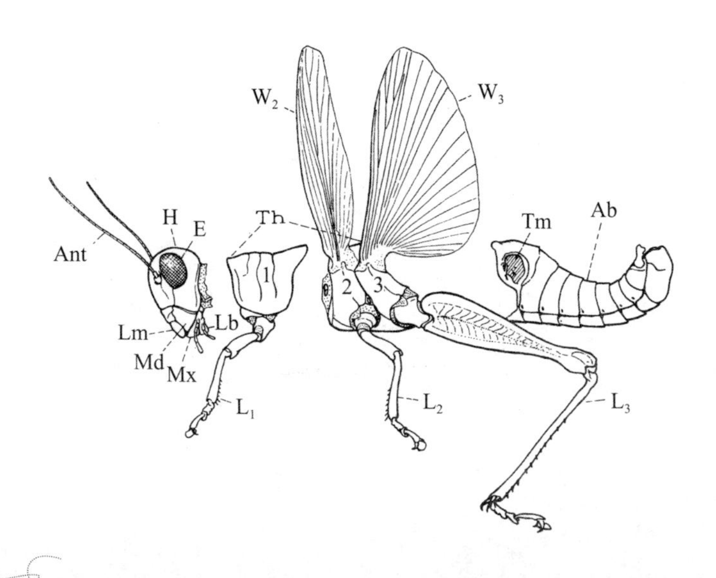

经解剖的蚱蜢虫体显示的是头部(H)、胸部(Th)和腹部(Ab)。头部有眼睛(E)、触角(Ant)和口器,口器包括上唇(Lm)、上颚(Md)、下颚(Mx)和下唇(Lb)。胸部由三个体节(1,2,3)组成,第一个体节单独分开,长有第一对腿(L_1),另两个体节结合在一起,长有翅膀(W_2,W_3)和第二、第三两对腿(L_2、L_3)。腹部由一系列体节组成;蚱蜢的腹部由鼓膜器官(Tm)、可能是耳朵,位于其根部的两侧。腹部的末端有繁殖和产卵的外部器官。

图63　昆虫的外部结构

一起,或者被前一个芽裹住,两个芽之间就会建立一种关系,即类似于生命形态前后代之间的那种关系。换句话说,所谓的父辈含有后一代生殖细胞,但它没有生产这些生殖细胞。每一代只不过是那些委托给它的生殖细胞的保管员。“儿女”长得像父母,并不是因为“儿女”是父母身上切下来的一块肉,而是因为父母和儿女是从同一个生殖细胞的世系发展而来的。

父母创造的条件可以使生殖细胞发展;它们在生殖细胞的发展时期提

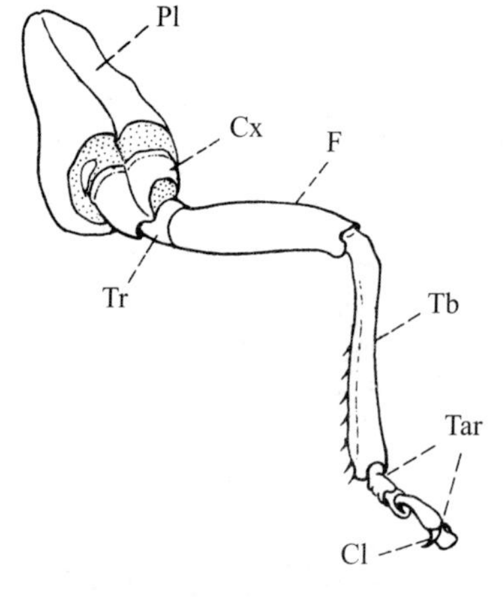

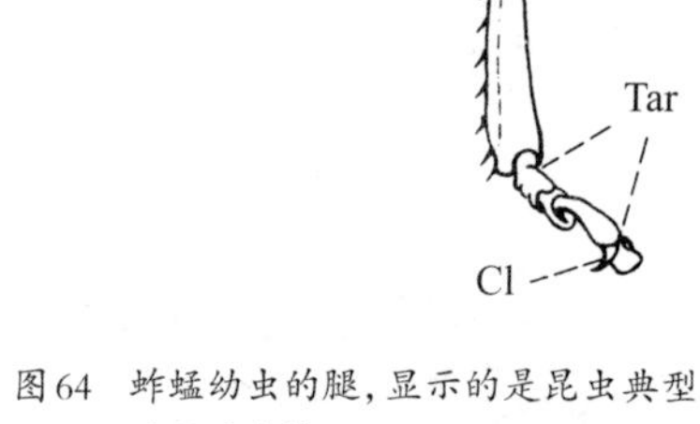

图64　蚱蜢幼虫的腿，显示的是昆虫典型的腿的体节

被支撑在其体节侧壁上的一块肋板(Pl)上的腿。腿的自由部分的根部体节是基节(Cx)，接下来是一段小的转节(Tr)，然后是一段长的股节(F)，膝盖把股节与胫节(Tb)隔离开，最后是足，其中包括亚节的跗节(Tar)和一对终端爪子(Cl)，其上面有粘着的瓣蹼。

供营养和保护；还有，当每一代为其生存目的效力之后，迟早都会死去。但是从其生殖细胞所生产出来的个体为另一组与它们一起同时生产出来的生殖细胞做着相同的事情，只要物种还存在，这个过程就会延续下去。

那么，为了表述动物每一种具体形态延续的客观事实，我们就应该把每一个世代分解为生殖细胞和伴随的起保护作用的细胞团，而这个细胞团可形成一个躯体，或称体细胞，即所谓的父母。无论是体细胞还是生殖细胞，都是由单一的原始细胞所形成的，当然了，这个原始细胞通常通过两个不完整的生殖细胞（精子和卵子）的结合而产生。原始生殖细胞分裂、子细胞分裂，这种分裂的细胞再次分裂，分裂继续无限地进行下去，直到细胞团产生。然而，在分裂很早的阶段，两组细胞分离开来，一组体现为生殖细胞，另一组体现为体细胞。生殖细胞的发育这个时候受到限制，而体细胞继续分裂，逐渐形成与父母一样的躯体。图62的图示也许能够表述生殖细胞和体细胞的关系，只是惯常的父母身份和生殖细胞的结合没有得到显示。再生产的性形式对所有的低等动物、所有的植物繁殖来说并不是必要的；有些昆虫，即使卵没有受精也可以发育。

完全发育的体细胞团（其真正的作用在于为生殖细胞服务）就被假定具有这样的重要性，就像公仆们可能做的那样，我们通常也这么认为，躯体，有感觉能力的活跃动物是本质的东西。从我们人类这方面来讲，有这样的想法是很自然的，因为我们人类本身是高度组织的体细胞团。然而，从宇宙观上看，没有哪种动物是重要的。动物物种和植物物种能够存在，那是因为它们已经找到了能让它们存活的生存方式和生存手段。但是物质世界对他们并没有什么特殊的关照——阳光普照并非专门为它们带来温暖，和风细雨也不是光让它们感到舒适。生命必须接受其找到的物质，并充分利用这些物质，而如何进一步更好地完善其自身的福利生活，这是每一个物种所要面临的问题。

细胞体（或称躯体）为了满足物质世界不变法则对它们的要求，已经设计出了一些对策，而解剖学和生理学这两门科学就是研究这些方法的。所采用的方法，就像自生命起源以来存在过的动植物的数量一样多。所以说，一部昆虫学专著所讲述的就是昆虫已经采用并已在其体细胞组织中完善的生活方式和生存手段。不过，在我们专门讨论昆虫之前，我们需要比较充分地了解一下大自然赋予所有生命形态的生活条件。

正如我们已经看到的那样，生命是在某种能进行化学反应的物质中的一系列化学反应。“反应”也是一种行动。生命体的每一个行动都会涉及原生质某些物质的分解、废物的排泄、新物质的获取（以替代失去的物质）。反应是原生质化合物的物理特性或化学特性中所固有的，并取决于原生质周

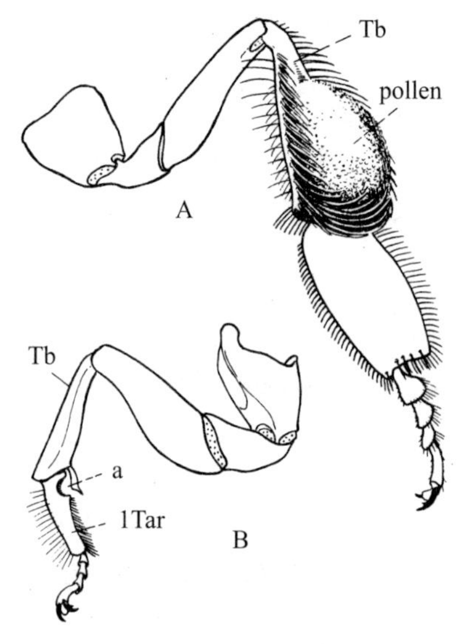

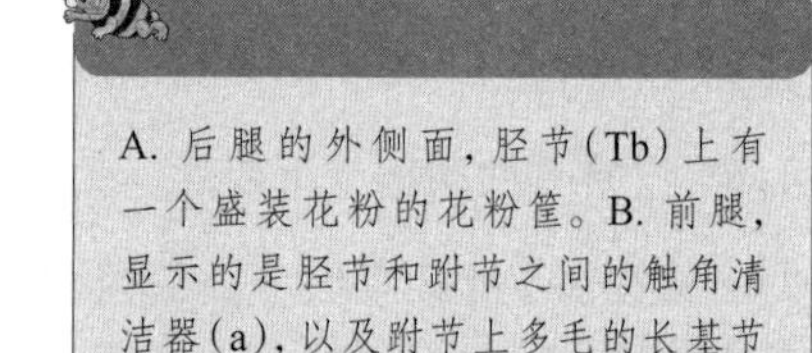

A. 后腿的外侧面，胫节(Tb)上有一个盛装花粉的花粉筐。B. 前腿，显示的是胫节和跗节之间的触角清洁器(a)，以及跗节上多毛的长基节(1Tar)，可被用作清洁身体的刷子。

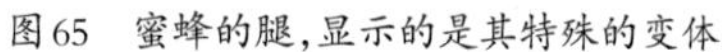
图65　蜜蜂的腿，显示的是其特殊的变体

围的物质。正是动物机制的功能确保其活体细胞周围的条件适合细胞继续进行反应。每一个细胞必须具有排除废物和恢复其损失物质的手段，因为细胞不能利用它所排出的物质。

然而，由于需要一种刺激才能使原生质进入活跃状态，即使有了所赋予的生存条件，原生质只是潜在地活着。生命活动的刺激来自能量物理形态的变化，这种能量包围或侵害潜在活着的物质；因为“活着”的物质，就像其他所有的物质，需要服从惯性定律，而惯性定律规定：在没有得到其他运动给予的运动之前，它必须处于静止状态。然而，即使是程度很轻的刺激也可能导致大量储存能量的释放。

所有生物的矢量必须含有碳、氢、氮和氧。植物的生理机能可以让它们从溶解在土壤水分中的化合物中得到这些元素。动物则必须从其他生物或

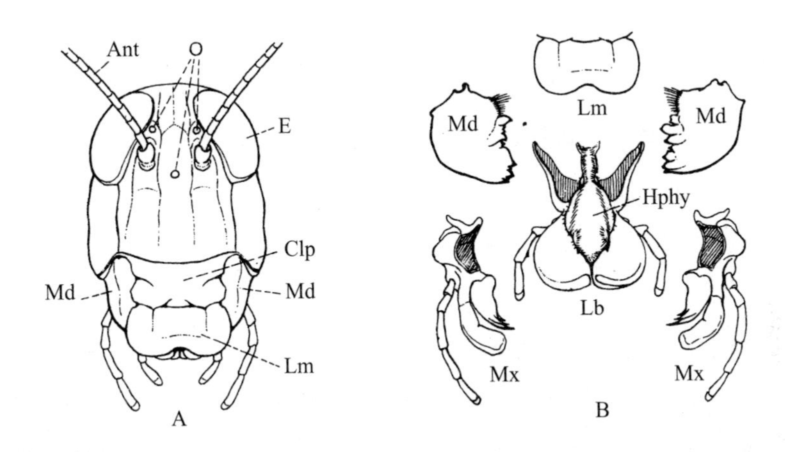

A. 头部的正面视图，显示的是触角(Ant)的位置，大大的复眼(E)，单眼(O)，由唇基(Clp)从头颅悬垂下来的宽大的上唇(Lm)和封闭在上唇后面的上颚根部(Md, Md)。B. 前视图，按相关位置把口器从头部分离开来：Hphy，咽部或舌头，依附在下唇根部；Lb，下唇；Lm，上唇；Md，上颚；Mx，下颚。

图66　蚱蜢的头部和口器

生物的生成物那里去获取。因此，动物主要是发展了运动能力；它们获得了某种抓握器官、一张嘴和用于存放所获食物的一条消化道。

至于昆虫，其运动功能是通过腿和翅膀实现的。由于所有这些器官，三对腿和两对翅膀是靠胸(图63, Th)来承载的，虫体的这个区域显然是昆虫实施运动的中心。不同物种的昆虫通过改变其腿的结构使自己的腿适合用于行走、奔跑、跳跃、挖掘、攀爬、游水，并为应对这些行进方式的各种变化形式进行改变，以适应不同昆虫各自特殊的生活模式和获取食物的方式(图64)。昆虫的翅膀是它们运动装备的重要补充设备，因为翅膀极大地增加了

它们的活动场地，也由此扩大了它们的捕食范围。进一步讲，腿的结构经常通过一些特殊的方式得到了改变，以便发挥某些辅助性的捕食功能。我们大家都知道，蜜蜂在其前腿上有用于采集花粉的刷子（图65B），而后腿上有盛装花粉的筐（图65A）。螳螂捕获其他昆虫并活活吃掉，已经使其前腿改造成有效的抓取猎物、控制猎物挣扎的器官，这个例子我们前面已经描述过了（图46）。

昆虫获取和加工食物的主要器官包括一套附器，位于头部，就在口器附近。这套附器，就其特殊的结构而言，具有腿的性质，因为与那些脊椎动物相比，它们没有颌。具有不同进食习性的各种不同昆虫种群，它们的口器在形态上也是不一样的；但是在所有情况下，口器所包括的基本东西却是相同的，其中最重要的是被称为上颚（mandibles），类似颌的附器（图66B，Md），

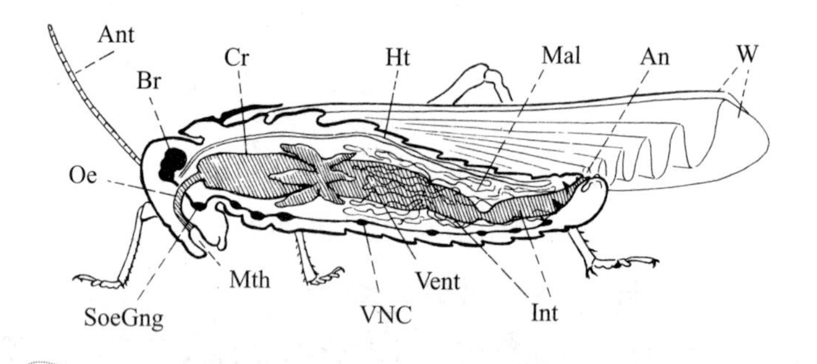

An，肛门；Ant，触角；Br，脑；Cr，嗉囊；Ht，心脏；Int，肠；Mal，马氏管；Mth，口器；Oe，食管；SoeGng，食管下的神经节；Vent，胃；VNC，腹部神经索；W，翅膀。

图67　蚱蜢的纵向剖面图，显示的是其身体内部主要器官的一般位置，但不包括其呼吸道系统和生殖器官

位于口器（图66A，Md）的两侧，可以侧动，并可在口器的下面相互扣紧。在上颚的后面是一对形态更复杂的下颚（图66B，Mx），适用于控制食物而不是压碎食物。跟在下颚后面的是较大的下唇（Lb），具有两个下颚的结构，由它们内部边缘连接起来。一个很宽的薄片向下垂在口器前面形成上唇（Lm）。在口器附器之间，依附在上唇的前面，有一个很大的圆形突出物，位于口器后面头壁抵触的中心，这是被称为咽部或舌（Hphy）的附器。

昆虫的食物有的是固体，有的是液体，所以它们的口器也需要相应做出改变。这样一来，根据不同的饮食习性，昆虫可以分成两组，就像狐狸和鹳不可能共同吃一样东西，一种昆虫也不能到另一种昆虫的饭桌用餐。像蚱蜢、蟋蟀、芫菁科昆虫和毛虫这样一些昆虫能够咬断食物的纤维组织，咀嚼食物，因为它们有上颚和其他口器，其中一些类型我们前边已经提到过。那些只能吸食液体的昆虫，比如蚜虫、蝉、蛾、蝴蝶、蚊子和苍蝇，它们的口器都适合用于吸食或通过刺入的方式吸食液体食物。吸食类型口器的情况我们将在另外的章节里进行描述（图121，图162，图182），但是我们现在就可以说，口器形态的所有适应性改变都是以口器普通的咀嚼方式为基础进行的。昆虫的演变史记录表明，吸食类昆虫是离我们现在更近的进化产物，因为所有的早期昆虫物种，比如蟑螂及其近亲，都长有典型的咀嚼式口器。

从解剖学生理方面的研究上讲，关于动物的进食器官我们要注意的主要问题是，在所有的情况下，进食器官就是用来把动物体外的天然食物送进消化道，并在必要的时候把食物压碎或咀嚼成碎末（图67）。因此，动物获取最终营养的下几个步骤正是在消化道内进行的。

大多数昆虫的消化道是一根简单的管子（图68），要么笔直地穿过身体，要么在其延伸的过程里拐几个弯或绕几个圈。消化道有三个主要部

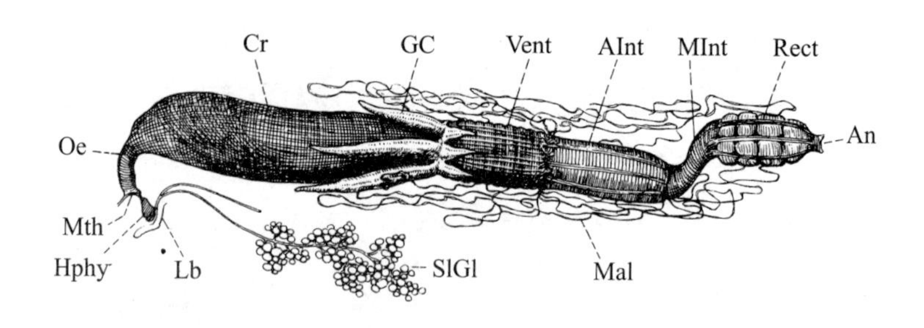

AInt，前肠；An，肛门；Cr，嗉囊；GC，从胃部延伸出来的盲肠；Hphy，咽或舌；Lb，下唇根部；Mal，马氏管；MInt，肠的中段；Mth，口器；Oe，食管；Rect，后肠；SlGl，由位于咽根部（或舌根）的连接导管打开的唾腺；Vent，胃。

图68　蚱蜢的消化道

分构成，其中中间部分是真正的胃，昆虫解剖学者则称之为"胃部"（Vent，ventriculus）。管子的第一部分包括紧贴在口器后面的咽，随后是一根更窄一些的食管（Oe），在此之后是一个类似囊的膨胀物，或称嗉囊（Cr），食物就暂时存放在这里，最后是通向胃部的一个前室，学名叫前胃。消化道的第三个部分是肠，其作用是把胃与肛门连接起来，由一个比较窄的前部和一个比较宽的后部（或称直肠Rect）组成。整个消化道周围由肌肉层包裹，以便食物能够被吞咽，从一个区段流向另一个区段，直至从后出口排出。

食物被纳入消化道后，营养物质还没有完成消化，因为动物仍然面临着将营养物质吸收进体内的问题，只有在体内，营养物质才会发挥作用。然而，整条消化道任何地方都没有通向体腔的出口。因此，无论什么食物，动物所食用的物质组织必须被带入并穿过包围消化道的管壁，而这种变换需要通过把物质组织溶解在液体里来完成。可是，食物原料中的大多数营养物质在普通的液体里是不能溶解的；它们必须以化学方式转变成可溶解形态。把食物原料的营养成分转变成可溶解形态的过程就是消化过程了。

昆虫的消化液主要由胃壁和通向胃部的管状腺提供，但是，从口器之间打开的一对被称为唾腺（图68，SlGl）的很大的腺体能够产生分泌物，而这些分泌物在某些情况下也能在食物被吞咽时起到消化作用。

消化纯粹是一个化学过程，但是必须是一个迅速进行的过程。所以，消化液不仅含有能够把食物原料转化为可溶解化合物的物质，而且还含有能够加速这一反应的物质，不然的话，动物就会因为其胃肠运动太慢，服务不到位，虽然吃饱了却还是感到饿。加速消化液反应的物质叫做酶，而每一种酶只对一类食物原料产生作用。所以，一种动物的实际消化能力完全取决于其消化液所含的特有的酶。缺乏这种酶或那种酶，它就不能消化依赖于它的那些东西，通常，动物的本能与它的酶有关系，这样它才能不把自己消化不了的东西吃进肚子。关于昆虫体内的消化液，已经有人做过一些分析，足以说明昆虫的消化过程也要依靠酶的存在，它们的酶与动物（包括人）的酶是一样的。

比较粗劣的消化物质与酶合作，很快就能把胃里维持动物生命的食物原料所有部分变成可溶解的化合物，这些化合物则在消化分泌物的液体部分溶解。这样就在消化道内产生了丰富的营养液，可以通过胃壁和肠壁吸收，并进入封闭的体腔。下一个问题是营养液的分布，因为食物原料还必须抵达动物组织的细胞个体。

昆虫的进食方式、消化食物的方式和吸收营养的方式，与高级动物（包括我们人类）的方式没有什么根本性区别，因为自古以来“吃饭”就是所有动物的根本功能。然而，如何在其体内分配所消化的食物，昆虫所采用的方法与脊椎动物大不相同。已被吸收的养料并没有被吸收入一套淋巴管内，并由此送入充满血液的管道，泵入机体的所有部分，而是直接从胃壁进入整个体腔，体腔内充满清洗所有身体组织内表面的液体。这种体液被叫做昆虫的“血液”，但是这是一种没有颜色，或略带点黄色的淋巴。然而，它必须借助位于身体背部的一根搏动的管子，或称心脏，才能保持运动状态；通过这种方式，已被体液溶解的食物被带入各种器官之间的空间，在这里，各种器官都有获取食物的通道。

昆虫的心脏是一根很细的管子，沿着紧靠在身体脊背的背部中线悬垂着（图67Ht）。沿着这根管子的两侧有一些入孔（图69Ost），其前端打开通向

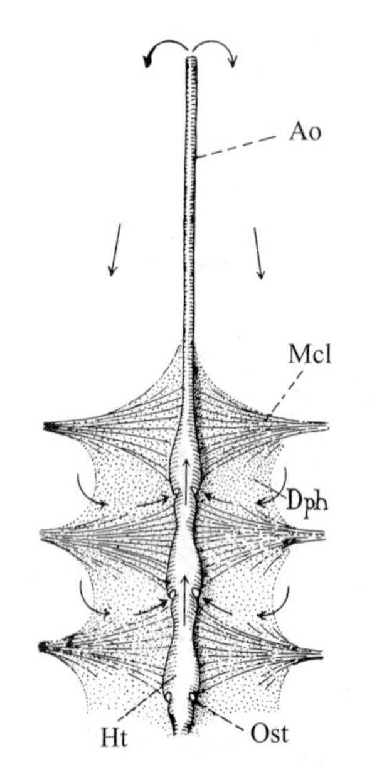

图69　昆虫心脏的典型结构和支撑性膈膜，箭头所示为血液循环的路线

Ao，主动脉，心脏的前部管状部分，侧面没有开口；Dph，横膈膜；Ht，心脏的三个前室，通常延伸至身体的后部末端；Mcl，膈膜的肌肉，其纤维从体壁延伸到心脏；Ost，门，孔，或称通向心室的侧孔。

体腔。心脏凭借其管壁上的肌肉纤维向前搏动，由此通过侧部通道吸收血液，再经由前出口排出。这样，利用体腔器官之间的空间，一个并不完整的血液循环系统得以建立。不过，对昆虫这样小的动物来说，有这样一个系统足以满足它们的需要了。

当装满了从消化道内已消化食物吸收营养物质的血液把这些物质与内部组织接上关系，营养供给的最后行动这时就开始了。组织细胞，利用所有生物都具备的那种内在的本能力量（这取决于渗透作用的定律和化学亲和力），根据血液安排的食谱为自己选择所需要的食物，而它们就是利用这种营养逐渐集聚自己的物质。因此显而易见，第一，血液必须保证其所含营养成分的数量和种类充足，以满足所有可能的细胞的饮食要求；第二，胃壁，及其相关联的腺体必须提供胃内食物原料物质分解所需元素的酶；第三，消化其所处环境当地的食物原料必须是每一种动物本能的一部分，例如提供细胞所需要的各种各样营养元素的食物原料。

正如我们所看到的那样，对食物的需求来自细胞活动期间在组织中被分解的物质缺失。也许可以说得更好一些，细胞内的化学分解是细胞活动的原因，或者是细胞活动本身。细胞活动以什么方式表现出来无关紧要；无论是通过肌肉细胞的收缩，还是通过腺体细胞的分泌，或者是通过神经细胞产生神经能量，以及只是通过维持生命的最小活动，其结果总是相同的——某些物质的损失。但是，就像大多数化学转化过程一样，原生质的活动依赖于可获得的氧的存在；因为原生质不稳定物质的分解是它们的一些元素与氧亲和的结果。所以，当来自神经中枢的某个神经过来刺激行动，在这些原生质元素和氧原子之间就会突然发生重新组合，其结果形成了水、二氧化碳和各种稳定的氮化合物。

作为细胞活动的结果，被排出的物质就是废料，必须从生物体中清除掉，因为废料的存在必定会阻碍细胞的下一步活动，或者毒害细胞。所以，动物除了具有将食物和氧带给细胞的生理机能外，还必须具有清除废物的手段和方法。

供应氧气、清除二氧化碳和一些多余的水分，这些工作由呼吸系统来完成。呼吸的主要作用是交换体内细胞之间的气体和体外的空气。如果某种动物小到一定程度，皮肤柔软，可以直接通过皮肤的扩散进行气体的交换。然而，大型动物则必须具备一种把气体转运到体内的装置，这样身体组织才能更近一些利用气体。那么，我们将会清楚地看到，达到呼吸的目的并不一定只有一种途径。

脊椎动物把空气吸入被称为肺的一个气囊或一对气囊里，通过很薄的囊壁，氧和二氧化碳可以分别出入血液。血液在其红血球的红色物质血红蛋白中含有一种特殊的氧气运送者，利用这个运送者，从空气中吸入的氧气被送到身体组织。二氧化碳一部分由血红蛋白带出身体组织，一部分溶解在血液里。

昆虫没有肺，它们的血液里也没有血红蛋白，就像我们前面提到过的，昆虫的血只是填充各个器官之间体腔空间的液体。昆虫已经采用并完善了的把空气分送给身体的方法相当不同于脊椎动物。它们有一套空气管道系统，称为气管（图70），沿着身体两侧，通过一些小的呼吸孔（或称气门，Sp）从外部张开，并在体内形成紧密的枝状连接组织的所有部分。利用这种方式，空气被直接运送到呼吸作用发生的部位。昆虫通常有十对气门，两对在胸的两侧，八对在腹部两侧。这些气门与位于身体两侧的一对大气管主干相通（图70），并从这对主干分出许多侧枝伸入每一个体节和头部，接着又进入消化道、心脏、神经系统、肌肉，以及所有其他器官，再往下，侧枝又分出更细的分支，最终是极其细微的末端气管，通向身体几乎所有的细胞。

许多昆虫都是利用腹部底面有规律的扩张收缩运动进行呼吸，但是实验人员至今还存在着争议，无法证明空气是从同一个气门进出，还是从一个气门进，从另一个气门出。不过，新鲜空气主要是通过气体扩散而进入较小气管的分支还是有可能的，因为有些昆虫没有做出可察觉的呼吸运动。

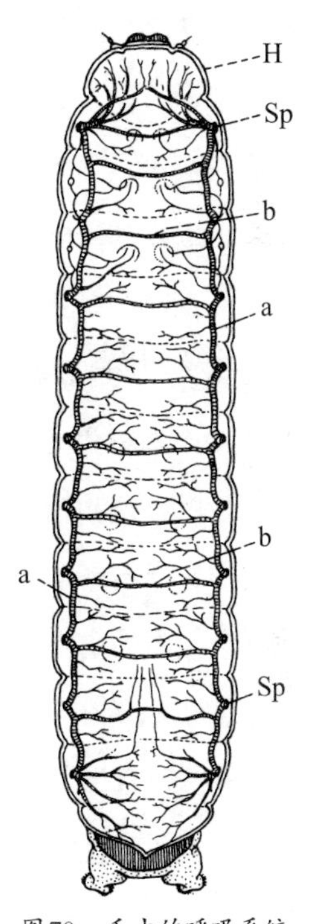

图70　毛虫的呼吸系统。外部呼吸孔，或称气门（Sp，Sp），沿身体两侧通向侧边主干气管（a，a），主干气管又与横向气管交叉相连，并分出更细的分支气管通向头部和身体（H）的各个部分

来自空气中的氧与来自体内组织的二氧化碳的交换，其实是通过气管的小末端气管那些细薄的管壁进行的。由于这些小气管与细胞表面直接接触，空气不用走多远就能到达它们的目的地，而昆虫的血液里——昆虫身体里，其实就是肺——基本上也就不需要什么氧气运送者。但是有些研究已经表明，昆虫的血液似乎也可能含有氧气运送者，其发挥作用的方式与脊椎动物血液的血红蛋白的功能有些相似，尽管氧气运输的重要性在昆虫生理学还没有得到确定。在任何情况下，通过管道呼吸的方法必须非常有效；因为，考虑到昆虫的活动性，尤其是翅膀肌肉在飞行过程的运动速度，氧的消耗量有时非常高。

大家都知道，昆虫的活动在很大程度上受到气温的影响。我们都曾注意到，家蝇是如何在秋天的

第一股寒风袭来时就消失的，而当天气转暖时又突然出现在我们面前，正好是我们刚刚把纱窗卸下之后。所有的昆虫都非常依赖外部的温暖为它们提供维持细胞活动所必需的热量。尽管昆虫的行动可以产生热量，但是它们没有办法像“热血动物”那样把这种热量保存在身体内。然而，昆虫在高温天气时散发热量却是明显的现象，比如蜜蜂在冬季就是靠翅膀的运动保持蜂房的温度。所有的昆虫都能从它们的气管呼出水汽，这一现象也能证明昆虫可以在其体内产生热量。

在活动中从细胞那里被抛弃的固体物质被排放在血液里。接下来，这些废物（主要是以盐的形态出现的氮化合物）必须从血液里清除掉，因为它们在体内的积累必定会损害身体组织。在脊椎动物体内，氮类废物是由肾来清除的。昆虫有一套管子，在功能上可以与肾相比。这套管子在肠子和胃的结合处与肠连通（图68，Mal），其名称“马氏管”（Malpighian tubules）是根据发现者的名字命名的。这套管子延伸、穿过体腔的主要空间，在那里它们像细线一样在其他器官周围形成环状或纠结成一团，并不断地在血液里得到清洗。管壁上的细胞从血液里拣出氮类废物，把废物排放进肠子里，然后与未消化的食物渣滓一起从这里排出体外。

由此我们看到，昆虫的内部并不是杂乱无章、毫无组织的一团糨糊，就像某些受教育程度不高的人以为的那样，因为他们关于昆虫的知识仅仅是来自脚下。所有生命形态的身体整体性表明，每一种动物必须具备维持生命的重要机能。在许多方面，昆虫已经采用它们自己的方式来实现这些机能，但是，就像我们指出过的，只要能够取得有效的结果，在自然界做事采用什么方法并不重要，基本条件是必需品的提供和废物的排出。

复杂动物的身体也许可以比作一座大型工厂，工厂里的工人就像一个个细胞，而一组组工人就像一个个器官。工厂可以通过指挥所发布指令来完成其生产任务，每个工人的工作必须与另外一些工人的工作协调进行。与此一样，动物的细胞和器官的活动必须得到控制和协调；动物的指挥所就是神经中枢系统。体内几乎每一个细胞的工作都要接受到来自神经中枢的神经纤维发送的“神经冲动”的指令和控制。

昆虫的神经组织的内部结构和神经中枢的工作机制在本质上与所有动物基本一样，但是根据一般的身体组织的安排，它们的神经组织块的形态与排列和神经纤维的分布也许相差很大。脊椎动物的安排是中枢神经索沿背部被封装在一个多骨的鞘里，而昆虫则没有这样的安排；它们出于自身的目的，把主神经索自由安排在身体的较低部位（图67VNC）。在头部有一个脑（图67、图72Br），位于食管之上（图67Oe），由一对在头部较低位置，咽部之下的神经索把它与另一个神经块连接（图67SoeGng）。从这个神经块起，另一对神经索通向靠在第一体节（图72Gng1）节底壁上的第三个神经块，而第三个神经块以类似的方式在第二体节上与第四个神经块连接，余下各块神经就这样接续地连接下去。所以说，昆虫的中枢神经系统是由一系列被两个神经索所结合的小神经块组成的。神经块被称为“神经节”（Gng），而神经索被称为“连接神经元”（图71Con）。一般来说，除了脑和头底部的神经节外，有一个神经元可用于前11个体节的每一个体节。

昆虫的脑（图71）具有高度复杂的内部结构，但是与脊椎动物的大脑相比，却是一个不那么重要的控制中心。其他神经节也有很强的独立功能，每个神经节都能刺激自己体节的运动。由于这个原因，昆虫的头也许可以切掉，而余下的身体部分还能行走，直至饿死。与此相似，有些昆虫的腹部可以切下，但它们仍然还能吃东西，只不过食物从消化道被切掉的末端漏掉。

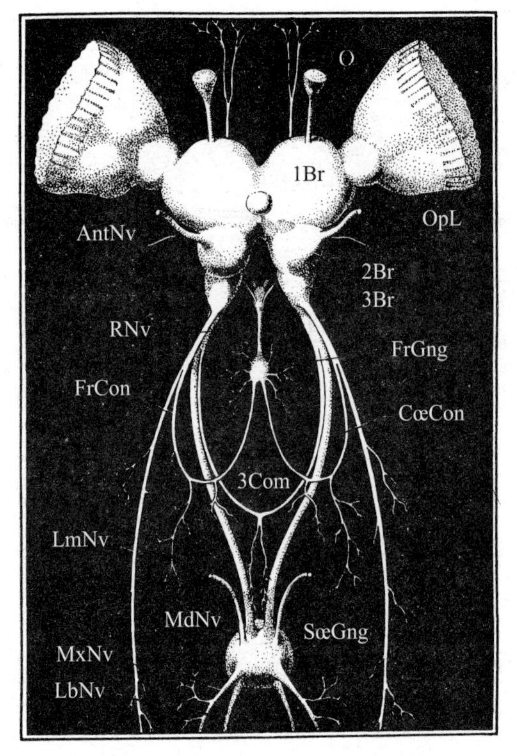

图71　蚱蜢头部的神经系统，正面剖视图

AntNv，触角神经；1Br，2Br，3Br，脑的三个部分；CoeCon，围绕食管的连接物；3Com，第三块脑垂体食管下的结合处；FrGng，前神经节；FrCon，前神经节与脑部的连接物；LbNv，下唇神经；LmNv，上唇神经；MdNv，上颚神经；MxNv，下颚神经；O，单眼；OpL，与脑连接的视神经叶；RNv，复眼神经；SoeGng，食管下的神经节。

被切下的腹部，如果受到适当的刺激还能产卵。尽管昆虫在很大程度上似乎是一种自动调节的动物，但是没有脑还是不能产生行动，而且只有在整个神经系统保持完好的时候，才有可能充分调整功能。

神经中枢的活跃分子是神经细胞；神经纤维只是从细胞延伸出来的导线。如果说刺激其他种类细胞进入活动状态的神经力源自神经细胞，接下来就会产生这样一个问题：活化神经细胞的原始刺激是从哪里来的？我们必须摒弃神经能够自行行动这样的旧有观念；作为物质，它们必须服从物质定律——它们在被迫作出行动之前是无自动力的。神经细胞的刺激来自它们之外的某种东西，要么来自外部世界的环境力量，要么来自体内其他细胞所形成的物质。

至于昆虫的内部刺激，目前还没有什么结论可以确定下来，但是有一点是不容置疑的，即直接或通过神经系统控制其他器官行动的物质是由昆虫组织的生理活动形成的，类似于荷尔蒙，或者其他动物的无管腺分泌物。所以，当昆虫的肚子空了，某种内部状态必须促使昆虫去进食，而食物进入咽部入口时必须刺激消化腺准备消化液。很有可能，当卵在卵巢中成熟时，雌

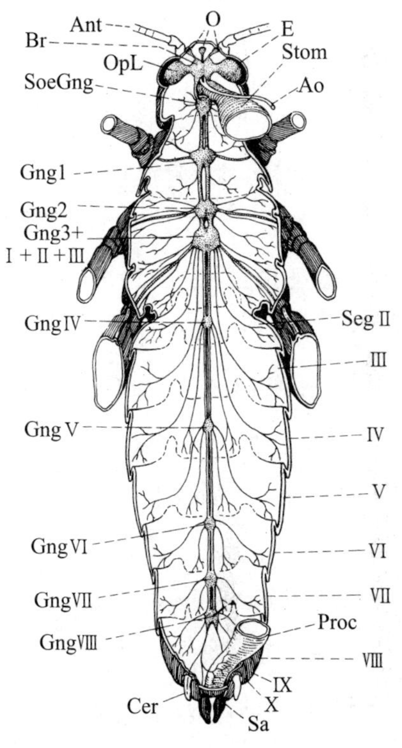

图72　蚱蜢的神经系统(上视图)

Ant，触角；Ao，主动脉；Br，脑；Cer，尾须；E，复眼；Gng1，前胸神经节；Gng2，中胸神经节；Gng3+I+II+III，后胸复合神经节，包括属于后胸和腹部前三个体节的几个神经节；GngIV-GngVIII，第四到第八腹部体节的神经节；O，单眼；Proc，肛道，即消化道后部；Sa，肛板；SegII-X，腹部的第二到第十体节；SoeGng，食管下的神经节；Stom，口道，即消化道前部。

虫繁殖器官渗出的一种分泌物能够刺激求偶交配，然后又会启动控制产卵的本能反应。毛虫为了这么做，会在适当的时间结茧；很有可能，刺激来自生理变化开始发生在体内的产物，而这种产物很快导致毛虫转变成茧，因为到了这个阶段，昆虫需要茧的保护。我们把昆虫的这些活动称为“本能”，不过这个术语的使用仅仅是为了掩饰我们对引起活动的过程知之甚少的窘境罢了。

外部刺激是影响生命器官的外部环境中的某些事物，其中包括物质、电磁能量和地球引力；但是已知的刺激却不包括所有的物质活动或“以太”活动。常见的刺激有固体、液体和气体的压力；湿度、化学性质（气味和味道）；声响、热度、光线和地心引力。通过与皮肤或与被称作“感觉器官”的皮肤特殊部位连接的神经，大多数这样的事物能够间接地刺激神经中枢。因此，动物只能对那些它所敏感的刺激，或者特殊强度的刺激做出反应。比如说，如果一种动物没有接收声波的装置，它就不会受到声音的影响；如果某种动物对某些波长的光不敏感，相应的色彩就不可能对它产生刺激作用。环境中动物不能感知的自然活动的种类很少；但是，即使是我们人类的感知力也远远注意不到任何活动的所有程度，尽管我们知道这些活动的存在，物理学家也能测量出来。

昆虫对大多数种类的刺激所作出的反应，我们人类都能通过感官来感知；但是假如我们说昆虫能看、听、闻、品尝、触摸，我们就会造成这样一个印象：昆虫有意识。最有可能的是，昆虫对外部刺激的反应在多数情况下是无意识做出的，而且它们在刺激的影响下的行为是自动行动，完全可以与我们人类的反射作用相比较。因反射作用的结果所产生的行为，生物学家称之为“向性运动”。几组相互协调的向性运动构成了本能，当然了，正如我们已看到的，本能也许还要依赖于内部刺激。我们不能说，意识不能在决定某些昆虫的活动当中起到作用（尽管很小），尤其是那些有一定记忆力的昆虫种类，它们储存的印象使它们有能力对出现的不同状况做出选择。然而，昆虫心理学的课题过于复杂，我们在这里就不讨论了。

到现在为止，我们所描述的生命阶段、身体组织的复杂性、对刺激的反应，从最低级到最高级所表现的意识现象，均属于体细胞范畴。然而，不管怎么讲，这座巧妙建筑物的规划图一直被携带在生殖细胞里，并通过生殖细胞、整个躯体结构得到重建，每一次在细节方面都会出现一点改变，一代一代繁衍下来。生命活动的这一阶段对我们来说至今还是一个谜，因为在我们努力做出的解释当中，似乎都不能恰当地说明生殖细胞的组织力量，而正是依靠这种力量才能完成一次次重新发育，我们把这种熟悉的现象称为繁殖。如果我们能够解释树枝上树芽的重复，我们也许可以拿到揭示生殖细胞奥秘的钥匙——而且还可能拿到揭示生物进化奥秘的钥匙。

成虫储存生殖细胞的器官，在雌虫身上有一对卵巢（图73A，Ov），卵就在这里成熟；而在雄虫身上则有一对睾丸（图73B，Tes），精子在这里完成发育。相称的几根管子把卵巢或睾丸与身体后部末端的外部器官连接起来。雌虫通常有一个囊与输卵管相连（图73A，Spm），交配时所接受的精子在卵准备好排放之前，就储存在这里，这时精子被挤压在卵上，从而使卵子受精（图74）。卵细胞一般来说都一个样，而精子却有两种；根据任一个卵子所接受的精子的不同，未来的个体可能是雄性或者雌性。

生殖细胞伴随着每一个新的躯体在父母体内经受一系列变形，然后它们才能有能力实现自身的目的。它们以成倍的数量繁殖。有些动物，它们所能生产的新的种群成员数量很少；但是昆虫，它们的座右铭是“以数量保

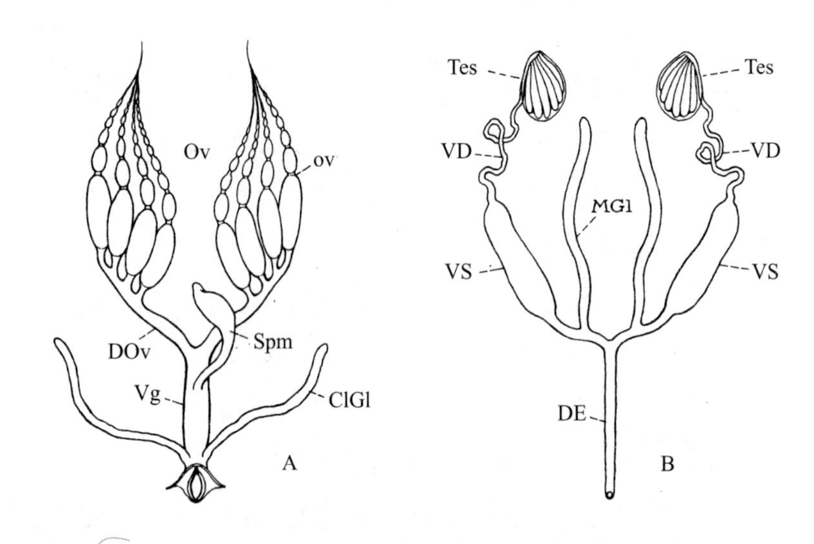

A. 雌虫的生殖器官,包括一对卵巢(Ov),每个卵巢有一组卵管(ov),一对输卵管(DOv),一根中央出口管,或称卵鞘(Vg),通常带有一对侧突腺(ClGl),流入卵鞘,一个精液接收器,或称受精囊(Spm),与卵鞘上部表面相通。B. 雄虫的生殖细胞,包括一对睾丸(Tes),其中有一些细精管,一对输精管(VD),一对精囊(VS)和一根出口管,或称射精管(DE),通常带有一对黏液腺(MGl),流入精囊管。

图73　昆虫的生殖器官

证物种的安全繁衍”,每一个种群在每一个季节里都能产下数量极多的新生个体,即使多种力量组合在一起对付昆虫,最终也不能让昆虫灭绝。

世界似乎充满了与有机体生命作对的力量。但实际情况是,所有的有机体都是既定力量的对抗者。现已存在的生命形态在自然界已经有了自己的位置,其原因在于它们找到并完善了自己的生活方式和生存手段,可以在一段时间内对抗消耗它们能量的力量。生命就是对惯性的反叛。至于那些

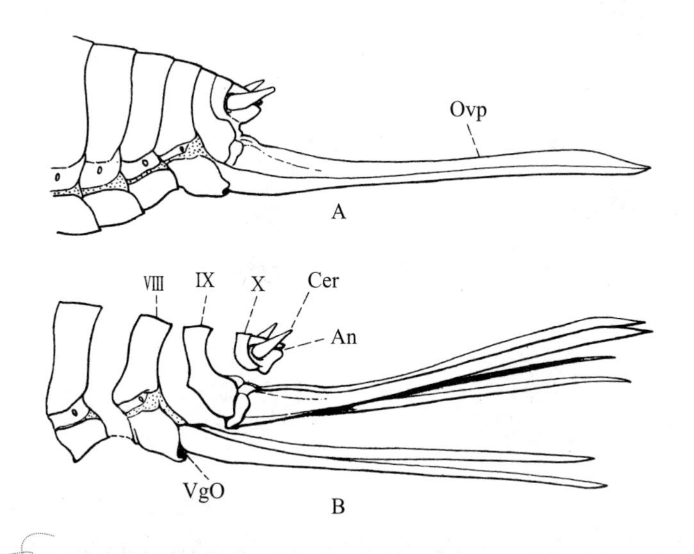

A. 自然状态下的产卵器(Ovp),从身体末端附近伸出。B. 拆分的产卵器的六个主要组成部分,两个出现在第八腹部体节上(VIII),四个出现在第九腹部体节上(IX)。An,肛门;Cer,尾须;IX,第九腹部体节;Ovp,产卵器;VgO,卵鞘出口;VIII,第八腹部体节;X,第十腹部体节。

图74　长角蚱蜢(螽斯科昆虫)的产卵器,显示的是雌虫排卵器官的典型结构

已经灭绝的物种,要么是它们赖以生存的自然资源已经枯竭,要么是因为它们固执地坚持某种生活,不愿作出适应性改变,所以没有能力应对生存条件突然改变的紧急情况。与只适用于某种特殊的生存手段的专化相比,普通生存手段的有效性似乎是物种持续存在的最好保证。

第五章
白蚁

离我们现在并不远，人们习惯于教导那些没有生活经验的年轻人，说意志力可以帮助实现任何理想和志愿。“相信你能，你就能，只要你工作足够努力”；这是众多励志格言的一个主题，毫无疑问，对年轻的冒险者来说，这样的话确实能够鼓舞人心。不过，格言可以引导一个人走进第五大道的摄影棚，或在证券交易所找到一个席位，也可能让一个人成为流浪汉，躺在联合广场的一把长椅上。

如今，为人们检测智商、提出就业建议已经成为一种时尚的事情；他们力劝我们，如果大自然已经把我们造就成了某种东西，我们就不要试图成为另一种东西，怎么努力也不管用。这真的是一个不错的忠告；唯一麻烦的是，我们很难在一个人的幼年就能够查明他的特性，以便把未来的水暖工人和医生、厨师和演员，或者银行家和昆虫学家区分开来。当然了，各个阶层的人们之间，从他们一出生时就确实存在着差异；如果我们在年幼时就知道我们中的每一个人注定会成为什么样的人，从事什么职业，那是再好不过了。在这一章里，我们将了解到，某些昆虫似乎已经能够预知自己的未来。

白蚁是喜欢群居的社会性昆虫；不断地研究白蚁，我们就会碰上行为方面的问题。这样一来，我们最好在一开始的时候先来观察一下道德这个主题。不过要明确的是，我们不是去了解白蚁令人讨厌的规矩，而是去发现白蚁的生物学意义。

一些人认为，无论是对还是错，这样的问题是存在于事物本质中的普遍抽象概念。反过来说，对与错是由环境所决定的特定属性。所谓对的行为就是与动物的天性相符的行为；所谓错的行为就是违背动物天性的行为。这样一来，某个动物种群的对的行为，对另一个动物种群来说就是错的，反过来也是这样。

根据人类的对错标准，我们把成年人的举止品行称之为“道德”；其他动物类似的举止属于被生物学家称为“行为”的这一部分。但是当我们说到孩子的一举一动时，我们却无意识地承认在道德和行为之间存在某些共同的东西，把孩子的举止称作“行为”而不是“道德”。换句话说，我们总是认为道德涉及的个人责任要比行为大。由此我们说，动物和孩子是在表现，而成年人是有意识地正确地做事或错误地做事。然而，两种模式的行动产生了类似的结果：如果孩子的举止恰当，他的行动就是对的；如果成年人具备某种正确发展的道德感，他也会做对的事情，或至少控制自己不做错事，除非受到环境或他的推理的错误引导。

动物与人不同，只要从它们的立场上看是对的事情，它们似乎就会去做；但是我们要说，动物的行为是出于本能。有人也许会坚持认为，所谓“对”和“错”这样的词不能应用到动物身上。那么好吧，如果你愿意的话，可以用别的词来替换，比如“适合”与“不适合”动物的生存方式。而且进一步讲，我们人类道德也可以分析出相同的要素；我们行为是对还是错，那要看是否适合我们的生存方式。

人的行为与动物的行为之间的差异从本质上讲并不是行为本身，而是导致行为发生的方式方法。动物主要是受本能控制，而人则是受有意识的感觉控制，他应该做这件事，他不应该做那件事，也就是我们所说的“良知”。至于什么是对，什么是错，一个人的特定行为往往是其判断能力和受教育程度的结果，当然不包括某些个人的反常行为，他们要么缺乏基本的良心，要

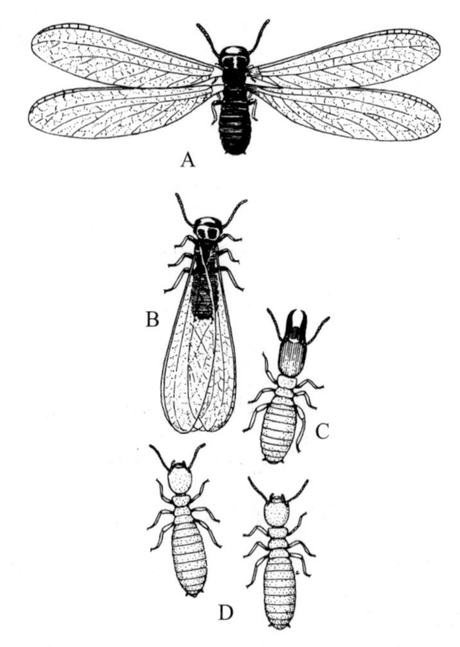

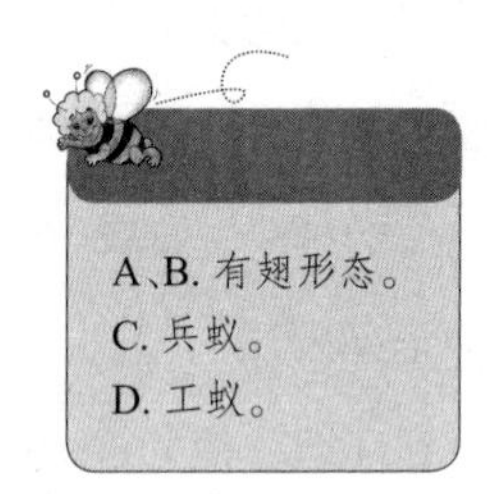

图75 北美东部一种栖息在死木中的普通白蚁黄肢散白蚁(Reticulitermes flavipes)

么缺乏得到很好调整的推理能力，或者，在他们身上早期生活方式所形成的本能行为依然很有力量。然而，普遍真理是，在行为方面，就像在生理学方面，获取共同结果的方法并不只有一个，而且大自然也许利用相当不同的手段来决定并活化动物的一举一动，这一点是很清楚的。

既然对与错并不具有抽象的性质，而是依据环境，或依据动物的生存方式做出判断的两个术语，表示适应还是不适应，那么很显然，行为的性质将取决于动物种群如何生活，其形成的差异非常大。尤其是在必要的行为上，个体生活方式的生物种群和群体生活方式的种群之间也存在着不同。换句话说，对个体性物种来说也许是对的事情，对群体性物种来说就是错的；因为在后一种情况下，集体取代了个体，各种关系建立在群体当中，应用在个体上的关系作为整体属于群体，与此同时，原本存在于个体之间的关系变成了群体之间的关系。

大多数动物以个体形式生活，各自游荡在这里或那里；可能是一时的兴趣，也可能是食物的吸引，反正想去哪里就去哪里，根本不用顾及与同物种的其他成员的关系和责任，甚至与同伴进行竞争，为了获取各自的利益打得你死我活。少数动物的生活模式是共享的或者群居性的；比较突出的就是我们人类和某些昆虫物种。社会性昆虫最著名的例子就是蚂蚁和某些种类的蜜蜂和黄蜂。然而，白蚁构成了另一种群居昆虫团体，其趣味性一点也不比蚂蚁和蜜蜂差，但是其生活习性并没有得到人们的长期观察。

对某些人来说，他们把白蚁误以为是所熟悉的“白蚂蚁”。但是，由于白蚁并不是蚂蚁，其颜色也不是白色，甚至连灰白色都算不上，我们就应该抛弃这个让人误解、没有道理的名称，利用昆虫学家普遍使用的名称去学会了解白蚁。

如果你劈开一块扔在地上的旧木板，无论是在什么地方；或者你外出走进一片树林砍伐一棵死树的残桩或树干，你很有可能会发现，这些木头上有许多细小的管状虫道，顺着木材纹理完全洞开了，但是又被小的口子和短的通道四处交叉地连接在一起。打开虫道，你会见到里面有无数微小的，灰白色的无翅昆虫跑来跑去，企图找地

图76　白蚁在一块木头上留下的杰作。美国东部常见的地下白蚁黄肢散白蚁(Reticulitermes)，顺着木材纹理挖出的沟槽

方躲藏自己(图75,图76)。这些虫子就是白蚁。它们就像是矿工,或者说是那些为自己开挖沟槽巢穴的矿工们的后裔。巢穴中的虫道并不都是开放的跑道,其中有许多被很小的粪球塞满。

如果白蚁把自己的工作对象局限于没有什么用途的木头,人们也许只是把它们看作是有趣的昆虫;但是,由于白蚁经常把它们的作业场扩展到围栏桩、电线杆、房屋的木质构件,甚至木制家具,它们就把自己置身于害虫的行列里了,并在经济昆虫学著作里占有重要的位置和相当多的篇幅。储藏的文件、书籍、衣物和皮革制品同样经常受到白蚁的侵袭。在美国,由于白蚁的工作结果让人始料不及,人们不得不换掉被虫蚀的地板或房屋木质结构的部件,这样的事时有发生;而堆放的木材尤其容易受到这些隐伏的虫子的侵害。在热带国家,白蚁的数量要比温带地区多出很多,所造成的破坏也大得多。它们隐居的习性也使白蚁成为一种令人恼火的害虫,因为,还没等你察觉或怀疑什么地方有白蚁,它们就已经完成了一次让你无法挽回的损害。因此,研究白蚁的昆虫学家把大部分的注意力集中在防治虫灾的方法上,想出了很多办法阻止白蚁接近有可能遭到虫蚀的木质物品。

许多农业方面的出版物已经描述了白蚁的危害,并介绍了许多防治虫害的手段和办法,有兴趣的读者不妨找来读一读,查看有关信息。这里我们将更密切地观察白蚁本身的生活状况,看一看我们能从它们那里学到些什么经验,因为它们也多少采用了一些我们人类的生活方式。

当我们打开白蚁的巢穴,似乎并没有看到这些慌忙地在虫道缝隙寻找藏身之处的昆虫当中有什么组织,不过,如果一颗炸弹落进我们的房屋,同样不太可能留下更多的生活有序的痕迹。然而,即使是对白蚁最漫不经心的观察,也能让我们看到一些有趣的现象。首先,这个群体的成员并非都是

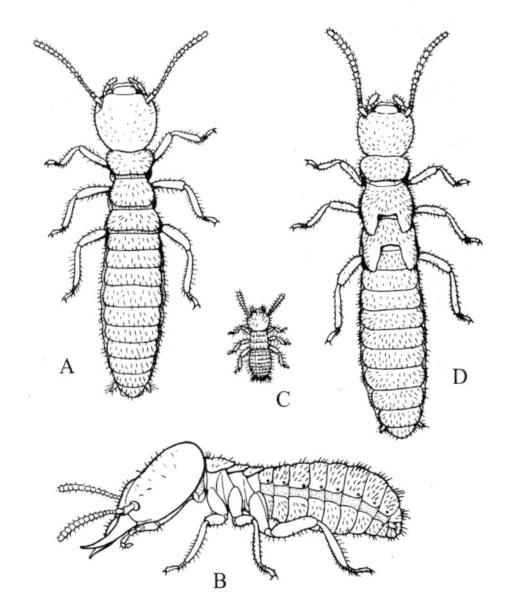

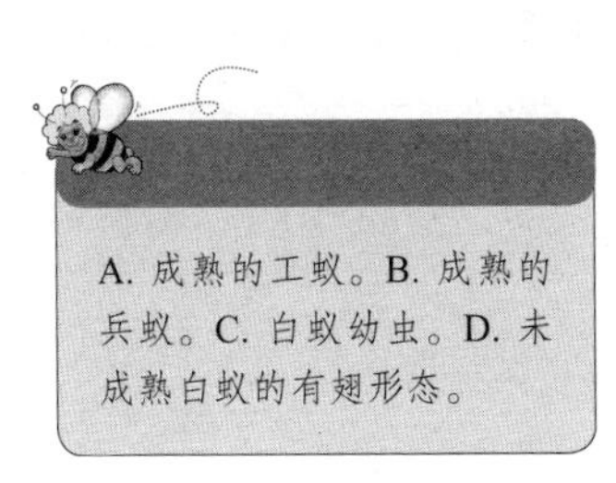

图77　黄肢散白蚁（Reticulitermes flavipes）（多倍放大图）

一个样。通常在数量上比较多的是一些细小、普通、身体柔软、无翅、脑袋圆圆的、下颚也很不起眼的白蚁（图75D，图77A）。数量比较少的另外一些白蚁，虽然身体和前边的一样，也没有翅膀，但脑袋相对说来非常大，上面长着巨大而又强壮的下颚，在前面向外伸出（图75C，图77B）。后一种个体被称为“兵蚁”，而这个名称也并不完全是毫无根据的，因为一个人在军队服役也未必需要天天去打仗。另一些小脑袋的个体被叫做“工蚁”，它们得到的这个头衔真的是名副其实，因为尽管它们的下颌很小，挖掘虫道的大部分工作是由它们承担并完成的，而且巢穴内其他需要干的活，无论什么活，都由工蚁来干。

无论是工蚁还是兵蚁都有雌虫和雄虫，但是说到生殖能力，它们也许可

以被称为“无性动物”，因为它们的生殖器官永远也不能成熟，也从来不参与群体繁衍的任何任务。在大多数白蚁物种里，工蚁和兵蚁都是瞎子，因为它们没有眼睛，即使有，也是已经退化了的眼睛器官。在几种更原始的白蚁属昆虫中是没有工蚁的，而在更高级一些的属种里，白蚁则有两种结构类型。兵蚁的大上颚（图78A）在某些物种里是防御武器，而且据说，兵蚁总是出现在巢穴壁上的一些裂口处，随时准备抵御入侵者对它们这个群体的进攻。在有些物种中，兵蚁长有一对很长的管状触角，从面部向前伸出（图78B），一种腺管通过触角打开，射出一种黏稠的半液体物质。这种液体被排放在来犯之敌的身上，一般情况下是蚂蚁；蚂蚁在完全被粘住的时候只能束手就

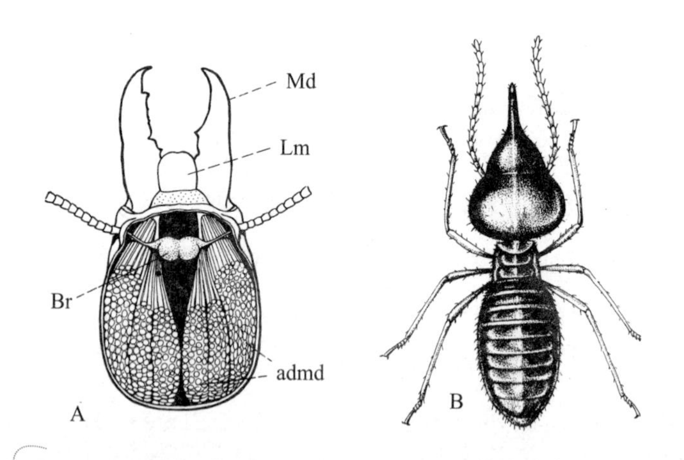

A. 原白蚁科（Termopsis）兵蚁的头部，显示的是高度发展的上颚（Md）和头部内部的大块肌肉（admd）。B. 象白蚁属（Nasutitermes）兵蚁；头部有很小的下颚，但是却装备着很长的触角，用于防御的一种胶状液体就是从这里发射出去的。

图78　白蚁兵蚁的两种形态的防御器官

擒——这种战斗手段至今仍被人类战争采用。在白蚁科昆虫的许多物种当中，面腺体作为一种武器发展到了如此有效的程度，所以这些物种中的兵蚁根本不需要使用下颚，而且它们的上颚也已经退化。在所有情况下，兵蚁的军事专业化致使它们没有能力觅食，必须依靠工蚁为它们供给食粮。

除了工蚁和兵蚁，在一年的某些季节里我们还可能在白蚁的巢穴里看到许多别的个体（图77D），在它们的胸部体节上留有很小的翅膀雏形。随着季节的向前推移，这些个体的翅垫的长度在不断增加，直到最终长成长长的、薄纱似的、完全发育的翅膀，其长度远远超出了身体的末端（图75A，B，图79）。身体的颜色也变得深了一些，最后在成熟的时候变黑。接下来，在某个特别的日子里，它们这些有翅膀的一窝白蚁就从巢穴里成群结队地爬出来。由于昆虫通常是有翅动物，所以很显然，这些能飞的白蚁体现了白蚁种群的完美形态——事实上，它们是性发育成熟的雄虫和雌虫。

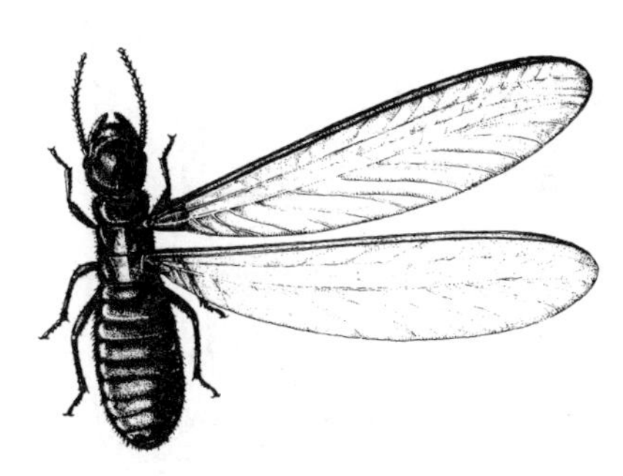

图79　散白蚁（Reticulitermes ibialis）有翅成虫生殖蚁，所示只是身体一侧的翅膀

白蚁社区中不同个体的形态被称为“级”（castes），即社会性昆虫中成熟个体的不同形态，例如兵蚁和工蚁。

如果把白蚁巢穴里的虫道彻底查看一下，除了工蚁、兵蚁和不同发育阶段的有翅白蚁成员，你也许还能见到几个属于别的“级”的个体。它们的脑袋长得跟有翅白蚁一个样，但是身躯却大得多；一些具有很小的翅膀雏形（图80），其他一些则没有；最后，有两个个体，一个是雄虫，另一个是雌虫，身上留有翅膀残根，显然完整形态的翅膀已从这里折断。雄虫虽然身体是黑

色的，但相貌平平（图82A）；但雌虫的腹部极大，与种群里的其他成员相比显得气度不凡（图81，图82B）。

通过昆虫学家的调查，人们知道，这一组白蚁的短翅成员和无翅成员既包括雄性也包括雌性，它们都潜在地具备生殖能力。但是通常情况是，这个群体里的所有的卵实际上都是由那个大块头的雌白蚁产下的。换句话说，这位多产的雌白蚁就相当于蜜蜂蜂巢里的“王后”，但是与蜂后不同，白蚁王后允许“蚁王”在群体里与它住在一起，陪它度过一生。

这样说来，白蚁群落似乎是一个等级复杂的社会，因为在原有的工蚁和兵蚁这两个阶层的基础上，我们还必须添加上另外两个具有潜在生殖力的个体阶层，以及由蚁王和蚁后所组成的“王室”阶层，或者说实际上的繁殖后代的阶层。由此我们被引入一个与我们人类文明已知的任何事物都相当不同的社会状态，因为，虽然我们人类也分阶层，但是各阶层之间的差别在很大程度上是社会上那些不太有抱负或野心的成员所作出的礼貌让步的问题。我们在理论上声称“人人生来平等”。尽管我们知道这只是令人快意的幻想，我们人类的不公正事例或行为至少不是按照普遍认可的阶层来判断。然而，一只白蚁在社会的位置却是在它一出生时就确定下来的，最终把它的阶层标志铭刻在身体构造上，难以去除。这样的状况推翻了我们的民主所提倡的基本人性和基本权利方面的观念和信条。而且，如果大自然真的不仅认可阶层的存在，还创造阶层，我们就得更加仔细地观察白蚁社会的问题，看一看这样的事究竟是怎么发生的。

让我们回头研究一下已经从巢穴飞出来的有翅白蚁雄虫和雌虫。鸟类早已喜欢以白蚁为食了，因为白蚁的飞行能力到底还是很虚弱的，也缺乏确定性。风能驱散它们，而且在很短的时间内，蚁群就会被吹得七零八碎。然

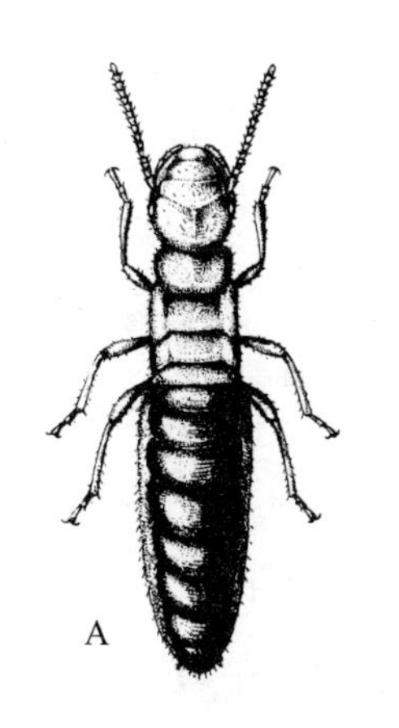

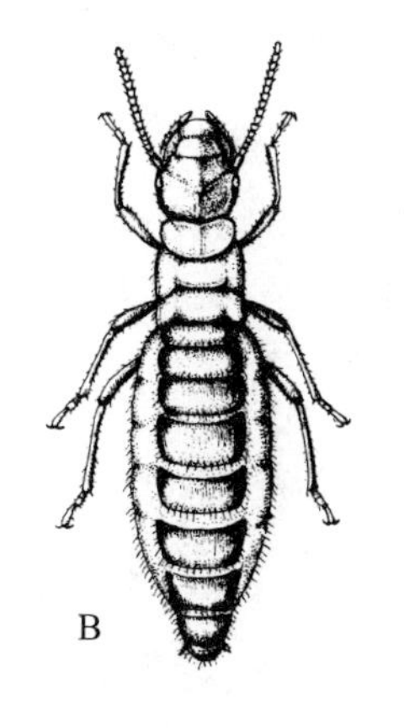

图80　干地散白蚁(Reticulitermes tibialis)的第二形态,或称短翅生殖蚁

而,昆虫成群飞行的目的是为了扩大昆虫的分布,而且只要有少数幸存下来,种群繁衍所需要的必要条件也就有了。当拍翅飞行的白蚁落下来时,它们不再需要翅膀了,而通过与物体摩擦,或扭曲身子,直到腹部的尾端抵在翅基上,此时已经变得碍事的翅膀就被折断了。也许可以观察到,每只翅膀的基部都有一道骨缝穿过,使白蚁能更容易地折断自己的翅膀。

现在已经是无翅的白蚁了,作为年幼的雄虫和雌虫,逐渐进入成熟期,然后自然而然地结伴而去;但它们的结合不是那种“友爱结婚”,尽管我们承认这种婚姻形式得到了大多数昆虫的欢迎。白蚁们立下誓言一辈子忠于对方,或者说,“生死不离”,因为对雌白蚁来说,它把全部激情都倾注在料理家务和当好母亲方面。找到一个安家地点并在那里建立一个部落是它的最大愿望,不惜耗尽自己的精力,而且,无论雄虫喜欢还是不喜欢,都必须接受雌虫的条件。因此,雌白蚁在死树或残桩上,或爬到躺在地上的木头底下寻找洞孔或裂缝,而雄虫则跟随在它身后。如果地点被证明合适,雌虫就会利用它的下

颚作为开凿工具，开始挖掘木头，或者挖掘木头下面的地面，雄虫有时也会过来稍微帮助一下。很快一个井就被挖成了，在井底掏空一个洞穴，大小容得下这一对小夫妻，用作它们的爱巢，在这里开始了它们真正的婚姻生活。

当然啦，根据新婚的某一对夫妇的生活状况来追踪白蚁社区建设行程的整个过程和所发生的事件，显然是一件很困难的事情，因为白蚁过着一种绝对隐蔽的生活，巢穴受到任何打扰，都会破坏它们的日常生活，从而也使研究人员的努力无法获得成功。不过，美国东部一些常见的白蚁，尤其是属于散白蚁属（Reticuitermes）的物种，它们的生命阶段和生活习性都被美国昆虫学家T.E.斯奈德发现，并记录在他所撰写的大量论文里。感谢斯奈德博士的研究工作，我们才能够在这里讲述白蚁的生活和白蚁种群的发展史，介绍一对白蚁的后代如何繁衍成一个相当复杂的社区。

年轻的新婚夫妇在它们狭窄的小窝里以夫妻关系和美地生活在一起。也许，雄虫需要被迫地驱逐一两个可能的对手，但是最后虫道被永久性地封闭，而且从现在开始这小两口的生活将完全与外部世界隔离。过了些日子，通常是交配后一个月或六个星期，雌虫产下第一批卵，6个或者12个，成团地存放在房间的地板上。大约十天后，虫卵开始孵化，而随着一窝小白蚁的出生，这个家变得充满活力。

白蚁幼虫虽然活跃又能够四处乱跑，但是还不能自己进食，所以它们的父母现在面临的任务就是要满足这些幼虫日益增长的食欲。白蚁托儿所的食物配餐需要预先消化的木浆；不过幸运的是，这种食品不需要从外边提供——巢穴的墙壁就可以提供大量的原材料，而消化则是在父母的胃里完成的。接下来只需要反刍木浆，喂给蚁婴就行了。白蚁经济的这一特色有着双重的方便性，因为不只是幼虫得到了廉价的喂养，而且食物的采集自动地扩大了巢穴，从而适应了这个不断成长的家庭对居住空间的需要。

昆虫能够在死木上咬出虫道，这并不令人惊讶；但是昆虫能够用木屑养活自己就真的是非凡的事情，只有少数几种动物才能完成这种饮食的壮举。干木头主要由被称作纤维素的物质组成，这种东西虽然与淀粉和糖有一点关系，其实是普通动物完全不能消化的一种碳水化合物，只是被大量地当作所有蔬菜食物的一部分而被食用。然而，白蚁却被赋予了非凡的消化能力，但不是利用一种特别的消化酵，而是利用居住在它们消化道内的虫子，一种微小的消化纤维素的原生寄生虫。正是通过肠内这些居民的斡旋，白蚁们才能依赖死木头为主要食物生活。白蚁幼虫则从父母喂养它们的食物那里获得了这样的有机生物，而且很快也能成为木头的食用者。然而，不是所有已知的白蚁都拥有这样的肠内原生动物，正如我们将见到的，许多白蚁吃的是其他食物，不是木头。

这窝白蚁通过食用木浆而茁壮生长，而到了十二月，以及随后的春季里，孵化的幼虫成为新一代的成员。与其他任何生长的昆虫一样，经过一系列蜕变，这些幼虫开始走向成熟。但是请注意，这一代个体并没有发展成为它们父母的复制品，而是具备了工蚁和兵蚁的形态！然而，与昆虫打交道，我们永远也不要表现出惊讶，所以，到目前为止我们必须现实地接受白蚁幼虫这种奇特的发育方式，并继续观察下去。

在隆冬季节，新的家庭部落里一切照常进行。住在地下或者从木头穿过爬进地下的白蚁物种可能已经把虫道深挖到地里深处，以抵御寒冷。但是在二月份，白蚁母亲，现在群落里的蚁后，再一次对自己的母性需求做出反应，又产下了一些虫卵，而这一次产下的卵在数量上远远超过第一季。一个月后，或在三月里，巢穴由于小白蚁的降临而再度热闹起来。不过，这个时候，蚁王和蚁后把照料婴儿的日常工作交给第一窝出生的工蚁来承担。工蚁们接管了喂养和看护新出生的弟弟或妹妹的工作，同时为了扩大居室面积，它们还要承担全部的挖掘任务。

在春天里，白蚁爬到地面，躲在木板或圆木的下面，或者树桩的根部，重新占领它们的居住地。随着虫道的延伸，家庭也随之向前移动，就这样慢慢迁移到木头上未吃过的部分，把老虫道留在身后，大多数里面充满了白蚁的粪便和泥土。

又一年过去了，产生了更多的虫卵、更多的工蚁、更多的兵蚁。而且现在，也许，在其他几窝正在成熟的白蚁当中出现了一些别的形态。这些白蚁

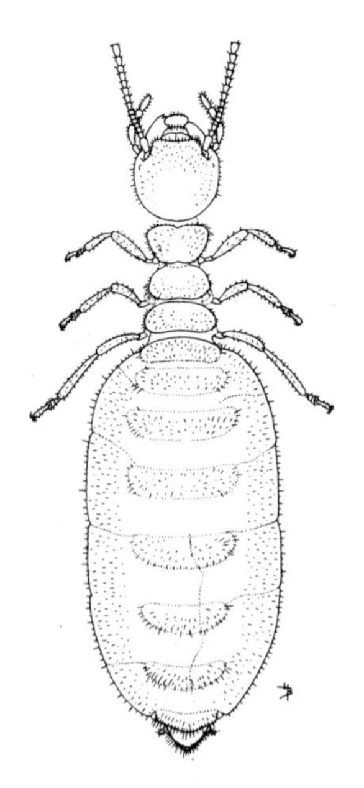

图81　黄肢散白蚁(Reticulitermes flavipes)

无翅生殖级，第三形态的蚁后等到六月份再次光临，年轻的家庭已经包括了几十只个体；但是除了蚁王和蚁后，其余全都是兵蚁和工蚁，而工蚁的数量远远超过兵蚁。在第二年里，蚁后又产下一批数量更大的虫卵，生产的时间间隔也许更加频繁，而随着卵巢活动量不断增加，她的腹部也在膨胀，显现出她母仪天下的派头，身材和腰围与她少女时代的体形相比，差不多超出了两倍还多。然而，国王对它的配偶保持忠实；而且它自己也有些发福，魁梧的身材足以让它在越来越多的臣民当中拥有特殊的地位。以现代的方式看，蚁王是真正的国王，因为它已经放弃了所有的权力和职责，过着无忧无虑的生活，只遵守上流社会的礼仪，坚持传统的绅士风度。但是它也获得了民主政治的最高荣誉，因为它是名副其实的国家之父。

发育到了某个阶段就会呈现出明显的标记，通常在翅基体节的背面长出短小的翅根或翅垫。随着接下来的几次蜕变，翅垫变得越来越大，直到在大多数个体身上发育成了很长的完整翅膀，就像蚁王和蚁后第一次飞出父母的领地时的翅膀。最后，新的家庭将开始第一次分群；而且当羽翼丰满的成员都为此做好了准备，某种合适的时机也到，工蚁们便在虫道上打开几个出口，让有翅的白蚁飞走。我们已经知道这些白蚁的未来，因为它们所能做的，只是在做它们之前父母做过的事，只是在做数百万年以来一代代祖先做过的事。让我们还是回到虫道吧。

少数一些长出翅垫的白蚁个体注定会感到失望，因为它们的翅膀永远也不能发育成形，尺寸太小，不具备飞行功能，所以不能在分群时与其他有翅白蚁一起飞走。然而，它们的生殖器官和它们的本能已经成熟，这样一来，这些短翅的个体就成了有生殖力的雄虫和雌虫。除了翅膀的长度外，它们在其他几个方面也与那些全翅的、有生殖能力的白蚁不同，从而它们构成了白蚁社区的一个真正的阶层，即短翅雄虫和短翅雌虫（图80）。这一阶层的成员与其他白蚁一起成熟，而且，斯奈德博士告诉我们，它们尽管身体有缺陷，但是其中很多短翅白蚁在长翅白蚁分群的时候，实际上也离开了；似乎它们也感觉到了自己的飞行本能，虽然它们身上完成飞行所需要的器官起不了什么作用。

这些不幸的家伙最终变成了什么样子，至今仍还是一个谜，就像斯奈德博士说的，在蚁群飞走之后，蚁巢里没有发现一只短翅白蚁。其中一些也可能成双结对，并找到新的领地，仿照有翅形态的白蚁建立家庭，但是关于它们的生活史，我们对其实际情况尚不了解。不过至少我们可以猜测，某个时候这些白蚁建立起自己的群落，繁殖出来的个体还是这个短翅生殖蚁阶层

的成员，这也许是真的。

最后，我们还在白蚁群落里发现了某些无翅个体，但是它们在其他方面酷似有翅形态的白蚁，而且与有翅白蚁一样，成熟时在功能上也有生殖能力。这些个体构成了第三个生殖蚁阶层——无翅雄虫和无翅雌虫。对于这一阶层的白蚁成员，我们知道的不多。但是据推测，它们可能是通过地下通道离开蚁巢，找到了它们自己的新领地。

一个白蚁群落的蚁后，其产卵能力究竟能保持多长时间呢？没有人知道。但经过数年之后，它通常总会耗尽自己的资源，而且在此之前，它还可能遭遇意外事件而受到伤害或被杀死。然而，无论怎么讲，它的死亡并不意味着群落的结束，因为蚁王可以为自己种群的延续提供保障，与此同时在丧偶期间通过接纳一整群雌性短翅白蚁来安慰自己。但是，假如蚁王也死了，工蚁们就把王位的继承权交给第二阶层或第三阶层的一对或多对繁殖蚁，授予它们王室特权。任何一种有生育能力的繁殖蚁都包含父母的阶层及其以下的所有阶层。换句话说，只有有翅形态能够生产整个系列的各阶层白蚁；短翅白蚁父母生不出长翅的后代；无翅白蚁的父母生不出任何形态的有翅后代；但是无论是短翅还是无翅白蚁父母都能培育兵蚁和工蚁。因此，每一种有缺陷的繁殖蚁，在其身体上都缺乏产生全部白蚁个体所必需的某种东西。

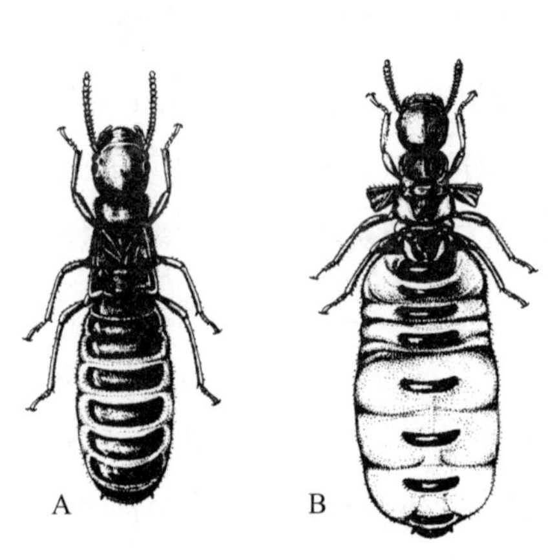

图82　黄肢散白蚁或称有翅生殖蚁(Reticulitermes flavipes)，失去翅膀之后的普通蚁王(A)和蚁后(B)

一对父母的虫卵却产生出在体质结构方面存在差异的不同阶层的后代，这种事情如果不是发生在白蚁部落，而是发生在别的任何种群，一定是一个令人极端困惑的事件，而在白蚁种群里就是一般的事。但是白蚁种群里的这个现象依然让昆虫学者感到困惑，因为这似乎是对遗传法则的公然违抗。

阶层制度的实用性不容怀疑，因为有了这样一个制度，各阶层的成员就会清楚自己的位置和责任，也不会有哪个成员能想到发起一场社会革命。但是我们想要知道的是，这样一种制度是如何建立起来的，为什么一个家庭的个体不仅生下来时就不一样，而且还能认可这些差别，并按照自己的地位和职责做事。

这些都是难以解答的疑问，而且昆虫学者的意见也多有分歧，无法给出适当的答案。一些昆虫学家坚持认为，在各种不同的个体还年幼时，白蚁的阶层划分并不明显，但是稍后由于进食方式的不同才形成了差别——换句话说，他们宣称，阶层之分是白蚁们自己形成的。另一些昆虫学家反对这种观点，他们特别指出，还没有哪个人已经成功地发现这种创造奇迹的食物可能是什么，而且也没有人能够通过控制白蚁的饮食来导致白蚁体质结构方面的改变。另一方面，有人已经指明，在某些物种里，幼虫在孵化时就存在着实际的差别，而如此细致的观察确立了这样一个事实，即来自同一只雌性白蚁所排出的卵的昆虫，至少能生产两种或两种以上形态的后代，不包括性别形态，而且，潜在的差异在卵中就已经被决定下来。极有可能是，在早期胚胎时期很难发现这些形态在体质结构方面的差异，因此在孵化期不易察觉的这些差异只有到了生长的后期阶段才会显现出来。所以要等到对虫卵本身做过研究之后，我们才有可能找到白蚁阶层问题的答案。

这样，我们可以就此得出结论，白蚁阶层之间的体质结构差异可能是先天性的，而且这些差异起源于生殖细胞中影响体质的要素，因为正是这些要素引导卵中胚胎和孵化后的幼虫后来的发育和成长。

然而，在控制白蚁行为的自然力方面仍然存在着一些疑问。白蚁为什么坚持群居在一个社区里，而不是分散开来，像大多数其他昆虫那样过着自己的生活？工蚁为什么接受自己的命运，像仆人那样把所有分配给它们的苦活、累活都包了下来？兵蚁为什么会在危险来临时挺身而出，充当蚁巢的卫士？结构可以说明某种动物不可能去做的事情，但是解释不了动物做出选择时所表现出来的积极行为，因为几条可能的行动路线摆在动物面前时，它们似乎能够做出别的选择。

正如我们在第四章所了解的那样，在组成动物的身体的细胞社区中，组织和控制的发生要么通过神经，将一种活化力或抑制力从中央控制站传输到每一个细胞，要么通过透入血液里的化学物质。然而，在昆虫社区里，不存在任何相当于这些调整影响力的东西；既不像人类社会那样有什么立法个人或立法群体；也没有警察来执行任何所颁布的法令。这样看来，在一条条虫道里必定存在着某种维护法律和秩序的神秘力量。那么，我们是否应该承认，就像诺贝尔文学奖获得者梅特林克让我们相信的那样，确实存在着一个“巢穴之魂”——一种能把个体联合起来，并决定部落整体命运的力量？不，科学家不能接受任何诸如此类的观点，因为这种观点假定人类想象力的资源远远超过自然资源。大自然总是自然的，而大自然创造奇观的方式方法，一经发现，从来不乞灵于人类头脑不能理解的事物，除非人类最终把它们分解成基本原理。那些相信自然一致性的人们努力向前一点点推进，将小的未知置入大的可知的未知。

有助于解释白蚁一些显在秘密的事情，我们了解得还很少。举例来说，白蚁部落的成员总是相互舔或啃咬；工蚁似乎总是清洁蚁后，而且它们经常一丝不苟地轻抚幼虫。此外，这种用唇表示关心的礼仪，或称唇爱，并非得不到回报，因为部落里的每个成员似乎都能通过皮肤向外排出某种物质，而这种物质得到了其他成员的喜爱。进一步讲，从消化道喷出的食物原料，有时从这一端，有时从另一端。因此，每个个体对它的同伴来说就是一个三重营养品的来源——它必须通过皮肤提供渗出物，通过嘴唇提供嗉囊食物，通过肛门提供肠内食物——而这种食物相互交换的形式似乎为部落成员之间存在的那种相互依恋关系奠定了基础。这种关系表现出了母爱，工蚁对蚁后和幼虫的关爱，工蚁和兵蚁之间的兄弟情爱。白蚁部落的金科玉律就是“喂养别人其实也是喂养你自己”。

因此，白蚁是社会性动物，因为从身体的原因看，远离同伴，没有哪一个个体能够生存并感到快乐。说及我们人类，情况也是如此，不管怎么样，我们必须承认，任何类型的社会关系只能是可能的生存手段之一，凭借其中某种手段，社会成员确保自己在社区生活当中获得福利。

白蚁部落的食物交换习俗无论怎么讲也不能用来解释白蚁所做的一切事情。如果其他解释讲不通时，我们总是要回到“本能”这个话题。真正的本能是一种由神经系统培育出来的反应；与其他所有昆虫一样，白蚁的行为在很大程度上是由自动反射引起的，这种反射在内部条件和外部条件都合适的时候引发行为。致使某些反应自动发生和不可避免发生的神经系统的物理性质是遗传性的；这些特性从父母那里传给后代，从而引发动物所有的这些特征，并一代代重复，因此不能把这些特征归因于个体对环境变化的反应。

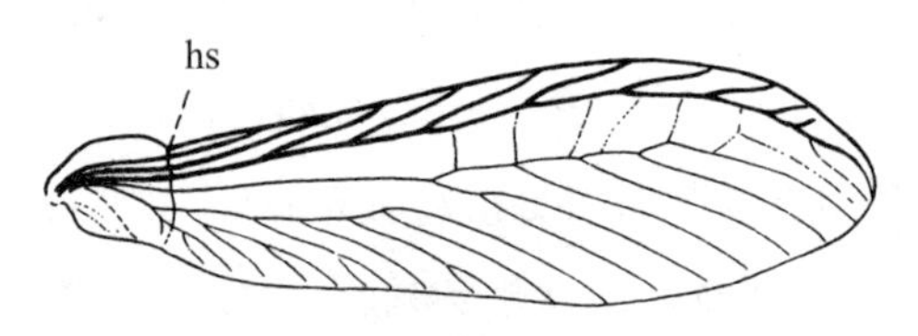

图83　深色东方木白蚁(Kalotermesapproximatus)的前翅,显示的是肱骨骨缝(hs),翅膀被丢弃时就是从这里折断的

白蚁有着古老的世系。尽管在早期记录上没有找到它们家族的踪迹,白蚁祖先与蟑螂祖先的密切关系还是毋庸置疑的;正如我们在第三章里看到的,蟑螂家族算得上最古老的有翅昆虫之一。在人类社会,祖上属于某个“大家族”,或者属于这个大家族的某个成员,那可是了不起的事;但是在生物学上,一般来说,白蚁还是一种较新的物种形态,最近冒出来的,身体组织达到最高程度的新贵;大多数社会性昆虫——蚂蚁、蜜蜂和黄蜂——都属于起源相对较晚的家族。因此,找到被古老而光荣的血统世系证明的贵族信仰会给我们带来一种新鲜感,其代表就是蟑螂和繁荣兴旺的白蚁。

翅膀提供的一件特别证据说明了白蚁具有的蟑螂血统。在大多数白蚁

乳白蚁(Mastotermes)的后翅及其翅根扩展部分与蟑螂的后翅(图53)非常相似,表明了蟑螂和白蚁之间的联系。美洲的白蚁和其他温带地区的白蚁仅仅构成了白蚁文明的次要部分。白蚁是特别喜欢温暖气候的昆虫,正是在热带地区,它们找到了最适合居住的环境,并充分表现出了它们的发展前途。

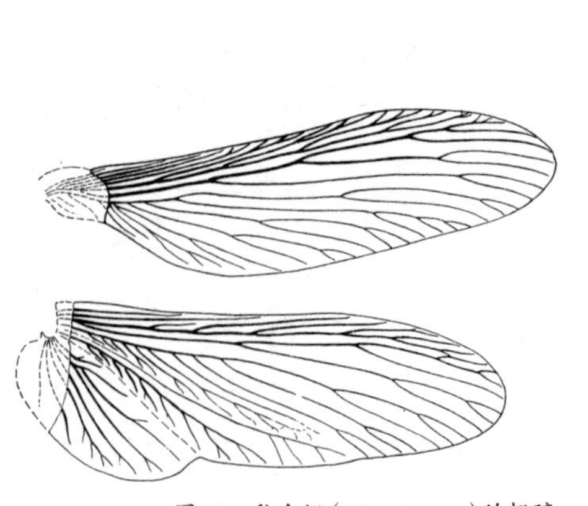

图84　乳白蚁(Mastotermes)的翅膀

身上，翅膀（图83）都没有得到很好的发育，而且翅膀上的肌肉也部分退化。然而，有些白蚁的翅膀（图84）却明显带有蟑螂翅膀的结构特征（图53），这些形态的白蚁与那些具有通常白蚁翅膀结构的物种相比，毫无疑问更接近地体现了白蚁祖先。

在热带地区，典型的白蚁并不是那些居住在死木头里的白蚁，而是建造界限确定的永久性巢穴的物种。一些巢穴建在地表下的泥土里，一些巢穴稍微高出地面，还有一些巢穴是靠在树桩或树枝上建造起来的。在建造巢穴时，不同的物种采用不同的建筑材料。一些白蚁使用土粒、沙粒或黏土；其他白蚁则用唾液搅拌泥土；另有一些利用从身体喷射出来的未完全消化的木浆；还有一些使用混合材料。此外，某些类型的白蚁还有食草习性。这些物种的工蚁大军离开巢穴，在兵蚁的保护下，光天化日之下列队来到草地，采集叶片、枯茎或地衣，然后满载着供家庭食用的粮草回到巢穴。

地下巢穴（图85）主要包括一个洞穴，孔径大概是0.6×0.9米，在地表之下0.3米，墙壁糊有很厚的黏土内衬；但是有一些虫道从巢穴向上延伸到地

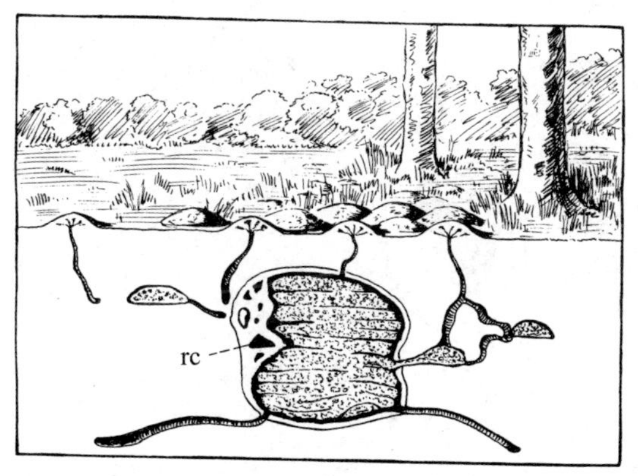

图85　非洲白蚁（Termes badius）的地下巢穴，垂直剖面图

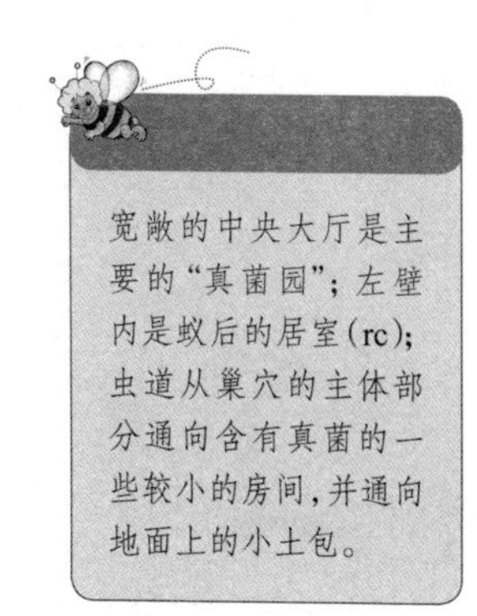

面，或水平地向那些离中央房间远一些的小房间延伸。居住在这些巢穴的白蚁主要依靠本地产的食物过活，而正是在这个宽敞的、有圆顶的中央房间里，它们培植了自己的主食。洞穴里几乎完全充满着多孔、海绵状块的活真菌。我们通常见到的真菌是一些伞菌和蘑菇，但是这些真菌形态只是真菌的子实体，来自植物隐藏在地下的根部或死木；而这个隐藏部分所具备的形态就像是一张由纤细的多个分支（称作菌丝体）所组成的网络的形式。菌丝体依靠朽木生存，而白蚁培养的恰好是真菌的菌丝体部分。它们以很小的长着孢子的茎为食，而这些茎是从菌丝体的分支细线上长出来的。白蚁真菌菌床的底层通常利用部分消化的木浆小球做成。

白蚁竖立在地面上的巢穴，其建筑结构在昆虫所建造的各种巢穴当中是最为出色的。这样的蚁巢在南美洲、澳洲，特别是在非洲都有发现。各种巢穴在大小方面很不相同，有的是只有几厘米高的塔楼，有的是高达2米、3.6米，甚至6米的大厦。有些巢穴仅仅是一个小土包（图86A），或者说是小丘；其他一些则呈现出塔形、方尖石塔形和金字塔形（图86B）；另有一些

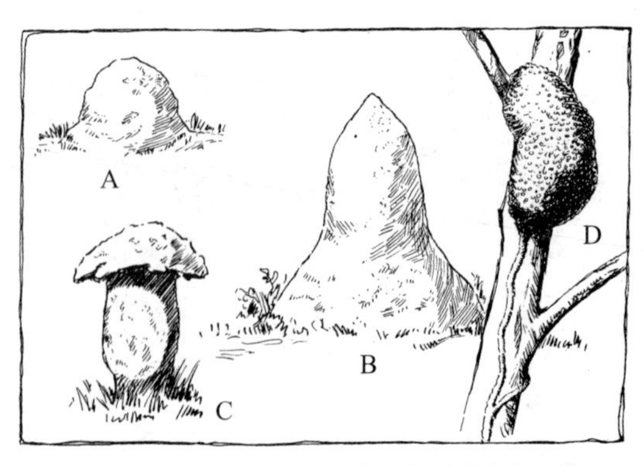

图86　热带白蚁建造的四种常见类型的地上蚁巢

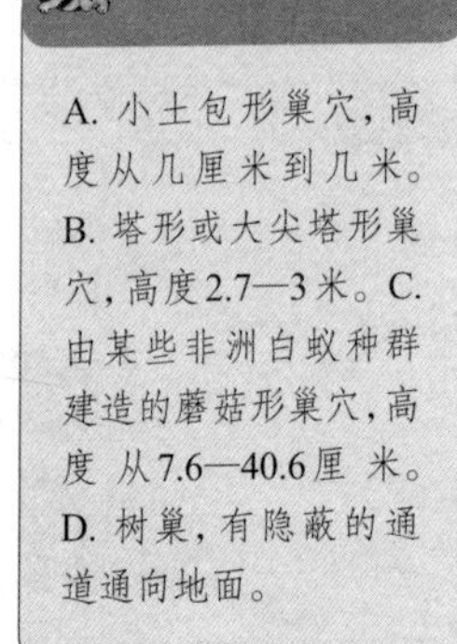

A. 小土包形巢穴，高度从几厘米到几米。B. 塔形或大尖塔形巢穴，高度2.7—3米。C. 由某些非洲白蚁种群建造的蘑菇形巢穴，高度从7.6—40.6厘米。D. 树巢，有隐蔽的通道通向地面。

看上去很像奇特的大教堂，建有扶壁和尖顶（图87）；最后一种，也是最奇怪的一种巢穴，样子很像巨大的伞菌，有着很粗的圆柱形菌柄和宽边菌帽（图86C）。利用土包建造巢穴的白蚁也是种菌物种，它们会在巢穴里腾出一间室或几间室专门用来培养真菌。

建在树上的白蚁巢穴通常是居住在地面上的白蚁群落偏远的隐退处，因为这样的巢穴（图86D）由一些沿着树干向下延伸的隐蔽通道与地底下的巢穴相连。

几乎所有居住在永久性巢穴的白蚁蚁后都会因腹部增长而变得体形硕大，而笨重的身体致使蚁后完全不能自理生活，必须由工蚁来照料它所有的生活需求。有了工蚁这样的物种的照顾，蚁后居住在专门的王宫里，从不离开。她的身体实际上变成了一个大袋子，里面装着准备产出的虫卵，而这些蚁后的产量非常高，所有成熟的虫卵不断地从它身体里排出。有人做过估计，这个物种的蚁后一天就能产出4 000个虫卵，而另一个物种的蚁后，其日产量能达到三万个。一年数百万个虫卵的产量，大概算得上是一个世界纪录吧。王室的位置通常紧靠在真

图87　由非洲白蚁建造的山峰形巢穴，高度有时可达六米以上

菌园边上，与蚁后产卵的速度一样快，工蚁产护迅速地把虫卵运到真菌园，并把虫卵散放在真菌菌床上，等待孵化的幼虫可以在这里进食和成长，不需要更多的照料了。

根据对白蚁的研究，我们也许可以从中为人类吸取一些教训。首先我们见到，生活的社会形式只是多种生存方式的一种；但是，无论这种方式在什么地方采用，都会涉及个体之间相互依存的关系。社会性的或群体性的生活只有通过个体的劳动分工才能得到最好的促进，允许每一个个体专门从事某一种工作，由此在其特别类型的工作中达到熟练精通。白蚁们在社会生活中已经获益，但它们所采用的方式与蚂蚁或社会性蜜蜂所采用的方式并不一样，与人类社会组织的原则也没有什么共同点。所有这一切归结到一起，表明在社会世界中，如同在物质世界，只要涉及大自然所赋予的天性，目的本身就能使方法正当化。个体的公正公平是人类的观念；我们努力协调社会生活中的不平等现象，均衡生活的社会形态中的利益和艰辛，就实现这个目标而言，我们的文明不同于昆虫的文明。

第六章
蚜虫

“呀，蚜虫！”你说，“谁愿意读到这些令人恶心的东西！我想知道的就是如何除掉蚜虫。”是的，这些软乎乎的小绿虫子，到了某些季节就会爬上你家的玫瑰、旱金莲、卷心菜、果园；就在你以为蚜虫已经被根除的时候，它们又是那样顽强地再次出现了。这样一个事实表明，蚜虫具有某种隐藏的力量来源；所以，这种数量庞大、十分机敏的敌人，它们的秘密真的值得我们去了解——此外，蚜虫也许是一种很有趣的昆虫。

然而，昆虫真的不是我们的敌人；昆虫只是在过着被指定的生活，而我们食用的一些瓜果蔬菜碰巧是它们以及它们祖先一直赖以生存的食物。昆虫给我们带来的麻烦只不过是一种古老的经济利益冲突，与引发大多数战争的冲突并无两样；就我们与昆虫的关系而言，我们人类才是侵略者，昆虫的敌人。在这个地球上，我们人类是新来者，但是却对周围的一切感到不满，怒气冲冲，因为我们发现地球早已被许多其他动物占据，还要质问人家有什么权力待在这里干扰我们人类的生活！早在我们人类获得了人的形态和人的愿望之前，昆虫就已经存在了数百万年，所以昆虫享有完全合法的权力食用它们赖以生存的每一样东西。当然了，必须承认，动物不尊重私有财产；在这一点上存在着它们的厄运，也存在

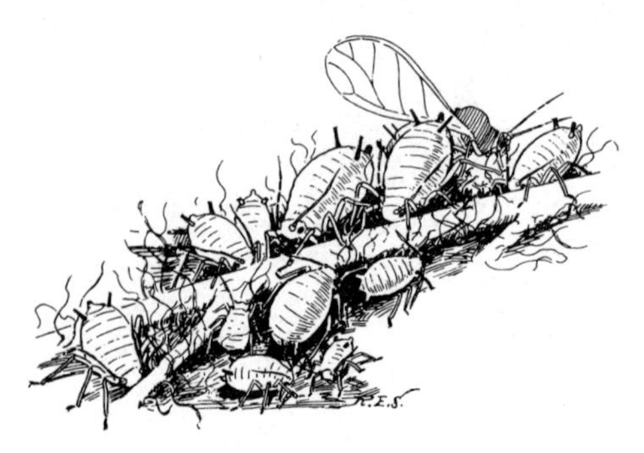

图88　一组苹果绿蚜虫正沿着苹果树叶主脉底面进食

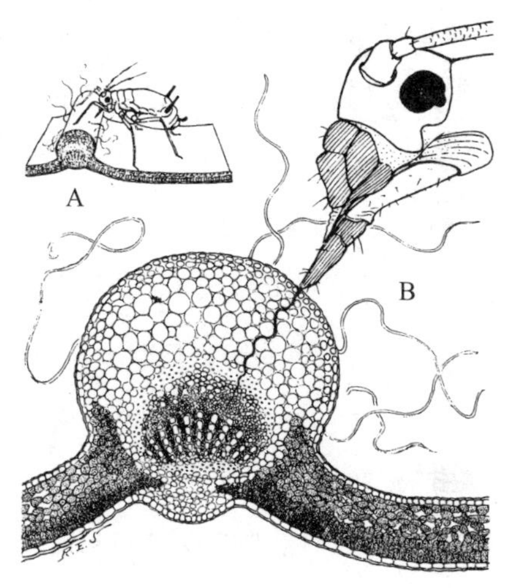

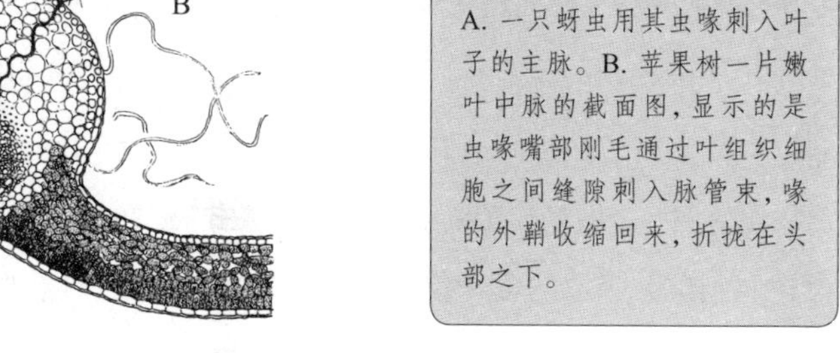

A. 一只蚜虫用其虫喙刺入叶子的主脉。B. 苹果树一片嫩叶中脉的截面图，显示的是虫喙嘴部刚毛通过叶组织细胞之间缝隙刺入脉管束，喙的外鞘收缩回来，折挠在头部之下。

图89　蚜虫食用植物汁液的方式

着我们人类的厄运。

任何人，只要他有一个小花园，一间温室，一片果园，或一块菜地，都会非常了解蚜虫。有些人把蚜虫叫做“绿虫子”；昆虫学家通常把它们命名为“蚜虫”(aphids)。

蚜虫突出的特征是它们的进食方式。前几章描述的所有的昆虫都是以通常的方式进食，将食物咬碎，咀嚼成浆状，然后吞咽。蚜虫是吮吸食物的昆虫；它们以栖息处植物的汁液为食(图88)。它们没有下颌，但是有着一个锐利的吮吸食物的虫喙(图89，图90)，包括一个外鞘，里面封装着四根细长尖头刚毛，这几根刚毛能够深深地刺入叶或茎的组织(图89B)。在最里面的一对刚毛之间有两根管，通过较低的一根管(b)，来自头部腺体的一种液体分泌物被注入植物，可能是为了破坏植物的组织；通过另一根管(a)，植物的汁液和可能的植物细胞中的原生质成分就被吸入到嘴里。蚜虫所具有的这种吮吸装备，与蚜虫有亲缘关系的所有昆虫都有，由此构成了半翅目（Hemiptera），在接下来的一章里，我们将结合蝉这个数量庞大的表亲的情况，对此进行充分的描述。

这样我们就注意到了，不同的昆虫以两种完全不同的方式进食，一些通过口器的咀嚼，一种通过吮吸，因此很显然，我们必须知道，被我们当作害虫处理并加以控制的昆虫到底是什么样的虫子。啃咬并咀嚼食物的昆虫，我们把有毒的灭虫药抹在食物表面就可以毒死虫子，除非它们意识到食物有毒而停止食用；但是这个办法对依靠吮吸食物生存的昆虫没有什么效果，因为它们刺破并吸取的食物位于植物的表面之下。所以，吮吸类昆虫只能通过把雾状或粉尘状药液喷洒在虫子身上才能被杀死。消灭蚜虫通常使用刺激性喷雾剂，一般情况下把寄生在植物上的虫子除掉并不是难事，尽管这种除虫活动在整个季节里需要反复进行几次。

当蚜虫或其他物种在植物上很好地安顿下来，叶子上就会爬满寄生的虫子（图88），其拥挤程度不亚于盛夏午后纽约市曼哈顿东部的大街。但是那里没有熙攘喧闹，没有骚动，因为每一只昆虫都把它的刚毛刺入叶子里，忙着把液体食物泵入自己的胃里。蚜虫群就是一群虫子而已，而不是像白蚁、蚂蚁或蜜蜂那样形成自己的部落或社会性群体。

什么地方有蚜虫，什么地方就有蚂蚁；与蚜虫形成鲜明的对比，蚂蚁总是四处跑动，好像它们正在找寻什么，并且每一只蚂蚁都想第一个找到这个东西。突然，一只蚂蚁在叶子上发现了一小滴清澈的液体，便一口吞掉，速度很快，那滴小水珠魔术般地消失了，然后蚂蚁以同样的兴奋状态投入到另一次搜寻工作。蚂蚁出现在蚜虫之中，以及它们的行为表现，有关的解释是：植物的汁液供给一种不平衡的饮食，糖的含量在比例上远远高于蛋白质。结果，蚜虫从它们的体内射出几滴甜甜的液体，而这种被称作“蜂蜜似的露珠”正是蚂蚁热心搜寻的饮料。一些蚂蚁还通过抚摸蚜虫的身体引诱蚜虫排出蜜露。在城市林荫大道的树叶上，人们经常能见到闪闪发亮的叶片和点缀在树下人行道上闪烁的液体，这就是寄生在树叶底面上数不清的蚜虫排出的蜜露。

在研究白蚁的时候我们获知，一对昆虫有可能规律性地生育几种后代，不算性别，它们在某些方面有所不同。在蚜虫身上，多少相似的情况也有发生，每个物种由许多形态表现出来；但说到蚜虫，这些不同的形态可以构成连续的世代。设想一下这样的事情发生在人类家庭，正常父母生下来的孩子，长大后却与他们的父母完全不像，既不像妈妈，也不像爸爸；这些孩子的孩子同样与他们的父母不像，当然也不像他们的祖父母。等到长大成人后，他们或许迁居到这个国家的其他地区；他们会在这里有自己的孩子，而新的第四代孩子又会与他们的父母、祖父母和曾祖父母长得不一样；这一代接着生出另一代，仍然还是不相同；而第五代会回到祖父母和曾祖父母的家乡，并在这里生下孩子，可是第六代孩子长大成人后竟然与祖父母的祖父母一模一样！这听上去像是一个虚构的神话故事，太荒谬了，无法让人当真。然而，在蚜虫那里这可是常见的现象，而实际的世系可能比我们以上的概述更为复杂。此外，这并不是一个完整的故事，因为蚜虫的所有世代都是，不包括每一系列的一代，完全由能够自我繁殖的雌虫组成，这一点我们必须补充说明。在温暖的气候里，雌虫蚜虫的世代延续似乎可以接连不断。

昆虫的行为就这样颠覆了我们人类的一般规律，也打破了我们内心的平静！我们都听说过女权改革家希望废除男人。我们耐心地听着她们的千年预言，那个时候没有人知道男性，也不需要男性，不过我们并没有把她们

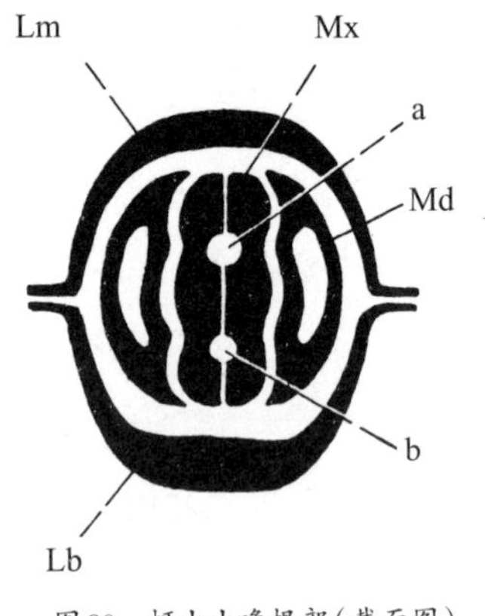

图 90　蚜虫虫喙根部（截面图）

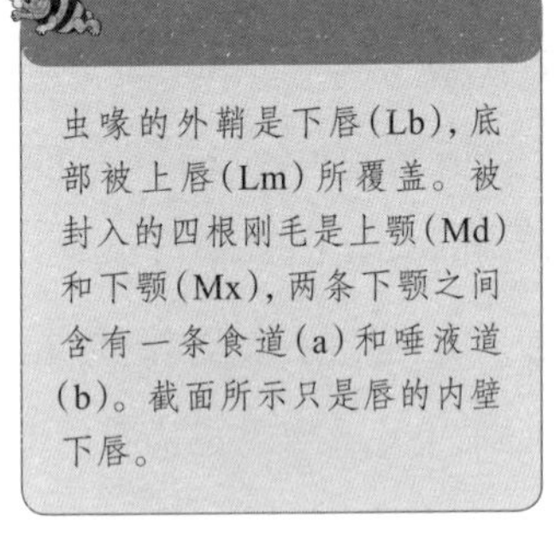

虫喙的外鞘是下唇(Lb)，底部被上唇(Lm)所覆盖。被封入的四根刚毛是上颚(Md)和下颚(Mx)，两条下颚之间含有一条食道(a)和唾液道(b)。截面所示只是唇的内壁下唇。

的话当作一回事——但是这里，蚜虫向我们表明，这种事情不仅是可能的，也是可行的，至少在某一段时间内，如果条件适宜，时间绝对还可以延长。

既然特殊情况总比一般陈述更有说服力，那就让我们以通常寄生在苹果上的物种为例，追踪某些特别的蚜虫的季节生活史。

假定时间是三月初的一天。可能还刮着一阵阵寒冷的西北风，只有银槭树以其暗紫色、气味难闻的花束向人们暗示春天的临近。到什么地方找一棵没被喷洒过药的苹果老树，就是昆虫学家总喜欢围着转来转去的那种苹果树，因为那上边肯定有许多虫子。仔细看一看某些树枝的末梢，尤其是苞芽四周，或者树身上的斑痕和树缝的突出边缘，你很有可能找到一些紧贴在树皮上的又小又黑，亮晶晶的斑点（图 91）。每一个小斑点均呈卵形，长度约为 0.7 毫米。

秋天，虫卵被排出后，蚜虫虫卵的生殖核立即开始发育，并很快纵向地在卵黄表面之下形成了一道组织带。接着，这个刚刚成型的胚胎在虫卵内经历了一次奇特的反转过程，头部沿横轴线最先进入蛋黄，最后背部朝下，

图下方是放大的虫卵，用手摸一下，你会觉得这个东西挺实，还有弹性，如果将其刺破，里面会流出一种浆状的液体；或者至少用裸眼看上去似乎是这样的——但是放在显微镜下，你会看到液体里面是有组织的。简而言之，这是一个蚜虫虫卵，细小的卵囊里含有一只蚜虫幼虫。这个虫卵是去年秋天雌性蚜虫排放在树枝上的，而且从那时起，其含有的活质一直是活的，尽管完全暴露在冬天的寒冷气候当中。

图91　三月份苹果树上的蚜虫虫卵

头部朝向，虫卵原先的尾部，整个身体在卵内伸展开来。整个冬天就保持这个样子。到了三月，虫卵再一次活跃起来，恢复到最初的位置，至此它完成了自己在卵内的发育。

苹果树蚜虫虫卵的孵化在很大程度上受到天气的影响，因此随不同的季节、不同的海拔和不同的纬度而出现变化；就华盛顿北部地区的纬度来说，孵化的日子大概是四月份的某几天，通常是这个月的第一周到第三周期间。大多数虫卵就像种子，能够躺在那里一动不动，直到温度和湿度等方面的条件适宜了，在卵内耐心等待时机的虫子才会出来。然而，一只苹果树蚜虫的虫卵也可能因为温暖气候提前到来或者人工孵化的日子比正常日子早得太多而导致死

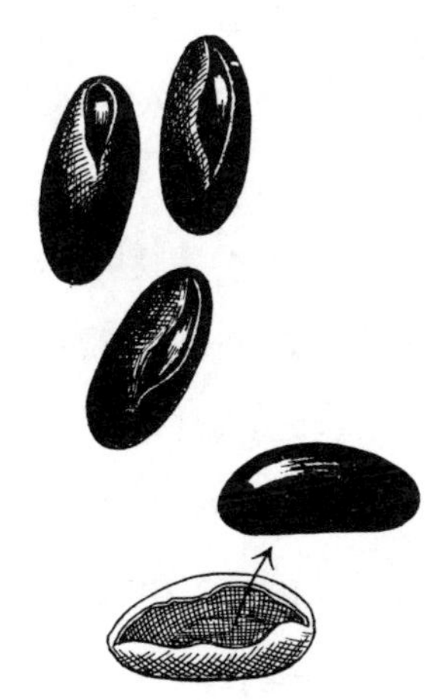

图92　苹果树蚜虫的虫卵，孵化前外部覆盖层裂开。下方是移去覆盖层的虫卵

亡。一般来讲，苹果树蚜虫胚胎的最终发育应该与苹果树苞芽的生长保持同步，因为两者都受到同样的气候条件的控制，而且这种协同成长可以保证蚜虫幼虫不至于饿死；但是，虫卵的孵化往往要比苞芽的绽开稍微早一点，所以随后的寒冷天气就会使蚜虫幼虫等很长时间才能吃上第一餐。

在大多数情况下，孵化期的临近是以虫卵鞘壳的破裂为信号的（图92），这时露出虫卵内亮晶晶的、黑色的真壳。然后，从后来的一天或几天，卵壳本身在外表皮的破裂处显露出一条裂缝，沿着卵壳的表面，在中间这个位置向下延伸到前端附近（图93C）。从这个裂缝里，蚜虫幼虫软绵绵的头部就出现了（图93D），头上长着坚硬的齿形肉冠，显然这是打开坚韧的卵壳所使用的工具，并由于这个原因被称为"虫卵破裂器"。一钻出卵壳，头部继续不断地向外膨胀，似乎觉得自己还一直被压缩在虫卵内部。很快肩膀露了出来，蚜虫幼虫这时开始蠕动、弯曲，膨胀身体的前部，并收缩其后部，直到它设法使自己的大半个身子从卵中脱离出来（图93E、F），最后笔直地竖了起来，但腹部末端依然卡在卵壳的裂口处（图93G）。

然而，处在这个阶段的蚜虫幼虫，就像蟑螂幼虫，仍然被封闭在一个薄薄的、紧身的胎膜里，没有用来装腿或其他身体部件的袋囊，所有这些都被束缚在里面。被紧紧裹住的脑袋膨胀和收缩，尤其是面部，突然，袋囊的顶部贴近破裂器右侧的位置裂开了（图93H）。裂缝在头的上方扯开，扩大成一个环，越过肩部滑落，接着向下滑过身体。随着紧绷的膜快速地收缩，附器得到了释放，出现在身体上（I）。收缩的表膜最后被缩小成一个很小的高脚杯状，支撑着直立的蚜虫，但是腹部的末端和后腿仍然被卡着（I）。为了完全地解放自己，昆虫还必须做出更多的努力（J），最后，当它从正在发干的表皮里拔出自己的腿和身体时，它终于成为一只自由的蚜虫幼虫（L）。

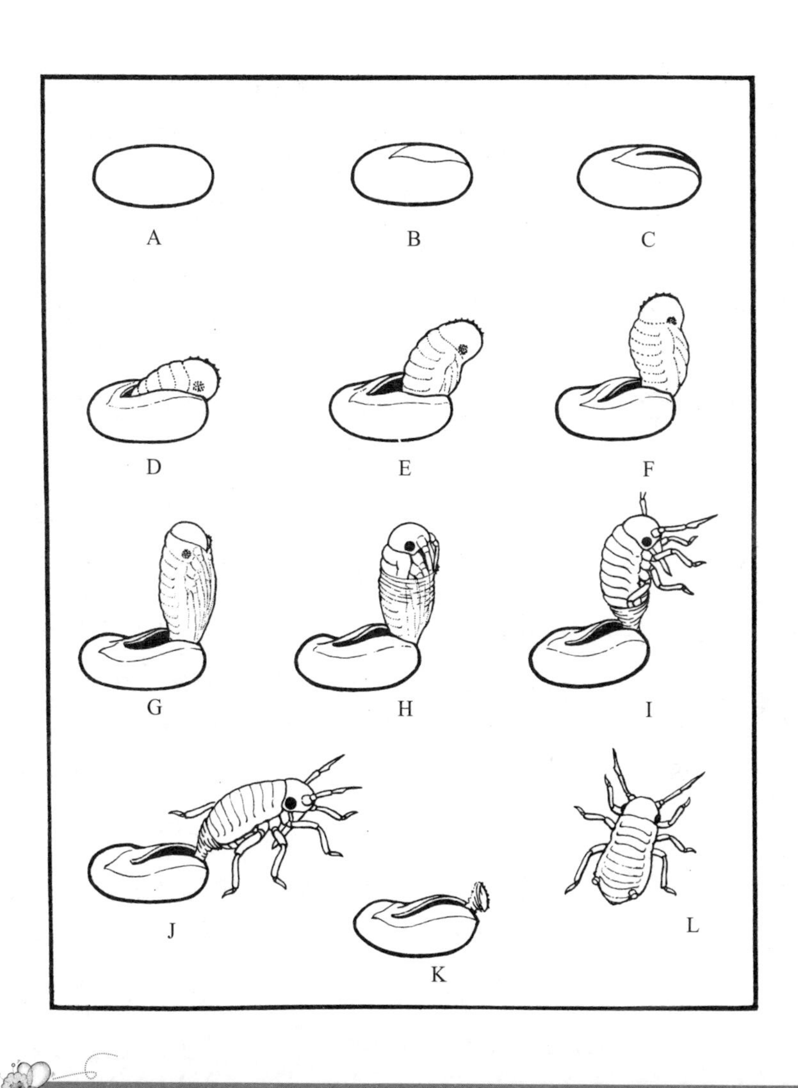

A. 虫卵。B. 外衣裂开的虫卵。C. 内壳在一端裂开的虫卵。D-F. 幼虫爬出虫卵的三个阶段。G-J. 蜕掉孵化膜。K. 空了的卵壳。L. 蚜虫幼虫。

图93 绿色苹果树蚜虫(Aphis pomi)的孵化

从卵里爬出来，脱掉胎膜，对蚜虫的一生来说是至关重要的一个时期。整个过程也许要用几分钟才能完成，也许需要半个小时，但是虚弱的小家伙如果最后还不能从正在发干并开始收缩的组织里自我解脱出来，那么它就像是个俘虏，只能在自己的胎衣里挣扎，直至死亡。成功诞生出来的蚜虫幼虫用其软弱无力、无色的腿迈出了一生的头几步，虽然不那么坚定、摇摇晃晃的，然后沾沾自喜地休息一会儿，但是二十分钟或半个小时之后，幼虫就能像成虫一样走路了，还能向上爬到树枝上，这是通往苞芽必须要走的一条通道。

图94　聚集在苹果树苞芽上的蚜虫幼虫

在蚜虫虫卵孵化期间或稍后，苹果树的苞芽开始绽放，并绽开精美的淡绿色叶子，而蚜虫幼虫这时从各处聚集在苞芽周围，直到末梢处由于蚜虫数量太多而被弄得黑乎乎的（图94）。饥饿的虫群投入到苞芽的最深处，很快，新长出来的嫩叶就被蚜虫用来为自己盗取食物的细小的虫喙刺破；果树开始春天的生长所依赖的新叶遭到了损伤，渐渐发黄。对果园的主人来说，如果他还没有给果树打药，这个时候就必须进行了。

然而，昆虫学家注意到，苹果树上的所有蚜虫并不都是一个样子，果园里的蚜虫大概可以分为三种（图95），差别虽然细微，但是足以表明各自属于不同的物种。当寄生的第一批苞芽枯干了，蚜虫们会转移到其他苞芽上，再往后逐渐蔓延到更大的叶子、花蕊和幼果上。所有蚜虫，成长的速度都很快，两三个星期的时间就能达到成熟。

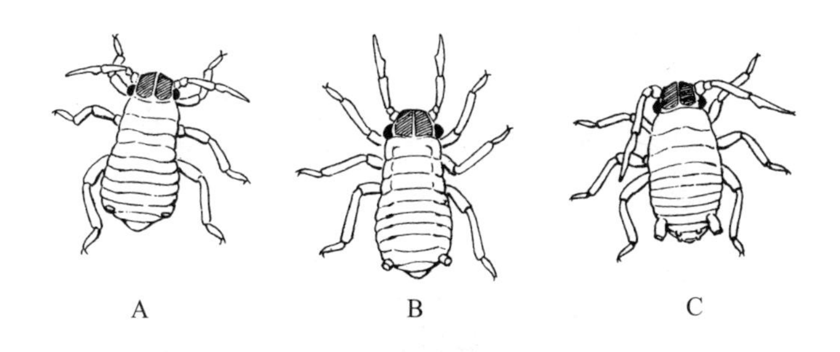

A. 谷草苹果蚜虫(Rhopalosiphum prunifoliae)。B. 绿色苹果蚜虫(Aphis pomi)。C. 玫瑰色苹果蚜虫(Anuraphis roseus)。

图95　春季在苹果树上发现的三种蚜虫幼虫

第一代完全发育的蚜虫，就是从冬天虫卵里出生的那些蚜虫，完全没有翅膀，都是雌虫。但是这种状态决不会妨碍物种的繁衍，因为这些非同寻常的雌虫能够自身生产后代(这种能力被称为“单性繁殖”)，而且更奇特的是它们不产卵，直接生出鲜活的幼虫。由于它们生下来的孩子注定要形成一条长长的夏生蚜虫世系，这些雌虫由此被尊为干母(stem mother)。

图96　苹果蚜虫使寄生的树叶打卷变形

苹果树苞芽上的三种蚜虫物种之一被称作绿色苹果蚜虫(Aphis pomi，图95B)。在这个季节的早些时候，你可以在苹果树叶底面找到这种虫子。这些虫子以其特有的方式致使寄生的树叶打卷变形(图96)。干母(图97A、图97B)在成

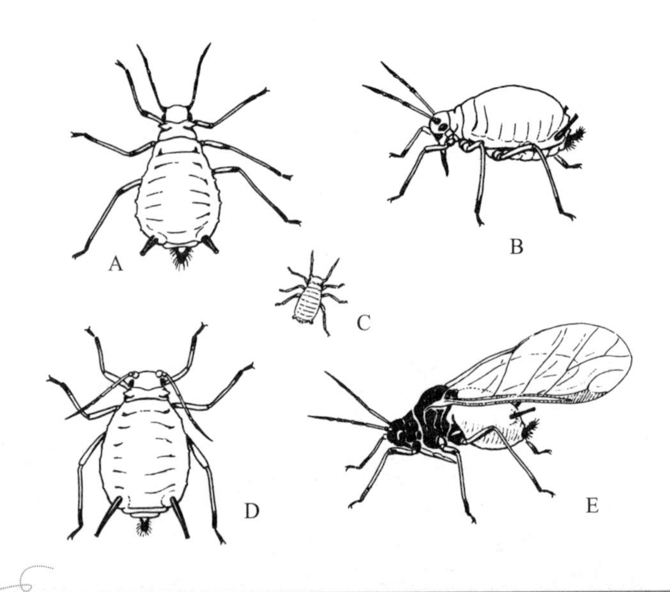

A、B. 成虫干母。C. 夏季新出生的幼虫形态。D. 无翅夏生代形态。E. 有翅夏生代形态。

图97　绿色苹果树蚜虫(Aphis pomi)

熟后大概24小时就开始生出幼虫,而且任何一位干母,在其10—30天的一生中,可以平均生育50或50个以上女儿,因为它的后代都是雌性。然而,当这些女儿在这个大家庭里长大后,它们当中没有一只长得像妈妈。它们在其各自的触角上都多了一个体节,大多数是无翅蚜虫(图97D),但是其中许多长着翅膀——一些长的翅膀不过是类似于爪垫的翅桩,但另外一些翅膀发育良好,能够飞行(图97E)。

第二代蚜虫,无论是有翅还是无翅,其个体也是孤雌生殖,但她们生出来的第三代与她们相像,其中包括无翅、半翅和全翅形态的蚜虫,全翅所占的比例要大一些。从这时起，接下来这样的世代很多很多，一直延续到这个季节的结束。有翅形态的蚜虫从一棵树飞到另一棵树，或飞到远一点的果园，建立新的部落。在夏天，绿色苹果蚜虫主要出现在苹果树嫩枝上的新梢和果园里的徒长枝上。

进入夏季不久，蚜虫部落里的生产快速增长，夏生代个体蚜虫在出生后一个星期，有时就能生出孩子。然而，到了秋天，生产周期再次拉长，家庭规模也随之缩小；在秋季快结束的时候，最后一批雌虫每只生产的幼虫还不到六只，不过秋季出生的幼虫比夏季出生的幼虫存活的时间要长很多。

夏生代蚜虫出生时被裹在一件紧绷绷的、无缝、无袖和无腿的紧身衣里，与那些从冬天虫卵里孵出的蚜虫一样活泼。就这样被包裹着，每一只幼虫从母体里出现了，先出来的是尾部，但是最后就要获得自由的时候，脸部却被紧紧地卡住。在这一个位置，胚胎袋在头部的上方裂开，滑过幼虫的身体在腹部末端收缩成一团，在这里它就像是个用膜做成的皱巴巴的帽子，直到最后脱落下来或者被幼虫用腿蹬开。此时，幼虫活力十足地踢着腿，但仍然还是被母体紧紧地夹住，只有经过相当猛烈的挣扎之后，它才能获得最终的解放。不过，挣脱出来的幼虫很快就能行走，并在树叶上的同伴之间寻找自己的进食位置。母亲对自己孩子的出生并不太关心，一边生产一边像往常那样进食，虽然它有时对婴儿又蹬又踢感到恼怒。夏天的雌虫平均每天能产下两到三只幼虫。

家族中形态的延续是蚜虫生活最有趣的一个阶段。调查结果已经显示，有翅的个体主要是由无翅形态生产出来的，而实验也已经证实，有翅形态的发生与气温、食物和光照时间的变化有着相互关系。温度在18.3℃左右时，有翅个体出现的数量很少，但高于或低于这个温度，出现的数量就会很

多。与此相似，有人发现，当食物供应因树叶干枯或因树叶上蚜虫过于密集而出现供不应求的情况时，有翅形态蚜虫就会出现，这样才有可能促使蚜虫迁移到新的进食场地。另外还有某种化学物质，尤其是镁盐，加在水里或湿沙子里，然后把蚜虫寄生的植物剪枝放入其中生长，也能导致后来出生的有翅形态昆虫的增加。如果植物生根，这种情况就不会出现，但是这个实验仍然表明，食物的改变对翅膀的形成确实有着影响。

最后，由A.富兰克林·沙尔博士进行的试验显示，也许可以通过人工的方式创造马铃薯蚜虫有翅和无翅的条件，也就是说改变每24小时蚜虫交替接受光亮和黑暗的相对量。把光照时间缩短到12个小时或更少，就能致使无翅父母生出的有翅形态蚜虫在数量上明显增加。然而，连续的黑暗所产生的有翅幼虫数量就很小。八小时光照时间所获得的结果也许最大。根据沙尔博士的实验，光照时间减少对幼虫的直接效果体现在其出生前34—16小时，而且不应归因于生理作用对昆虫正在食用的植物所产生的效果。

由此可见，各种不利的条件可能在无翅蚜虫的部落里导致有翅个体蚜虫的出现，这样就会使有翅个体作为部落里的代表向外迁移，有机会为家系的延续找到更合适的地方。通常的春天生产和秋天迁移，很有可能是因为初春和晚秋的日照时间比较短而造成这样的结果。

蚜虫故事的最后篇章是从秋天开始的，就像依照规矩所有的最后章节应做的那样，这一部分包含了故事情节的结局，并最终和盘托出蚜虫的所有事情。

整个春天和夏天，蚜虫部落清一色由未曾交配的雌虫组成，无论是有翅的还是无翅的，它们又以不断增长的数量生产未交配的雌虫。一片繁荣兴旺、自我经营的女权王国似乎就要建立起来。然而，当夏天的温暖让位于秋天的寒意，食物补给开始出现短缺，出生率也开始持续下降，直到灭绝的危险似乎降临到它们的头上。在九月底之前，生存条件已经到了十分恶化的地步。到了十月份，幸存下来的那些雌虫怀着愁苦的希望产下最后一窝幼虫，而这些幼虫似乎注定要走向死亡。但就在这个时候，频繁出现在昆虫生活当中的奇异事件又一次发生在这里，因为你马上就能看出，这窝新生的成员与它们的父母相当不同。当它们长大的时候，发育的结果表明这是一代由雄性和雌性组成的有性的蚜虫世代！

女权主义遭到废黜，物种得到了解救。通过交配结合的本能如今占有优势地位，而且现在是十月份，如果新的世代的婚姻关系相当宽松，在冬天来到之前还有许多事情需要它们来完成。

有性蚜虫的雌虫与它们未曾交配过的母亲、外祖母有许多方面的不同，它们的颜色是暗绿色的，有着较宽的梨形身材，尾端部最宽。雄虫的个头比雌虫要小许多，它们的颜色是土黄色或者褐绿色，长着类似蜘蛛的长腿，喜欢在周围四处乱跑。绿色苹果树蚜虫的雄虫和雌虫都有翅膀。很快，雌虫开始生产，但产下来的不是活蹦乱跳的幼虫，而是虫卵。大多数情况下，虫卵被排放在苹果树的树枝上、树皮的缝隙中或者苞芽的根部附近。新生的卵呈微黄色或者淡绿色，但是很快就会变成绿色，接着又变成暗绿色，最后变成深黑色。虫卵的数量并不多，因为每只雌虫只生产1—12个虫卵；然而，正是这些留在树上越冬的虫卵，它们当中将产生来年的干母，由此开启蚜虫生命的又一个循环，继续重复演绎我们刚刚讲过的故事。

有性形态蚜虫在气候温和的秋天生产似乎与较低的气温有着某种直接关系，因为有人说过，蚜虫在热带地区可以无限期地通过孤雌生殖繁衍下去，而且大多数热带地区的蚜虫物种也没有性别区分，没有人听说过这些蚜

虫有什么雄虫或者雌虫。在美国西海岸比较温暖的地区，每个秋季都能有规律地生产雄虫和雌虫的蚜虫物种，到了东海岸却不需要性形态的返祖，遗传就可以继续延续下去。

春天寄生在苞芽上的苹果树蚜虫还有另外两个物种，其中一个被称作玫瑰色苹果树蚜虫（图95C）。其名称来自这样一个事实，即这个物种初夏的个体具有苍白的粉红色彩，或多或少分布在绿色的底色上，尽管许多成虫干母（图98B）是深紫色的。玫瑰色苹果树蚜虫的早期几代通常寄生在树叶上（图98A）和幼果上（图98C），致使树叶打卷，呈螺旋形紧紧地收拢在一起，造成幼果的果形缩小变形。

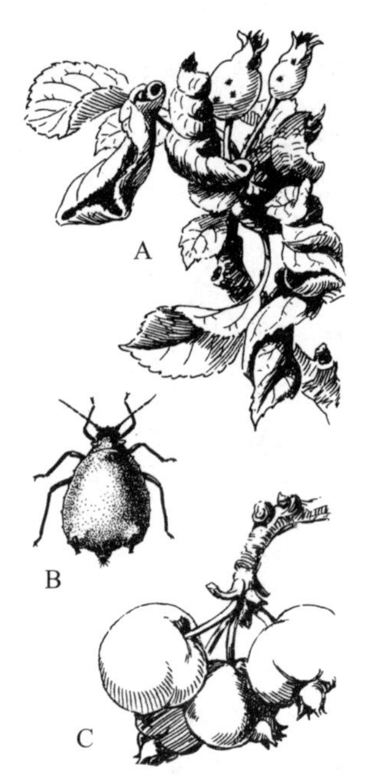

图98　苹果上的玫瑰色苹果树蚜虫（Anuraphis roscus）

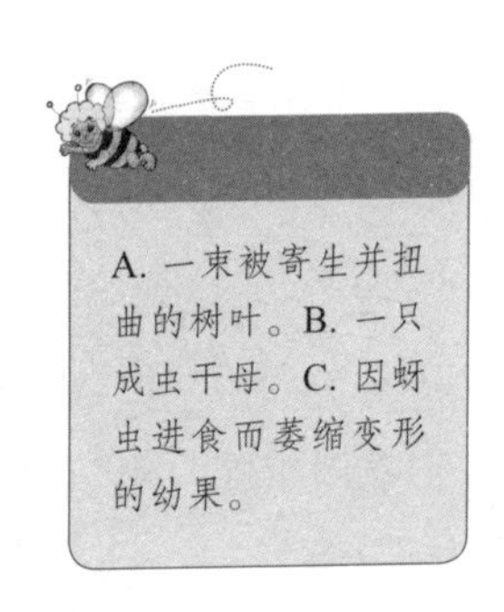

图99　夏季在窄叶车前草上的玫瑰色苹果树蚜虫；上方为无翅夏生形态蚜虫（放大图）

玫瑰色苹果树蚜虫的干母以孤雌生殖的形式生出第二代雌虫，这些雌虫大多数与母亲一样是无翅蚜虫；但是到了下一代，许多个体就有了翅膀。随后，很快又有几代诞生了，都是雌虫。事实上，就像绿色蚜虫的情况一样，只有到了这个季节的末期才会有雄虫出生。然而，这个时候有翅形态的蚜虫出现得越来越多，到了7月份，出生的个体几乎都有翅膀。在此之前，这个物种仍然留在苹果树上，但是现在，有翅的蚜虫开始渴望改变，一次在栖息地和饮食方面的彻底改变。它们离开苹果，再看到它们的时候，这些蚜虫已经在常见的、被称为车前草的草丛里建立起自己的夏生部落。它们选择的主要是车前草的窄叶品种，称作长叶车前草，或英国车前草（图99）。

迁移的蚜虫在车前草丛一落脚就开始生育后代，但是它们与自己或前几代完全不一样。这些个体的身体呈一种黄绿色，几乎都没有翅膀（图99）。这个物种很善于伪装，所以昆虫学家花了很长时间才弄清它们的身份。无翅、黄色的几代雌虫这时继续留在车前草丛里。但是杂草堆并不适合储放越冬虫卵，所以，随着秋天的到来，有翅形态蚜虫再一次大量出现，这些虫子又回到苹果树上。然而，秋季迁移者属于两类：一类是有翅雌虫，就像从苹果树迁移到车前草的那批移民一样，另一类是有翅雄虫（图100A）。两种形态的蚜虫回到苹果树上，在那里雌虫生下了一代无翅有性雌虫（图100B），这些雌虫一旦成熟，就会与雄虫交配，产下越冬的虫卵。

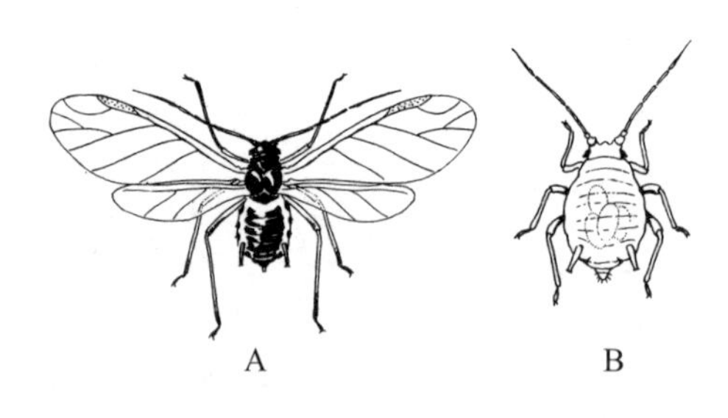

图100 玫瑰色苹果树蚜虫的有翅雄虫(A)和无翅有性雌虫(B)

春季寄生在苹果树上的第三个蚜虫物种被称为谷草苹果树蚜虫,这么叫是因为,作为一种与玫瑰色苹果树蚜虫类似的迁移性物种,它们的夏天是在粮食作物的叶子上和草丛里度过的。谷草蚜虫的虫卵通常是春季最先孵化的,而这个物种的蚜虫(图95A),其体貌显著的区别特征是非常深的绿色,这种颜色在它们聚集在苞芽周围时呈现出发黑的外表。后来它们会蔓延到苹果树上更老一点的树叶和正在盛开的花瓣上,但是整体上讲,它们对苹果树的损害与前两个物种相比要小一些。谷草苹果树蚜虫的夏季生活史与玫瑰色苹果树蚜虫相似,只是它们把夏季的窝安在谷物或禾草丛里,而不是车前草丛。到了秋天,有翅雌虫移民返回到苹果树上,在这里生下无翅有性雌虫,而这些雌虫后来就成了雄虫追逐的对象。

这里,即使仅仅列举寄生于普通田野和花园里的植物,种植的花草树丛上的众多的蚜虫物种(图101),也是不可能的,更不用说栖息在杂草、野生灌木丛和森林里的那些蚜虫物种。几乎每一种天然植物群体都有其特别类型的蚜虫,而且其中多数与玫瑰色苹果树蚜虫和谷草苹果树蚜虫一样是迁移性物种。有居住于根部的物种,也有生活在树叶和茎上的物种。根瘤蚜(Phylloxera),是加利福尼亚州和法国葡萄园的一种害虫,就生活在植物的根部。在夏天快要结束的时候,在苹果树枝上常常能看到一些毛茸茸的棉团,这是苹果棉蚜出现的标记,因为棉蚜的个体可以从它们后背渗出一种白蜡线似的绒毛状物。苹果棉蚜常见于病果树根部,尤其是苗圃果木的有害

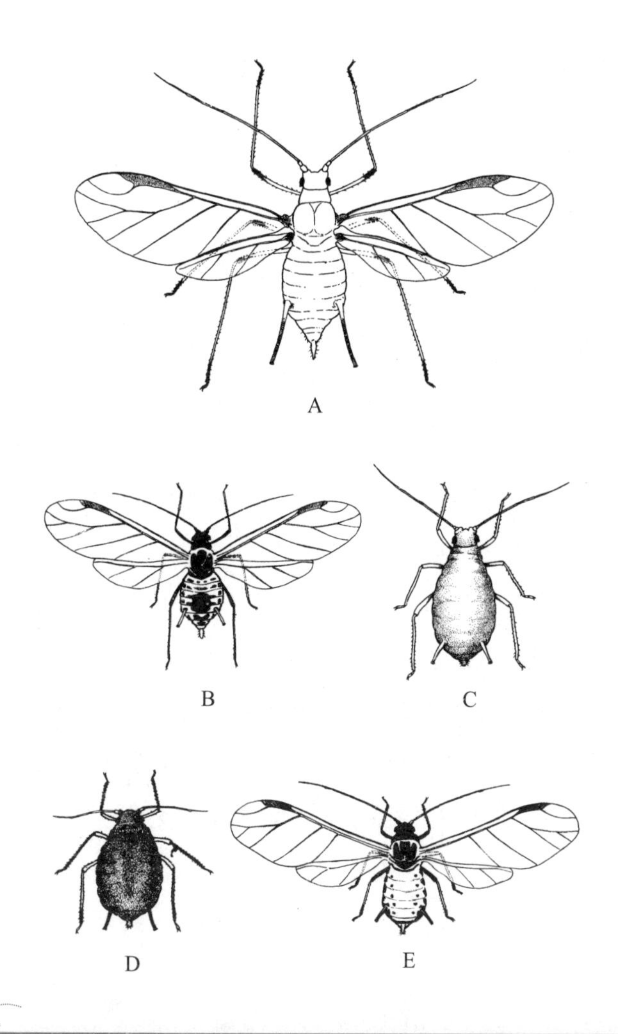

A. 马铃薯蚜虫有翅形态(Illinoia solanifolii),花园蚜虫体形最大的一种。B. 桃蚜的有翅形态(Myzus persicae),寄生在桃树或者各种花园植物上。C. 桃蚜的无翅形态。D. 棉蚜的无翅形态(Aphis gossypii)。E. 棉蚜的有翅形态。

图101 花园里一些常见的蚜虫

之虫，但是这种蚜虫不仅从榆树向苹果树的根部迁移，也向苹果树的树枝迁移，而榆树是其越冬虫卵的家。

生活在玉米根部的一种地下蚜虫引起了我们特别的兴趣。我们已经见到，所有的蚜虫身后都跟着一些追随而来的蚂蚁，这是因为它们排泄的蜜露受到了蚂蚁极大的喜爱和珍惜。据说，有些蚂蚁用泥土在树枝上建造遮棚，以便用来保护蚜虫；但是玉米根蚜虫应该把自己的生存归功于蚂蚁。有一个蚂蚁物种，它们在玉米地里修筑蚁巢，所挖的地道从巢穴的地下室通到玉米的根部附近。在秋天，蚂蚁把蚜虫越冬的虫卵收集起来，然后把虫卵从玉米根部转移到蚂蚁的巢穴，保护虫卵在这里度过寒冷的冬天。春暖花开之后，蚂蚁从储藏地窖搬出蚜虫虫卵，把虫卵安置在各种早生杂草的根部。在这里，玉米根蚜虫干母孵化出来，并生下了几代春生代蚜虫；但是，随着新的玉米开始发芽，蚂蚁又把许多蚜虫转移到玉米根部，而整个夏天蚜虫就在这里繁衍生息；等到秋天，蚜虫生下有性雄虫和雌虫，而这些雄虫和雌虫交配，产下了越冬虫卵。这些虫卵再一次被蚂蚁收集起来带入它们的地下寓所，以便安全过冬。蚂蚁为蚜虫所做的一切都是为了交换，从蚜虫身上获取蜜露。蚂蚁如此为玉米根蚜虫服务，所以说没有蚂蚁的关照，蚜虫很可能遭到毁灭。因此，如果农民希望消灭玉米地里的害虫——蚜虫，就需要采取措施先根除蚂蚁。

暴露在茎秆和树叶上的蚜虫部落群很自然地为那些以捕食其他动物为生的昆虫开辟了愉快的猎场。这里聚集了数千软体动物，每一只通过把其虫喙的刚毛深深插入植物组织当中而固定在某一个位置——这里真的是捕猎者的天堂。结果，蚜虫的平静生活多次受到干扰，而大量这样的多汁动物在其他昆虫的食物链中仅仅起到了一个中间环节的作用。蚜虫没有多大力

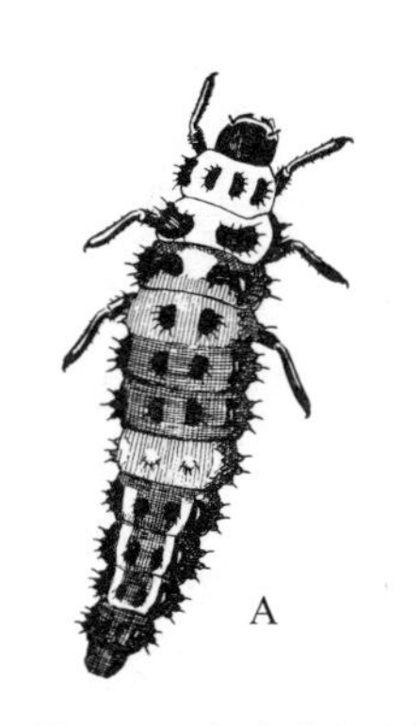

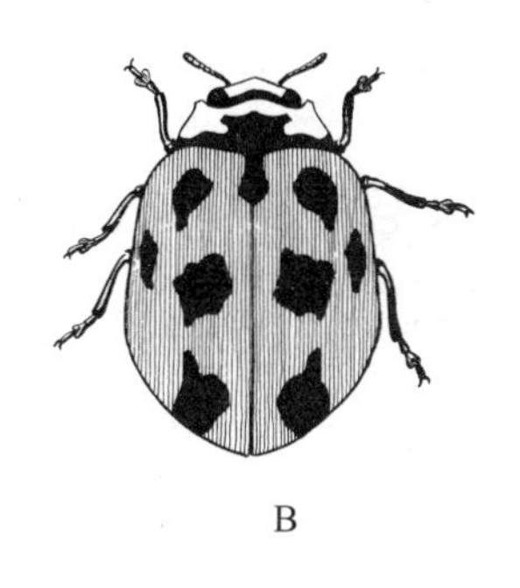

图102　以蚜虫为食的普通瓢虫(Coccinella novemnotata)
(放大五倍图)

量能够主动防御。位于蚜虫身体后部的一对细长的管子,即蚜虫的腹管或蜜管,能够喷射一种黏性液体,据说蚜虫就是把这种液体抹在来犯昆虫的脸上;但是这种诡计怎么也不可能使蚜虫得到太多的保护。孤雌生殖和大家庭才是蚜虫确保自己种群免遭灭绝的主要策略。

世界上存在着“邪恶”,对那些希望信守“自然之善”这一信念的人来说,一直让他们感到心中一阵刺痛。然而,刺痛如果不是在肉体上的,而是在扭曲生长的心灵,可以通过思想态度的改变而得到缓解。不过,刺痛本身是真实的,也不能仅仅解释一下就可以消除。在进化过程中,植物和动物获得生存条件和生存关系的规划图中并没有“善行”这个部分。从另一个方面讲,不存在什么好的物种和坏的物种:因为每一种动物,包括我们人类在内,就是其他某些动物的“恶魔”,为了生存,每一种动物都有可能攻击较弱的另一种动物。

那么,既然认识到“邪恶”像所有其他事物一样是一个相对的问题,取决于我们的观点是站在谁的立场上得出来的,如果某个作者站在他故事的

图103 蚜狮，正在吃一只抓在下颌中的蚜虫

主人公的立场看待问题，那就仅仅是可以原谅的作者的个人偏见。有了这种理解，我们可以说一说蚜虫的几个“敌人”。

每个人都知道“瓢虫”，那些椭圆形硬壳的小甲虫，通常是深红色，圆滚滚的后背上长着一些黑色斑点（图102B）。雌性瓢虫以小组为单位产下橘色虫卵，一般黏附在树叶的底面（图132B），与蚜虫为邻。当虫卵孵化的时候，生出来的虫子并不像瓢虫那样多姿多彩，而是长着粗重的身子，六条短腿的小甲虫，颜色发黑。幼虫很快找到它们的天然食品蚜虫，并无情地吃掉。随着小瓢虫一天天成熟，它们的形态看上去更加丑陋，其中的一些明显变得多刺，但是它们的身体因有多种鲜艳的瘢色——红色、蓝色和黄色——不同的物种有着不同的瘢色图案，而显得色彩斑驳。图102显示的是一只普通瓢虫。当这样一个小怪物完全发育成熟的时候，它停止了对蚜虫群的掠夺，进入一个寂静的时期，利用从其腹部末端排出的一种胶状液体把自己身体的尾部固定在一片叶子上。然后瓢虫开始蜕皮，这层皮皱缩在一起，向下滑过身体，形成一块多刺的垫子依附在树叶上，支撑着这层皮以前的所有者（图131E）。随着这层外皮的脱落，这个虫子从幼虫变成蛹，而且用不了多长时间，它就会转变成与爸爸妈妈一样完美的瓢虫。

另外一个小恶棍，其相貌简直就是小龙的复制品（图103），长着长长的、弯弯的镰刀状下颚，从头部向外伸出，与其邪恶的性格十分相配。它也是光顾蚜虫群落的常客，向这些无助而又温顺的昆虫征讨命税。这个强盗被恰

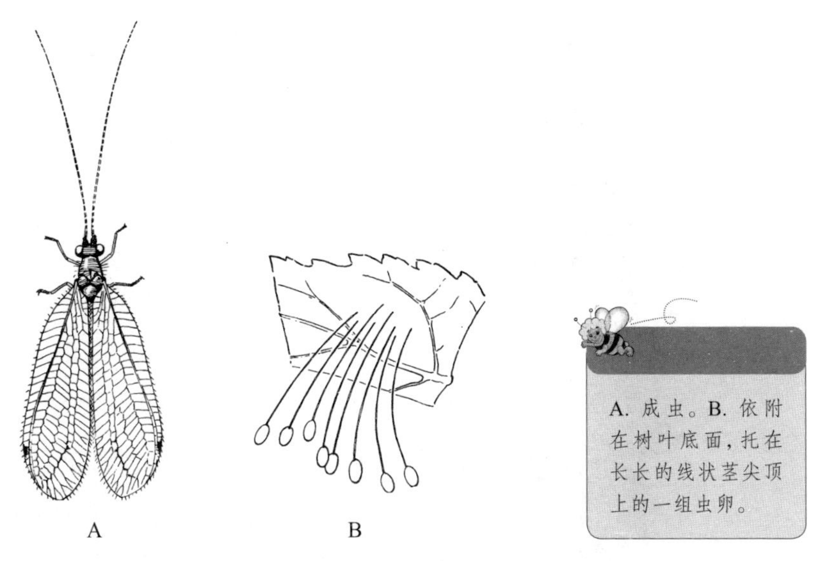

图104　金眼草蛉（Chrysopa），蚜狮及其虫卵的父母

当地命名为蚜狮（aphis-lion）。蚜狮的父母是一种温柔无害的动物，长着大大的浅绿色花边翅膀和金色的眼睛（图104A）。母亲们对儿女的天性表现出了卓越的预见能力，它们把虫卵托在长长的线状茎的尖端上，通常依附在树叶的底面（图104B）。这种策略似乎是一个方法，可以预防率先孵化出来的那一窝幼虫贪婪地吃掉身旁依然还在卵内的兄弟姐妹。

什么地方挤满了蚜虫，什么地方就几乎肯定会有一种软体、类似蠕虫的动物爬行在蚜虫中间。这种动物呈浅灰色或绿色，多数体长不足6毫米，虫体上没有腿，整个身体从后向前逐渐变细，没有明显的脑袋，但是从这里伸出一对可收缩的强壮的钩子。观察一下吧，看看这个钩子是如何不知不觉地伸向毫无戒备的蚜虫：随着身体前端一次迅速向前伸出的动作，它猛地扑向注定要死的蚜虫，用张开的钩子抓住，并把蚜虫摆动到半空，任蚜虫乱蹬

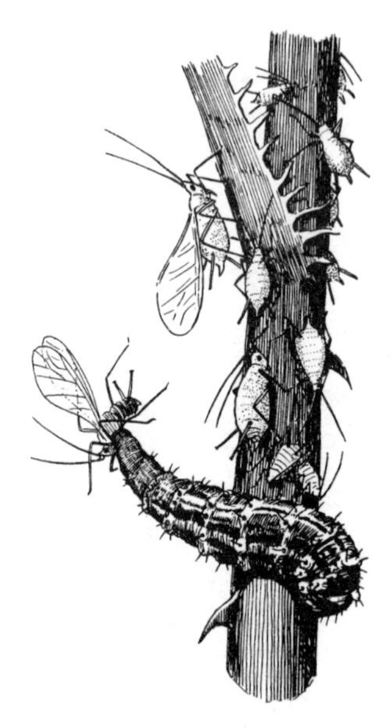
图105　正在吃蚜虫的食蚜蝇幼虫

乱踢、垂死挣扎，然后残忍地吸干蚜虫体内的汁液（图105）。接下来，利用一个投掷动作，把皱瘪了的蚜虫尸体抛向一边，再开始向另一只蚜虫发动攻击。这种无情的吸血鬼就是一种蛆，蚜蝇科昆虫的幼虫。这一科的成年蝇完全无害，只是其中一些看上去挺像蜜蜂。这些物种的雌虫（它们的蛆以蚜虫为食）了解自己孩子的习性，因此将卵放置在蚜虫觅食的树叶上。我们也许可以看见，其中一只雌蝇盘旋在适合寄生的一片树叶附近。突然，它冲向树叶发射，然后急速离开；但是就在它经过的瞬间，一个虫卵被粘到了叶面上，恰好位于给食的昆虫中间。这个卵就在这里孵化，而孵化出来的幼蛆会发现自己的猎物就在身边。

除了这些明目张胆地攻击并活吃受害者的动物外，蚜虫还有其他一些天敌，它们捕食的手段更加阴险。如果你在任何一种植物上仔细察看蚜虫寄生的叶子，你就很可能注意到，这里或那里都有一些身体肿胀的褐色蚜虫。进一步检验的结果表明，这些蚜虫已经死了，其中很多蚜虫的背上都有一个挺大的圆孔，也许圆孔边上还立着一个盖子，就像是一扇活板门（图106）。这些蚜虫并非自然死亡；每一只都不情愿地成了另一种昆虫的寄主，这些昆虫将蚜虫的身体改造成了它们的临时住所。这位疯狂劫掠房主的房客是一种类似黄蜂的小昆虫，蚜茧蜂的蛴螬（图107），而蚜茧蜂长着尖长的产卵器，它就是用这个器具把卵插入活着的蚜虫的体内（图108）。卵就在这里孵化，而孵化出来的蛴螬幼虫以蚜虫的汁液为食，直到它自己完全长大，但是这个时候蚜虫已经被榨干，死了。蛴螬这时在尸体空壳内壁较低的位置撕开一道缝，靠在下面树叶的表面上，在口子的边缘之间结成一张网，把蚜虫的躯壳托起来。保护措施完工后，蛴螬继续为自己这个恐怖的居室又加了一层丝网内衬；一切就绪，它就躺下来休息，并很快变成了一只蛹。用不了多长时间，它再一次蜕变，这一次变成了其所属物种的成虫，用它的下颌在蚜虫的背上剪出一个孔，从里面爬出来。

图106　已死的一只马铃薯蚜虫，体内含有一种寄生虫，成虫后会从蚜虫背上切开的口子逃脱出去

在其他一些情况下，死了的蚜虫并不是平躺在叶子上，而是被抬在小土墩上（图109A）。这样一些受害者的体内居住着相关昆虫所产下的蛆，这些蛆一旦成熟，就会在寄主尸体之下编织一块扁平的茧子，并在这个围场里进行蜕变。然后，成虫在茧的侧面开一个口子，作为自己的脱身通道。

图107　蚜茧蜂（Aphidius），一种样子很像黄蜂的蚜虫寄生虫

为了个体目的而非法占取其他昆虫的身体，这样的虫子被叫做寄生虫。寄生虫是昆虫不得不面对的最坏的敌人；但是在多数情况下它们并没有真的以实际行动来抗衡，

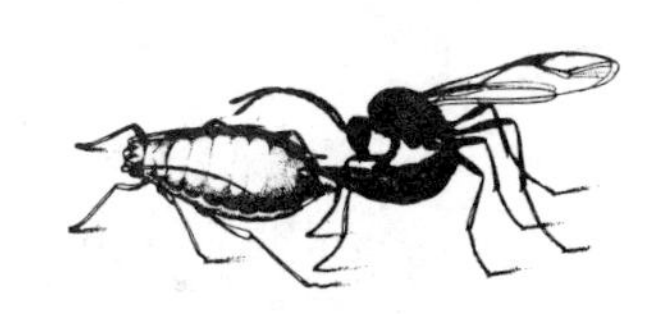

图108　一只雌性蚜茧蜂正在把一个卵插入活蚜虫的体内，卵就在这里孵化；通过食用蚜虫的身体组织，幼虫长大成熟

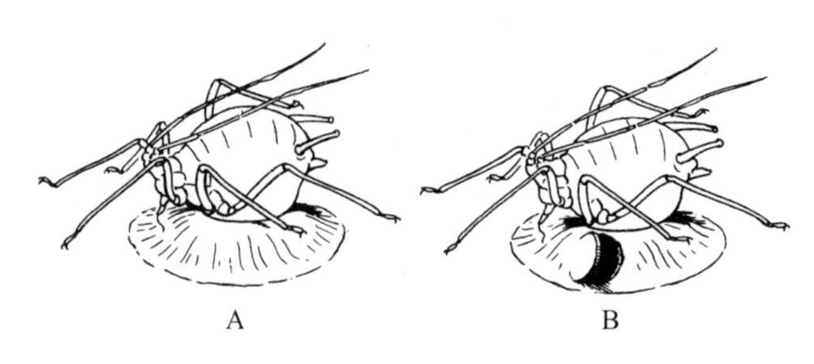

图109　寄生虫在寄主蚜虫身下结茧，并在这里蜕变为幼虫，成熟后通过茧侧面一个切口出去

只能以昆虫特有的生存方式，即繁衍更多的后代来确保自身不至于灭绝。然而，在某个季节里，蚜虫部落的数量会大幅度减少，而这个季节往往非常适合那些以蚜虫为进攻目标的寄生虫。不过，没有哪个物种是被其敌人灭绝的，因为一旦这样，那就意味着寄生虫来年出生的那一窝后代势必会饿死。自然界里的补偿法则可以保持繁殖力和破坏力之间的平衡。

昆虫寄生虫和以昆虫为食的其他掠夺性昆虫大体上包含了对我们人类有益的昆虫门类，因为它们能够大规模地消灭对农作物有害的昆虫物种。但是，不幸的是，寄生虫作为一个纲，并不尊重我们把动物分为有害物种和有益物种的做法。甚至当某个捕食者悄悄靠近它的猎物时，另外的一只昆虫可能跟踪在它后面，等待机会把卵投入到它的体内，而这将意味着捕食者难逃死亡的厄运。人们发现，未成熟的昆虫往往处在行动迟缓、半死不活的状态。如果你对它们的身体内部作一次检查，就会发现里面占据着一个或多个寄生的幼虫。举例来说，时常有人见到瓢虫的幼虫为了化蛹而依附在叶子上（图110）。尽管仍然依附在叶子上，身子弯曲，呈现出蛹的姿态，但并没有变成蛹，而是在那里一动不动，很快变成了一种无生命的形态。很快，一只寄生虫从幼虫枯干的外壳爬了出来，证明厄运已经造成这个不幸的幼虫死亡。即使没有见到寄生虫这个篡夺者，幼虫身上的出口孔也能证明寄生虫在此之前的侵占和之后的逃离。

图110　被寄生的瓢虫幼虫和一种寄生虫。瓢虫幼虫依附在叶子上准备化蛹，但是没有变成，因为体内有寄生虫。上方是一只寄生虫，通过在瓢虫幼虫外皮切出的口子逃了出去

至于寄生虫自己本身，是过着那种平安无事、不受骚扰的日子吗？它们是昆虫世界生死的最后仲裁者吗？如果什么时候你在野外研究蚜虫时运气不错，你有可能看到一只极小的黑色小虫子，不比最小的蚊子大多少，盘旋在寄生的植物上方或不确定地从一片叶子冲到另外一片叶子上，似乎在寻找什么，却又不知道在什么地方能够找到。你或许会怀疑侵入者是一只寄生虫，正在寻求机会把一个卵放进蚜虫的身体；但是在这里，它盘旋在一群胖胖的蚜虫上方却没有选择一个受害者，然后它可能落下来，紧张而又热切地在叶子上跑来跑去，仍然没有找到它要选择的东西。如果它想要的是蚜虫，那它的感觉真的太迟钝啦。然而，注意盯着它看，因为它的姿态已经改变；这时，它明确地把目光集中在引起它注意的某个东西，可是这个东西不过是一个肿胀的、被寄生的蚜虫。但是它兴奋地跑了过去，抓住蚜虫反复触摸，并爬上蚜虫身体，彻底检查了一遍。看来它很满意。它从蚜虫上下来，转过身，把它的腹部靠在肿胀的蚜虫木乃伊上；这时它显露出剑一般的产卵器，把它刺入已经被寄生过的蚜虫体内。两分钟后，它的任务完成了，收回产卵器，装入鞘里，然后走开，飞到别处。

这个微小的动物是一种“重寄生物”(hyperparasite),也可以说是寄生虫的寄生虫。在我们刚才目击的行动中,它把一个卵刺入蚜虫体内,但是这个卵孵化的蛆将吃掉先前占领蚜虫躯壳的寄生虫。另外还有一些重寄生虫的寄生虫,不过这个系列不会像古老的歌谣那样无休无止地持续下去,因为这必定会受到体型大小的限制。

第七章 周期蝉

需要引起注意的是，在我们人类的大多数事物中，我们往往把最大的欢呼声奉献给那些令人叹为观止的场面和一些令人眼花缭乱的豪华大片；如果某个英雄人物引起了极大的轰动，那么，他在日常生活的所有行为举止都会获得媒体的高度关注。这样，一个勤奋的传记作家就会不惜篇幅，大写特写某个大人物生活中的任何琐琐碎碎的细节，因为他清楚地知道，在英雄崇拜的符咒之下，公众将饶有兴趣地阅读伟人的事迹；如果这些所谓的事迹是由不起眼的普通人做的，那就成了让人感到枯燥乏味的老生常谈了。因此，在追踪广为人知、著名的“十七年蝉”这种昆虫的生活史时，笔者毫不犹豫地插入一些素材，尽管这些素材与我们这种普通的动物联系起来会显得有些干巴巴的，没什么趣味。

现在让我们感到最遗憾的是，我们不得不剥夺我们主人公长期使用的“十七年蝗虫”这个绰号，改用其真实的父名来进行介绍，这个名称就是蝉（cicada）。然而，在一本自然科学的著作中，我们必须充分尊重命名的规范性；正如已经在第一章里解释过的，既然“蝗虫”这个名字属于蚱蜢，我们就不能继续使用这个术语称呼蝉，因为这么做只能进一步造成混乱。此外，“十七年”的说法也是使人产生误解的称呼，因为蝉这个物种的一些成员，其寿命最长也不过十三年。因此，昆虫学者已经把“十七年蝗虫”重新命名为“周期蝉”。

蝉的大家庭，即蝉科昆虫（Cicadidae），包括许多蝉的物种，无论是在美洲还是在欧洲，或者世界其他几大洲都有发现，其中一些知名度甚至超过了周期蝉，至少是在蝉鸣方面，因为这些蝉的雄虫不仅是著名的歌唱家，而且

图111　一种普通“年度”蝉，其嘹亮的歌声在每年的夏末秋初期间都可以听到

还因为人们每年都能听到它们的歌声（图111）。欧洲南部的蝉因其美妙的鸣叫得到了古希腊人和古罗马人的敬重，常常被供养在笼子里，以它们的歌声为人们提供娱乐。古希腊人把蝉称作tettix，而伊索这位总能在每个人的性格中找出弱点的作家，也写过与蝉和蚂蚁有关的寓言。在故事里，唱了整整一个夏天的蝉突然发觉天气变凉，冬天就要来临，而自己还没有为越冬储备食物，只好向蚂蚁乞讨一点口粮。可是，实干家蚂蚁却无情地回答道，“好啊，你现在可以跳舞了。”这是一篇不太公道的讽刺作品，因为伊索从道德的角度表现出了对蝉的轻蔑。然而，人类歌唱家从中吸取了教训，演出之前就与票房老板签好了合同。

在美国有很多“年度”蝉的物种，这么称呼就是因为它们每年都出现，但是它们的生活史在大部分情形下真的没有多少人知道。这些物种被叫做“蝗虫”、“知了”、“丰收蝇”和“伏天蝉”（图111）。这是一些仲夏之后到初秋期间栖息在树上的昆虫，能够发出长长的尖叫声，仿佛是闷热夏天的自然伴奏曲。有些蝉鸣里带有升调和降调变奏，听上去像zwing、zwing、zwing，zwing，（一长串地重复）；其他一些蝉则能发出一种震动的咔嗒咔嗒声；另有一些蝉只能发出连续的嗞嗞声。

在蝉的成虫出现之前，这些昆虫生活在地下。周期蝉包含两个种族，其中之一在其地下寓所度过17年的大部分时间，另一种则在地下度过13年的大部分时间。两个种族都居住在美国的东部地区，但是寿命较长的种族一个栖息在北方，另一个在南方，不过这两个长寿种族的领土有时会相互交叠；我们熟悉的大多数蝉一般都是在一年之内完成自己的生命周期，其中有许多蝉每个季节能产下两代或两代以上的后代。由于这个原因，我们对周期蝉的长寿常常啧啧称奇。然而，常见的还有另外一些蝉，它们需要2—3年的时间才能达到成熟，而据我们所知，某些甲虫能活二十多年，虽然所处条件并不利于它们蜕变为成虫。

在它们生活在地下的整个期间，蝉所具有的形态完全不同于它们离开地面、准备在树上暂留时所呈现的形态。周期蝉幼虫准备出现在地面上时的形态令人联想到那些常常依附在树干上或柱子旁的虫壳。事实上，这些虫壳就是蝉幼虫丢弃的空皮囊。为了获得地上世界和阳光底下有翅昆虫的形态，它们抛弃了自己的地下形态，不过，我们看到的通常是年度蝉的空外皮。

蝉从幼虫到成虫经历了显著的变形，但是，它是直接变形，没有通过中间阶段，或者说蛹化期。能够直接变形的昆虫，其幼虫被大多数美国昆虫学家称之为“蛹”（nymph）。蛹的最后阶段有时也被叫做“蛹”（pupa），但是这样命名并不恰当。

周期蝉的生活激起了我们的想象，没有任何其他昆虫能够这样引起我们的兴趣。好几年了，我们没见到这些昆虫；然后，随着一个春天的来临，成千上万数不清的周期蝉从地下冒了出来，经过变形之后，蜂拥至树上。现在，又过了几个星期，它们鸣唱的单调旋律开始随风飘荡，与此同时，交配和产卵也在迅速地进行；很快，树和灌木的枝条上出现了许许多多的裂口和刺孔，形成了瘢痕，而卵就被嵌在这些缝隙里。在几个星期之内，喧闹的大部分蝉已经走了，但是，在这个季节的余下部分，树叶上的褐色污痕、发黄枯死的叶子、在风中被折断的茎干，所有这些都能证明周期蝉这个忙碌的群体曾在这里做过短暂的停留。夏天快要过去的时候，从蝉卵孵化出来的那些幼虫默默地掉落到地上，并心急火燎地把自己埋在地表之下。它们将在这里孤独地生活着，很少被地上世界的动物注意，静静地度过自己漫长的青春期，只有在最后它们才能与同种的伙伴短暂地享受几周的露天生活。

蛹

关于周期蝉的地下生活，我们知道的仍然非常少。最完整的叙述当属C.L.马拉特博士撰写的一份报告《周期蝉》(美国昆虫学社出版，1907)。马拉特全面记载了周期蝉这个物种的生活史，介绍了从虫卵到成虫的六个阶段。

最先进入地下的幼蝉是一种细小、软体、虫体呈白色的幼虫，体长约2毫米(图125)。身体呈圆柱形，由两对腿支撑着，前腿是挖掘器官；略显长了一点的头部长着一对黑色小眼睛和两条细长、有关节的触角。在生长的任何阶段，蝉都不会像蚱蜢那样长着下颚；它是吮吸类昆虫，与蚜虫有亲缘关

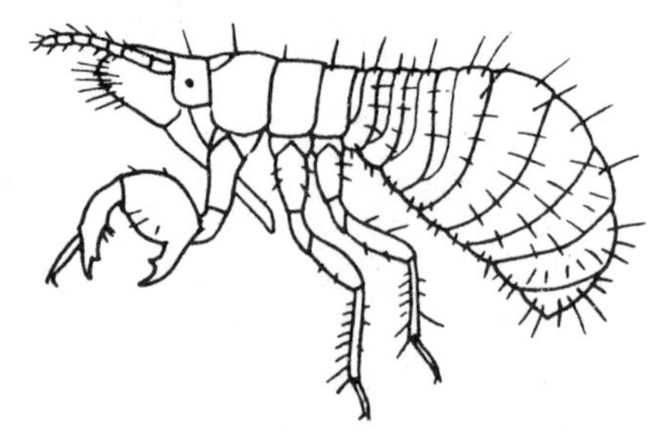

图112 周期蝉第一阶段的蛹，大约18个月大。（放大15倍图）

系，不过它长着一根喙，从头部底面伸出，在不使用的时候被向后转动，收拢在两条前腿根部之间。在其整个地下生活期间，幼蝉依靠吮吸植物根部的汁液来生存。

在这一年多的时间里，幼蝉一直大致保持着其孵化时的形态，虽然体型稍有一点儿变化，主要是腹部尺寸的增长（图112）。根据马拉特博士的说法，17年种族的一种蛹，在其一生的第二年的头两三个月里第一次蜕皮，也就是蜕去外皮。

在其第二阶段，幼蝉变得稍稍大了一些，比较显著的标志是前腿结构的改变，每条前腿的末端足部缩小成一个距，而第四节则发展成了结实而尖锐的镐，形成了一个更有效的挖掘器官。第二阶段持续的时间接近两年；接着，幼蝉再次蜕皮，进入第三阶段，这个阶段需要一年时间。在第四阶段（这个阶段也许要持续3—4年），蝉蛹（图113）显示了胸部两个翅膀体节上明显长着翅垫。到了第五个阶段，幼蝉（现在有时候被人称作蛹）有了它最终从地下出来时的形态；其前腿恢复了原状，翅垫得到了很好的发育，但却完全失去了蛹的眼睛。在其漫长的关押期结束之前，蝉蛹再一次蜕皮，并由此进入第六阶段，也就是其地下生活的最后一个阶段。在幼蝉成熟的时候，它的体长大概有3厘米，体形粗壮，呈

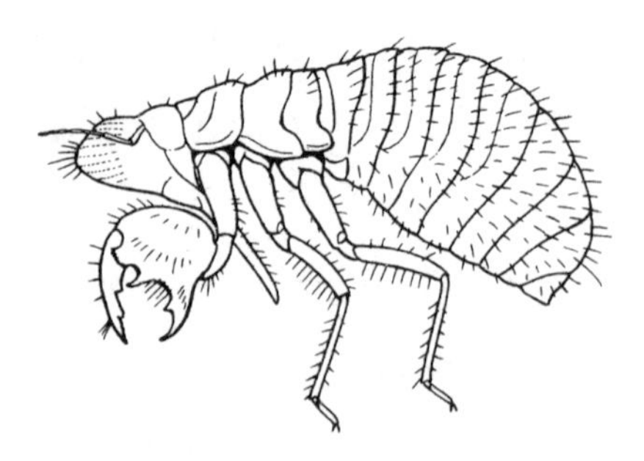

图113 周期蝉第四阶段的蛹，大约12岁（放大2.75倍）

褐色；头部似乎长着一对艳红色的眼睛，但实际上这是里面的成虫透过蛹的皮肤显露的眼睛。

根据马特拉博士的调查，周期蝉的蛹一般不会隐居在超过60厘米的地下，被发现的蝉蛹大多数位于20—46厘米深的洞穴里。然而，也有一些报告称，他们在地下三米的地方发现了蝉蛹，并说它们在变形为成虫时从地窖的地板上爬了出来。不过，现在还没有证据表明这些虫子对它们赖以为食的植物根部造成过任何可以察觉的破坏，即使是它们大量出现在泥土里的时候。

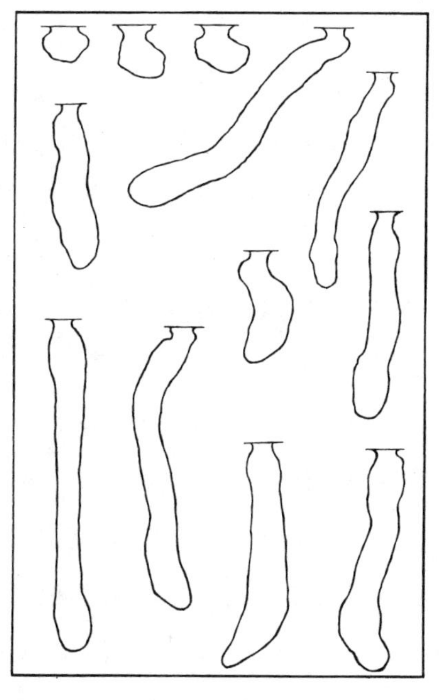

图114 周期蝉成熟蛹地下窝室的石膏铸模

在成熟的蛹从地里出现的某个时候，也许是它们生命中最后一年的四月份，它们爬出洞穴，紧贴着地表之下建造深度不同的蝉室。有人想到了一个好主意，可以获取这些蝉室的形状和尺寸，这就是把石膏粉和水搅拌后的混合物填充到已经打开的洞穴里，待石膏变硬时，挖出铸件。图114显示的就是用这种方法做出的一些铸件。从图上我们可以看出，有些蝉室呈杯状，深度只有大概2.5厘米，但是大部分蝉室是又长又窄，向下入地几厘米，最深的可以达到15厘米左右。宽度通常是大约1.6厘米。所有的蝉室的底部都有明显的扩大部分，而大多数的蝉蛹还会稍微加宽一下禅室的顶部。每个蝉室都有一层原土层将其顶棚与地表土层隔开，厚度大概1.3厘米。这个隔

离层在蝉蛹准备爬出地面时才会被打开。

井筒很少是直的，其路线多少有些曲折，并且斜向地面，就像矿工不得不避开阻碍垂直通道通行的树根和石头一样。内部没有任何类型的残土或碎片，墙壁平滑而紧凑。在每个窝室下面，总有迹象表明，有一条更狭窄的坑道不规则地向下深入地里，但是这条坑道充满了黑色的颗粒物，一直堆放在蝉室的底部。1919年，笔者在华盛顿附近地区察看过这样一条坑道。被挖掘的洞穴穿过结实的红黏土，而这里的较低的隧道显然被铺成明显的黑色通道，从周围的红土穿过，延伸了很长一段距离。填充在通道里的这些黑色颗粒很有可能是排泄物的混合物。

正如我们已经提到过的，在蝉准备好爬出地面之前，蝉室的顶部一直处于封闭状态。最大的蝉室在体积上是蝉蛹的许多倍，但是这样就会产生一个疑问，挖出这么大的一个洞穴，虫子是如何处理它所清除的废物呢？看上去不太可能是它把废土运进底部通道，因为这里已经充满了它自己的废料。如果把几只虫子放进玻璃管子，然后盖上土，昆虫自己就能给出这个问题的答案。不过，为了理解蝉蛹的技术，我们首先必须从结构上研究蝉蛹的挖掘工具，也就是它的前腿。

成熟蝉蛹的前腿（图115A），其组成与其他几条腿并无不同。从根部数起第三个体节被称作“股节”（图115A，F），挺大的一个隆起部位，上面有一对强硬的刺和一排梳状的小刺，从其较低的边缘向外伸出。下一个体节是胫节（Tb）。胫节背弯曲着，一端接在一个强有力的反曲点上（图115B）。最后，依附在胫节的内侧表面，从其接点上出现的是纤细的跗节（Tar）。当虫子行走或攀爬时，跗节可以越过胫节点伸展，但是还可以向内翻转，与胫节形成90°角，或者向后弯曲靠在胫节的内侧表面（图115B）。

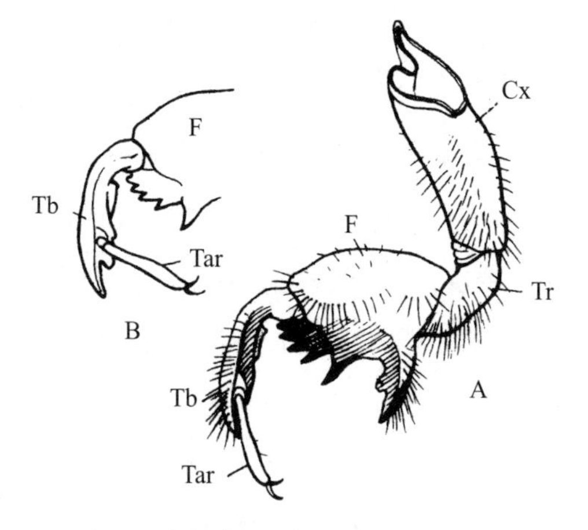

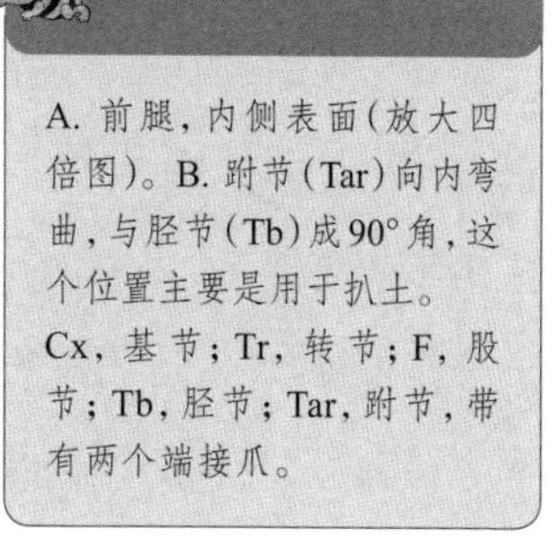

A. 前腿，内侧表面（放大四倍图）。B. 跗节（Tar）向内弯曲，与胫节（Tb）成90°角，这个位置主要是用于扒土。
Cx，基节；Tr，转节；F，股节；Tb，胫节；Tar，跗节，带有两个端接爪。

图115　成熟蝉蛹的前腿，即它的挖掘工具

让我们回到塞满泥土的隧道看看那里的虫子们吧，它们正在那里起劲地工作呢。可以看到，它们正在把弯曲的尖头胫节当作松土的工具，而跗节被转到背后，以免碍事。两条腿交替工作着，很快在虫子面前堆积了一小团松散的泥土。这时，挖掘工作暂时停了下来，而跗节被向前转动，与胫节形成直角，充当耙子。（图115B）。松散的泥团被耙向虫子身前，而且——重要的动作出现了，蝉蛹的特技——耙起的土团被一条腿抓住，置于胫节和股节之间（图115A，Tb和F）。胫节对着股节多刺的边缘紧紧合拢，腿猛烈地向外击打，土团被向后推进了周围的土里。这个程序被一再重复，首先是一条腿，然后使用另一条腿。这位蝉蛹矿工看起来像是一位在沙袋上进行击打训练的拳击手。偶尔，这位工人会停下来，把前腿放在头部前面的突出部位摩擦，以便用脸部侧面的两排刚毛清洁一下前腿擦。然后它继续进行工作，挖掘、耙扫、堆积松散的土粒，用力把废土推入到蝉室的墙壁上。它的背部坚定地压在洞穴对面的一侧，中间的两条腿向前弯曲，直到膝盖几乎抵住了

前腿的根部，它们的胫节沿着翅垫展现出来。后腿保持一个正常的姿态，紧紧地收拢在身体两侧。

根据已知的蝉在春季的地下生活习性，我们能推论出，蝉蛹是在4月间接近到达地面的时候开始建造蝉室的，而且，在蝉室完工时，它们就待在里面等待出土的信号，并转形为成虫。然后，它们突破地表薄薄的土盖层，爬了出来。它们是如何知道什么时候自己已经接近地面，为什么有些蛹建造的蝉室很宽敞，深达几厘米，而有些蛹建造的小窝几乎比自己的身体大不了多少，解释这些问题将是很困难的。难道说是它们向上挖时感觉到了压力，让它们知道了地表离它们的距离只有大概六毫米，然后向下加宽充满废物的隧道？显然不是，因为蝉室的墙壁是由干净结实的黏土做成的，其中并未含有隧道里那些发黑的混合物。也不太可能是它们根据对温度的感觉所作出的判断，因为它们的行为并没有依据季节的性质得到调整，如果季节提前或者延后，那么就会在计算的过程当中受到愚弄。

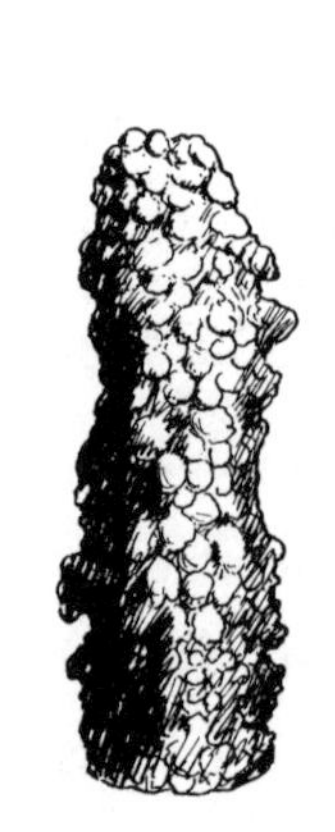
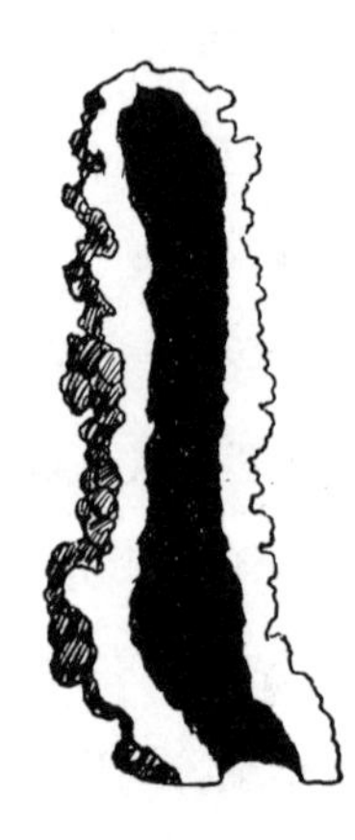

图116　周期蝉蛹有时建造的泥塔，作为地下蝉室的延伸部分。剖面图显示的是其内部管状腔室

初春，在适合出土的节气到来之前，人们经常可以在圆木或者石块的下面发现蝉蛹。这是能够预料到的，因为对正在向上爬的虫子来说，某种不可穿越的东西堵在路上，而且也没有什么东西能够告诉它们，地表层离它们已经很近了。

在某些地方还能观察到一件更奇特的事情，有些虫子把自己建造的窝室向上越过地表层，延伸到一个封闭的泥塔内，泥塔的高度从五厘米到十几厘米都有（图116）。一直有报道称，这样的“蝉棚”曾大量地出现在很多地方；有人提出，什么地方的土壤性质蝉蛹不喜欢，它们就会在什么地方建造这样的泥塔，比如说土壤过于潮湿，因为人们经常能够在一个特别潮湿的地方发现这样的蝉室棚子。另一方面，人们注意到在一些干燥的地方也出现过这样的泥塔，塔楼和与地表面齐平的洞穴常常混杂在一起。笔者没有获得机会研究泥塔式蝉室，不过，J.A.林特纳博士在其《关于纽约地区昆虫状况的报告，No.12》（1897）一文中对此作了极其有趣的描述。林特纳博士说，蝉蛹先是把下面土层里的软泥球或软土块拖到上面，然后把这些建筑材料在适当位置压实，从而搭建起一个泥塔。在观察报告里，林特纳还记载了一只蝉蛹在工作中用它的爪子抓取泥球的情形。那么，我们可以做出推论，蝉蛹的工作方式不过是从一个矿工转变为一个泥瓦匠而已，但是，看来还没有人真正实地观察过一座泥塔的建造过程。到了蝉蛹要出现在地面上时，泥塔的顶部被打开，虫子们与那些从地下蝉室里爬出来的蝉蛹一样，出现在地表之上。

变　形

大多数北方种群的蝉，或十七年蝉，它们出现的时间是5月下旬。与大多数其他昆虫相比，它们出现在某一区域的时间几乎统一，这表明它们对温度变化的适应范围较宽，而温度是由季节、海拔和纬度决定的。然而，在不同地方的观察表明，蝉也会受到这些条件的影响。在南方一些地区，十三年蝉的成员羽化的时间可能要早上一个月，最南边地区大概在4月末就有第一窝蝉虫个体出现。

感觉到变化即将发生，蝉蛹等候在自己的蝉室里，知道变形的时刻就要到来。不知道大自然用的什么方法作出规定，反正羽化时间总是发生在傍晚，但是，时辰一到，就不能浪费时间。蝉蛹必须从蝉室里爬出来，并且按照其种群的传统，找到一个适当的蜕皮地点，在那里通过使用跗爪的抓握动作把自己固定在某个位置。在主要羽化期的开始阶段，大量的蝉蛹早在午后五点钟时就从蝉室里成群结队地爬出来；但是过了几天，黄昏之前出现的蝉蛹就没有那么多了。

很难捕捉到蝉蛹从地下爬到出口时的表现情况，而且也没有观察报告记载它们离开蝉室所采用的方式。难道说它们是在实际需要之前的某个时候就不慌不忙地打开了蝉室的门，并在下面一直等待着合适的时辰？或者说，它们在突破那层薄薄的土盖子的同时从地里爬了出来？挖开许多已经被打开的蝉室，结果表明只有一个蝉室里有活着的蝉蛹。另外一只从数十个腔穴当中的一个孔里爬了出来，这是因为研究人员为了获取地下蝉室铸件往这些洞穴填充液体石膏。还有这样一个现象，即在蝉蛹羽化期间，每天早晨都可以看到大量新打开的洞穴。这些证据加在一起似乎说明，虫子是在晚上打开它们的门，并立即爬了出来。只发现有一间蝉室是在白天被打开的，而且还是半打开的。

这些虫子首次在地面世界出场亮相时还躲躲闪闪，唯恐被谁发现，但是有目击者说这些虫子随后的行为根本不会让它们感到窘迫。然而，事件即将来临；没有时间可以浪费。爬出的虫子一路向前直奔它们视野范围内里任何直立物体——如果它能抵达的话，一棵树是理想的目标，而且，既然这种动物是在树上出生的，那么附近可能就有一棵树。不过，时常也有意外情况发生，比如孵化过许多虫卵的那些树被人砍伐了，遇到这种情况，回归的朝圣虫子也许不得不做一次比预期更加漫长的旅行。但是变形不能被延迟；如果找不到一棵树，一棵矮树或者一株野草、一根柱子、一根电线杆或一片草叶也能凑合着用。在树上，有的虫子只能爬到树干，另有一些能爬到树枝，但是更多的还是爬到了树叶上。虽然数千只虫子几乎同时羽化，但是它们的时限并非全都一样。有些虫子只有几分钟剩余时间，而有的则可以旅行大约一个小时也不会发生什么事。

周期蝉外部变形的阶段，更严格地说是蝉蛹的最后一次蜕皮过程，已经被研究人员做过多次观察。它们所做的并不比所有其他昆虫做的事情有什么了不起。但是蝉却是声名狼藉，因为它做这件事的方式如此惹人注目，可以说是非常想一鸣惊人，不像其他大多数昆虫那样羞怯和低调。结果，蝉鸣的名气很大；其他昆虫的鸣叫也许只有那些爱刨根问底的昆虫学者才知道。

让我们现在推想一下，爬行的蝉蛹已经到达适合它的一个地方，比如说在树干上，或者更好一些，爬上了一截提供给它的树枝上，并被带进一间明亮的屋子，在那里我们可以清楚地观察它的一举一动。虽然这些虫子总是选择在傍晚羽化，但就是在耀眼的人工灯光下，它们也会毫无羞涩感地换衣裳。图117显示的就是这个过程。其中第一幅图显示的是仍在向上爬的蝉蛹；但是在下一幅图中(2)，它已经停下来休息，用其脸部的刷子清洁它的前脚和爪子，这与那些被我们关在玻璃管子里、为我们演示挖掘方式的虫子所做的一样。前脚清洁干净后，接着清洁后脚。先是一只脚，然后是另一只脚，缓慢地弯曲，接着向后伸直(3)，与此同时用脚刮擦腹部的侧面。这样的动作被蝉蛹平静而又谨慎地重复好几次，因为粘在爪子上的干土粒必须清除掉，这是一件非常重要的工作，不做好这项工作就有可能在抓握支撑物时使爪子受到损伤。最后，虽然中间的脚总是被疏忽，梳洗工作大体上也算完

成了，这只虫子开始在树枝上摸索着前行，不时地这里抓一下，那里抓一下，直到它的爪子能够抓牢树皮。与此同时，它轻轻地左右晃动着身子，似乎是在尝试着舒服地安顿下来，以利于下一个动作。

以上这些准备工作可能需要35分钟，接下来，在真正的表演开始之前，还有10分钟的安静时间。然后突然地，虫子隆起圆丘形的背部(4)，外皮沿着胸部的中线裂开(5)，裂口向前延伸，越过头部，接着向后进入腹部的第一个体节。印有两个乌黑大斑点的乳白色背部这时向外膨胀(6，7)；接着，长着一对鲜红色眼睛的头部出来了(8)；紧跟其后就是身体的前部(9)；先出来的身体前部向后弯曲，以便拔出腿和翅膀的根部。很快，一条腿挣脱出来(10)，接着是四条腿(11)，与此同时，四根长长的、亮晶晶的白线从虫体内拔了出来，但另一端仍依附在空壳上。这些白线是胸腔气管的衬里，与蝉蛹的外皮一起脱落。现在，它的身体向后悬在那里，所有的腿都获得了自由(12)，而当翅膀开始伸展并明显地变长时，它就危险地斜挂在那里(13)。

这期间会有第二次休息；也许需要25分钟，而这时的软绵绵的新生动物就像一个倒过来的怪兽状滴水壶，整个身体仅仅由尾部支撑着，一动不动地悬挂在离外壳背部挺远的位置上。现在我们明白了蝉蛹为什么要那样不辞辛苦地寻找一个牢靠的锚地，因为，如果爪子在这个紧要关头松动的话，由此造成的坠落极有可能是致命的。

接下来的动作开始得很突然。怪兽状滴水壶再次移动，向上弯曲它的身体(14)，抓住蜕皮的头部和肩部(15)，从裂开的死皮中拔出身体的尾部(16)。然后伸直身体，向下悬挂着(17)。最后，我们看到了一只自由的成虫，尽管还没有完全成熟，但很快就呈现出了成年蝉虫的主要特征。这个新生的虫子暂时就在那个被丢弃的空壳上悬挂着，用前腿和中间的腿，或者有

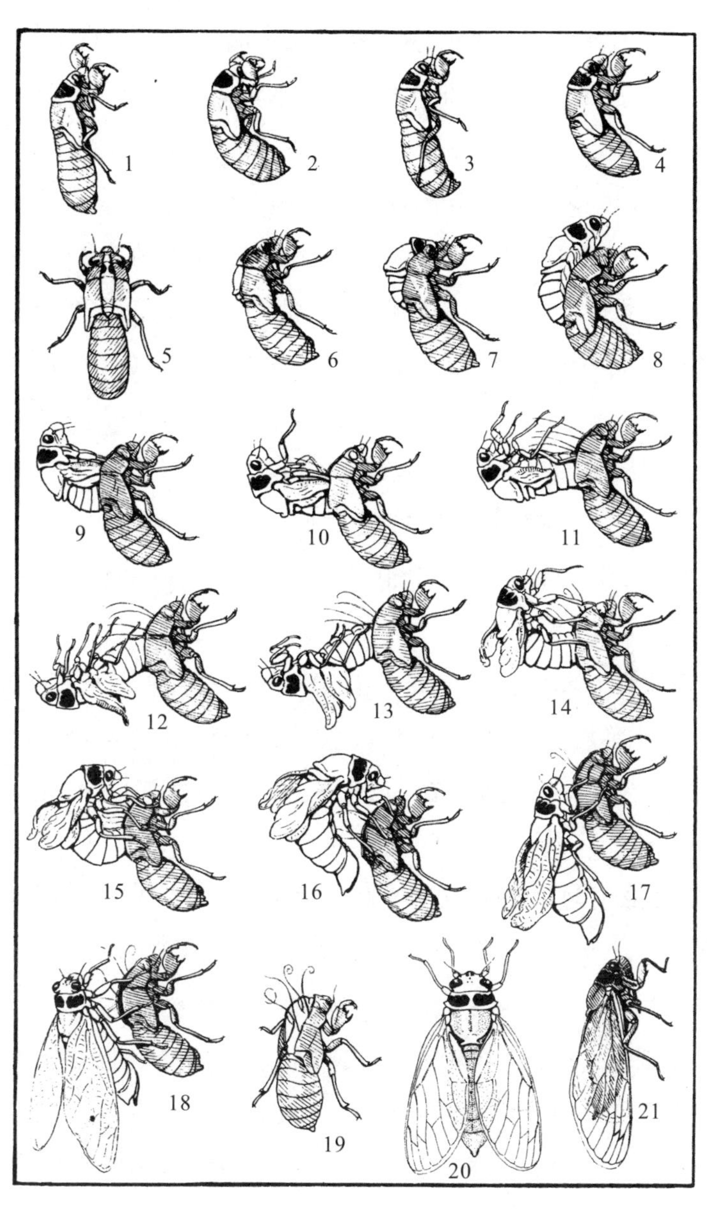

图117　周期蝉从成熟蝉蛹到成虫的变形过程

时候仅用一条腿，紧紧抓着空壳；后腿则向两侧展开，或者向身体弯曲，但很少去抓外皮。翅膀继续展开并加长，最后平展地垂悬在那里，已经完全成形，但是很软，呈白色(18)。通常在这个时候，蝉虫会变得不安分，离开空皮囊(19)，在几厘米以外的某个地方占据了新的位置(20)。

在这个阶段，蝉虫变得极其漂亮。其淡淡的乳黄色，在脑袋后边的大黑斑的衬托下显得光彩夺目，又因其中胸甲那珍珠般的肉色而得到调和；鲜艳的红眼睛和半透明的乳白色翅膀，以及带有很深的铬黄色的根部，所有这些在我们的脑海里留下了深刻而又独特的印象。这个看上去很不真实的东西，到了户外就变成了夜幕下的幽灵般的幻影。但是，正当我们注意观察的时候，颜色又出现了变化：奇异的白色底面布满了蓝灰色，接着加深到暗灰色；翅膀摆动着，折拢起来靠在背上，符咒被打破了——一只昆虫取代了已经消失的幽灵的位置。

接下来发生的就是些寻常的事情了。虫体的颜色加深，由灰色变成浅黑色，再接着变成黑色，几个小时之后，它们已经具备了完全成熟蝉的所有特征。第二天一大早，它拍动着自己的翅膀，急切地想离开这里，随同伴一起飞进树林。

在相同的时间和相同的条件下观察，外皮裂开(图117，5)到翅膀折拢在后背上(21)，整个过程不同的个体花费的时间也不同，从45分钟到72分钟不等。大多数幼蝉在夜里11时之前就从蛹皮中出来，但偶尔也有个别的懒虫一直拖到第二天上午九时才开始做着最后的动作——也许是前一天晚上睡过头了吧。

这样一来，从外表上看，这个在地下挖洞、爬行的动物现在变成了在空中飞行的动物了。然而，看得见的变化大概在很大程度上只是成熟的虫子从其以前的皮囊里的最后逃脱罢了。除了最后阶段做的一些调整，以及翅膀的展开，真正的变化其实发生在蝉蛹的体内，而且已经进行了好几年。我们并没有真正地目睹变形的整个过程，只见到蝉蛹脱下遮在身上的外皮，就像马戏团里的小丑脱去小丑服装，露出了早已穿在里面的杂技演员服装。

成　虫

成年蝉虫都有其个体特性。在形态上，它与我们日常见到的任何种类的昆虫都不十分相像，拥有完全属于自己的个性；它给我们留下的印象是一位“我们中间别具一格的外国人”。周期蝉的身体粗壮厚重（图118），脸部凸出，前额较宽，眼睛突出在前额两侧；在头部的底侧，短而强壮的喙在两条前腿的根部之间向下和向后伸出。颜色有些独特，但并不十分醒目。背部是通常的那种黑色；眼睛呈鲜红色；翅膀闪闪发光，为透明的琥珀色，上面的橘红色翅脉清晰可见；腿和喙的颜色微微发红，而腹部上有相同颜色的几道环状条纹。每一只前翅在靠近末端的地方都带有一个明显的暗褐色W印记。

周期蝉，无论是十七年蝉还是十三年蝉，两个种群都有个头小的蝉。然而，除了个头小外，其他方面的区别都很少（图118），所以昆虫学家一般把这种蝉视为较大蝉虫个体的变体，而且到目前为止，任何一窝蝉虫里，体型大的蝉虫还是占绝对多数。

雄性蝉虫的腹部，在其前端，翅膀根部的底下有一对大鼓膜（图119，Tm），这是它演奏音乐的乐器，一会儿我们就要好好关注一下。雌性蝉虫没有鼓膜，也没有其他发声器官；它是无声的，而且不管它的那位吵闹的配偶如何打搅它的平静，它也只能保持沉默。雌虫最主要的区别特征是它的产卵器，一个长长

图118　周期蝉大小两种体态的雄虫

的剑状器具，用来把虫卵插入树木或灌丛的枝条里。平常，产卵器一般收在位于腹部后半部的鞘里，但是在使用时，可以通过其根部的一个合页向下和向前转动。产卵器由两片侧切及其上边的一个导轨组成。侧切能够在树木上挖出一个小洞，以便把虫卵从两片侧切之间的空当送入洞里。

图119　张开翅膀的周期蝉雄虫，显示的是其位于腹部底部的发声器官，即鼓膜(Tm)

以前有人提出过，在其短暂的成虫生活期间，周期蝉不需要吃食物，但是根据W.T.戴维斯先生和A.L.奎因坦斯博士的观察，以及笔者对周期蝉胃内物质的研究，我们知道，这些虫子通过吮吸它们栖身的树上的汁液大量地进食。正如我们已经提到过的，蝉虫作为蚜虫比较近的亲属，也长着一根多刺的、吮吸式的喙，用来刺穿植物组织，吮吸其中的汁液。不过，与其他一些栖息在植物上的吮吸性昆虫不同，蝉虫没有通过进食而对植物造成什么看得见的损害。也许这是因为它们攻击的时间很短，而这个季节又是树木生长最旺盛的时候。

图120显示的是蝉的头部结构的细节和喙的暴露部分，让我们从侧面看到了完全成熟的成虫头部。在这个侧视图里，剖开的颈部膈膜(NMb)把头部与虫体分开，下面是向下和向后延伸的喙(Bk)。大眼睛(E)突出在头的上部。脸被一块向外凸出、带有条纹的大薄片(Cip)覆盖。脸颊区域在眼睛下方的两侧，由一块长形薄片(Ge)组成；颊片与条纹脸部薄片之间隐藏着

一块狭窄的薄片(Md)。蝉没有下颌。其真实的嘴被封在两块很大的薄片之间(AClp),位于脸部薄片之下、喙的根部。

如果嘴部周围的头部外部部分可以被分开,就会看到其内部有一些我们平常看不见的其他重要部分。一份标本表明,从蛹皮刚刚出来的蝉虫在被杀的时候,身体仍然很软,其外部部分很容易分开,图120B所示的就是这些结构。

现在可以看出来了(图120B),喙由一根长长的槽形附器(Lb)组成,从头的后部下方悬垂下来,在其前表面上有一道深深的凹槽,槽里面通常有两

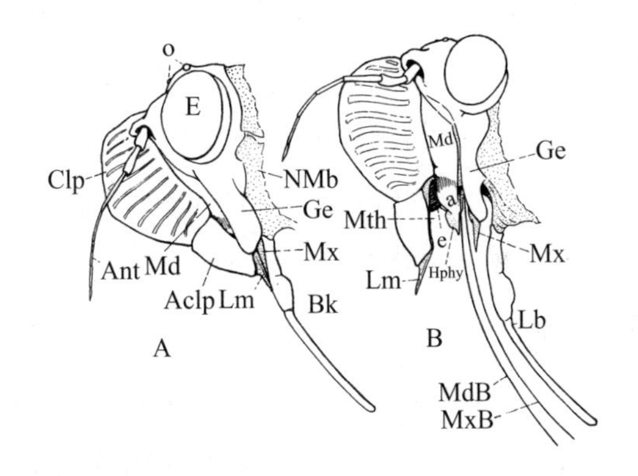

A. 头部侧视图,喙(Bk)处在自然位置。
B. 未成熟成虫的头部:口器(Mth)张开着,露出吮吸泵(图121)的顶部(e)和舌状的咽部(Hphy);喙的部分被分开,显示的是其组成部分:下唇(Lb),通常包裹着两对细长的刚毛(MdB,MxB,每对刚毛这里只显示了一根)。
a,上颚板根部(Md)和咽部(Hphy)之间的桥;Aclp,前唇基;Ant,触角;Bk,喙;Clp,唇基;e,口腔,或者吮吸泵的顶部;Ge,颊(颊板);Hphy,咽部;Lb,下唇;Lm,上唇;Md,上颚板根部;MdB,上颚刚毛;Mth,口器或嘴;Mx,下颚;MxB,下腭刚毛;NMb,颈膜;O,单眼。

图120　成年蝉虫头部和吮吸喙的结构

对纤细的刚毛(MdB,MxB),图中显示的仅是左侧的两根刚毛。在刚毛根部之前有一个暴露在外的,像舌一样的器官,这是咽部(Hphy)。在这个舌状器官与前脸垂悬下来的薄片之间就是长得很大的嘴(Mth),而嘴的上颚(e)向下凸出,几乎填满了口腔。蝉虫获取液体食物的方式就依赖于我们面前这些部件的精细结构和机理。

第二对刚毛的每一根,其内表面上有一条沟槽,而这两根刚毛尽管很小,被互锁的脊和槽扣紧,这样一来,并置的沟槽被转变成一条单一的管状通道。处在自然位置时,第二对刚毛被置入喙鞘里(图120A),位于较大的第一对刚毛之间。刚毛的根部在舌(Hphy)的末梢处分开,转向舌的两侧,但它们之间的管道在这里与舌前部表面上的凹槽接续。当张开的嘴闭拢起来时(完全成熟的昆虫总是这么做),舌面上的凹槽转换成一条管道,从第二对刚毛之间的通道延伸到口腔内部。就是通过这个纤细的通道,蝉获取了它的液体食物;但是很显然,还必须有一个泵装置来提供吮吸的力量。

吮吸的机械装置是口腔及其肌肉。正如我们在头部截面图中看到的那样(图121,Pmp),口腔是一个长长的、椭圆形、厚壁的囊状器官,有顶壁,或者称前壁(e),通常向内弯曲,几乎塞满了整个口腔。在前壁的中线上,插入了一大块肌肉纤维(PmpMcls),而肌肉纤维则依附在脸部的条纹薄片上(Cip)。随着肌肉的收缩,前壁抬起,由此在口腔内形成真空,以便把液体食物吮吸口中。然后肌肉放松,富有弹性的前壁再次落下,但是下端最先落下,迫使液体上行,通过口腔的后出口进入咽部,这是一个很小的、以肌肉为壁的囊状器官,位于头的后部。从咽部,食物被输送到管状的食道,即食管(OE),并由此进入胃部。

两对刚毛的根部都能缩进头壁底部舌后的囊里,而且每根刚毛的根部都被嵌入一组伸展肌和收缩肌的肌肉纤维。通过运用这些肌肉，刚毛能从喙的末端伸出或收回，更强壮的第一对刚毛很有可能是蝉蛹来刺破植物组织，获取食物的主要器官。当刚毛刺入树木时，喙鞘可以缩进柔软的颈膜里。

应当注意的另外一个有趣的结构就是蝉的头部。这是一个与一些大唾液腺（图121，GI，GI）的管道（SalD）相连接的压力泵，很有可能用于把刚毛刺入植物组织，具有软化作用的分泌液注入植物的创口。这种唾液也许对

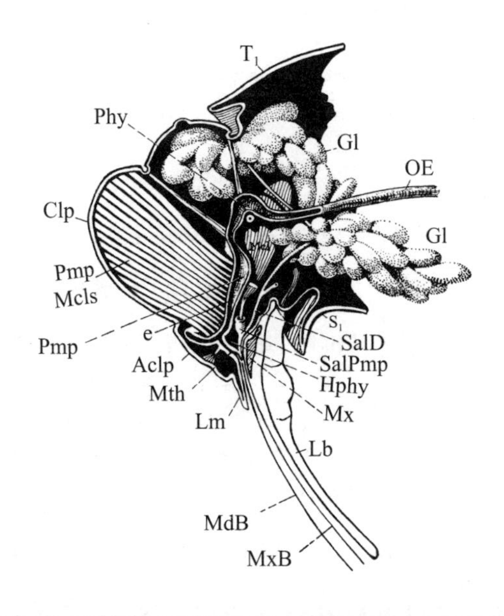

吮吸泵（Pmp）是口腔，其顶壁（e）能够像活塞那样由额板（Clp）上的大肌肉（PmpMcls）拉上去。通过下颚刚毛（MxB）之间通道上升的液体食物被吸入嘴（Mth）里，接着向后泵入咽部（Hphy），进入食管（OE）。唾液泵（SalPmp）通向咽部（Hyph），把一对大腺体（Gl，Gl）的分泌物注入喙中。

图121　成年蝉虫头部和喙的正中截面图

液体食物有着消化作用。唾液泵（SalPmp）位于嘴的后部，其管道通向舌的末端，在这里，可把唾液送入第二对刚毛的管道里。大多数吮吸型昆虫在这些刚毛之间有两条平行的管道（图90），一条用来吮吸食物，另一条排出唾液，而蝉虫也可能有两条，不过研究者们的意见并不统一，有人认为蝉虫只有一条。

由此可以看出，蝉的头部具有一个奇妙的结构，能使昆虫吸食植物的汁液。然而，尖利的喙和吮吸装置是整个半翅目昆虫（或称有喙目，Rhynchota）成员的区别性特征。除了蝉，这一目昆虫还包括大家熟悉的蚜虫、介壳虫、田鳖、水马和臭虫。对吮吸型昆虫来说，它们更合适的名字应该是“虫子（bug）”，与“昆虫（insect）”并不是同义词。

当然了，有人认为，半翅目昆虫的吮吸喙与第四章（图66）所描述的咀嚼型昆虫的口器比较符合，但是，要确定这两种口器的同一性，从来就是一件很困难的事。或许，蝉的头部侧面位于前边的窄片（图120，Md）就是真正上颚根部的雏形。第一对刚毛（Mdb）是从上颚发展出来的，而上颚片又与刚毛分离开来，并依靠一组特别的肌肉独立活动。第二对刚毛（MxB）是从下颚长出来的，而下颚以另外的方式退化为一个小片（Mx），从颊片（Ge）垂悬下来。喙鞘（Lb）是下唇。由此我们在这里得到了最有指导意义的教训，即通过进化过程，使器官适应新的、更高级的专门用途，动物有办法在器官的形态方面做出改变。

蝉的腹部粗厚，并在上方形成拱形。其圆胖的外观会让人联想到，这样的虫子会成为鸟类餐桌上的一道美味佳肴，而实际上鸟儿们确实吃掉了大量的虫子。然而，当我们检查蝉的内脏时却发现（图122），整个腹部几乎都被一个很大的气室占据！柔软的内脏拥挤在气室周围狭窄的空间里，胃部

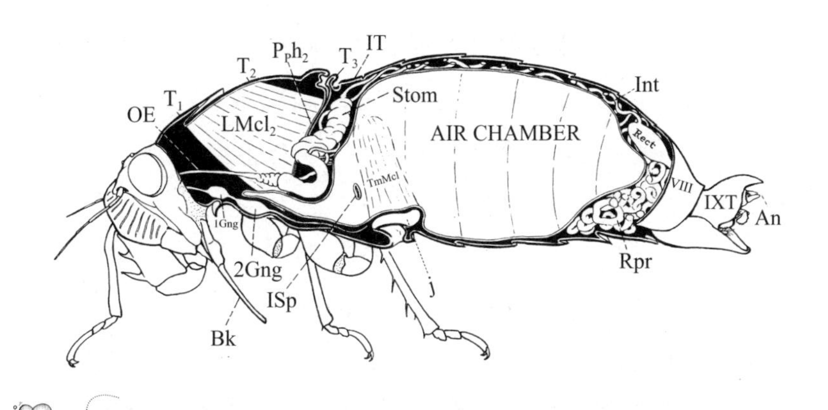

An，肛门；Bk，喙；1Gng、2Gng，胸腔的第一和第二神经节；Int，肠；IT，第一腹节的背板；ISp，通向气室的第一腹节的气门；IXT，第九腹节；j，鼓膜肌肉（TmMcl）的支撑板；$LMcl_2$，胸部肌肉；OE，食管；Rect，直肠；Rpr，生殖器官；T_1，T_2，T_3，胸部背板；TmMcl，右鼓膜肌肉；VIII，第八腹节。

图 122　雄蝉的垂直正中截面图，显示的是几乎塞满整个腹部的大气室

（Stom）被向前挤入胸的后部。气室是一个很大的、薄壁、气管呼吸系统的气囊，直接通过第一腹节的通气孔供给空气，而气囊又通过气管把空气输送到胸部肌肉和胃壁。

许多昆虫都有较小的气管状气囊，而这些气囊的用途，大体上讲，似乎是为呼吸储备空气的供应。然而，位于蝉虫腹部的气囊却很大，说明蝉的气囊具有某种特殊功能，自然而然就会让人想到，这个气囊是不是充当了与发声鼓膜有联系的共鸣箱。可是，雌性蝉虫的气囊与雄性蝉虫的气囊发育得一样好。因此，这个气囊很有可能也是用于增加蝉虫的浮力，因为很容易就能看出，如果像其他大多数昆虫一样，这个气囊所占据的空间充满了血液或

其他组织，蝉虫的体重就会极大地增加；或者从另一方面讲，如果身体被缩小，只能装得下蝉虫少量的内脏，虫体就会因太瘪、缺乏足够的表面宽度而失去浮力——把一个揉皱了的纸袋子扔出去，它会直接掉到地上，如果把这个纸袋子充气，它几乎可以在空中漂浮。

发声器官与歌声

蝉虫演奏音乐所使用的乐器与直翅目中其他昆虫歌唱的用具完全不同，比如在第二章中介绍过的蚱蜢、螽斯和蟋蟀。在雄性蝉虫的身体上，正如我们已经注意到的，正好在每一个后翅根的背面，也就是蚱蜢“耳朵”的位置（图63，Tm），有一个椭圆形的鼓膜，其鼓面被嵌入体壁固定的框架之内（图119，Tm）。每一块鼓面皮（或鼓膜）都由坚实的垂直增厚部分紧绷成肋状，不同物种的蝉其身上的肋条数量也不相同，这也许是不同蝉虫发声的音质有所不同的部分原因吧。在周期蝉的身上，鼓膜是暴露在外边的，所以当翅膀抬起的时候很容易看得到；在我们常见的其他一些蝉虫身上，其鼓膜隐藏在体壁的片状垂悬物下。

一面普通的鼓，其声响是由鼓手击打鼓面产生的震动发出来的，但是音调和音量却是依赖于鼓内空气所占据的空间和与相对鼓面所发生的和振才能获得。这样，鼓内的空气一定要与鼓外的空气进行交流，否则就会妨碍鼓面的震动。

强加给一面鼓的所有条件都得到了蝉虫的满足。正如我们看到过的，蝉虫的腹部很大，其中占据着一个极大的气室（图122），而且气室内的空气能够通过第一腹节（Isp）上的气管与体外的空气进行交流。除了进行发声活动的两个鼓膜外，还有其他两片细薄的、绷紧的膜状区域，被置入腹部前部体壁较低一侧椭圆形的框架之内（在图中看不到）。这些腹部鼓膜，其表面是那样光滑，所以常常被人称作“镜子”。气囊壁紧贴在它们的内表面上，但是这两种膜状物都太细薄了，所以才有可能透过它们看到蝉虫身体内部的空洞。然而，腹部鼓膜并不向外暴露，因为它们被两片扁平的大薄片遮盖，而这两大薄片是从胸部下部向后伸展出来的。

蝉虫并不敲打自己的鼓，也不会用身体的任何外部部件来进行演奏。当一只雄虫在“歌唱”，可以看到两个暴露的鼓膜在急速地振动，似乎被赋予了自动振动的力量。然而，对一只死蝉虫标本的身体内部的一次检查表明，与每块鼓膜内表面相连的是一块粗厚的肌肉，从第二腹节的腹壁上一个特殊的支撑物底部长出来（图122，图123，TmMcl）。正是通过这些肌肉的收缩，鼓膜才能处在运动状态。但是，肌肉的牵引只是一个方向的；鼓肌直接产生向内击打鼓膜的力量，而回击则是鼓膜本身及其壁内肋条向外的凸面和弹性所造成的结果。

当蝉虫开始演奏音乐时，它会微微抬起腹部，这样在其腹部鼓膜与下面的保护片之间就打开了一个空间，声响以明显增加的音量传了出来。没有什么疑问，虫体的气室和腹部鼓膜都是发声装置的重要附件。常常可以发现一些腹部被折断一半或者更多，但还活着的蝉虫，留下了向外敞开的气囊。这样的个体也许能够振动鼓面，但发出来的声音是弱的，而且完全缺乏完整昆虫所具有的音质。

无论蝉虫在什么地方大量出现，雄性蝉虫每日上演的大合唱总是会给附近的人们留下久久难忘的印象；并且，令人好奇的是，回顾起来，蝉鸣的声音似乎变得越来越大，直到许多年过去之后，每一个听到过蝉鸣的人都认为

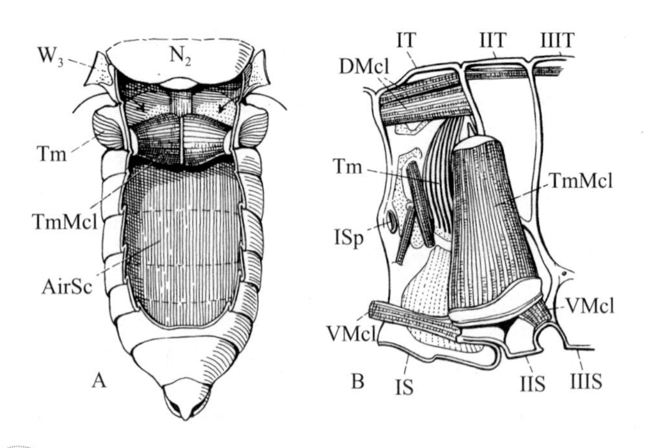

A. 腹部上视图，暴露出气室(AirSc)，显示了插在鼓膜(Tm)上的大块鼓膜肌肉(TmMcl)，箭头所示为通向气室的第一气门的位置；N_2，第三胸节的背板；W_3，后翅根部。B. 第一腹节和第二腹节右半边的内视图，显示的是肋状鼓膜(Tm)和使鼓膜振动的肌肉(TmMcl)。AirSc，气室；DMcl，脊肌；IS，IIS，IIIS，腹部前三个腹节上的胸骨板；ISp，第一腹节的气门；IT，IIT，IIIT，前三个腹节上的背板；Tm，鼓膜；TmMcl，鼓膜肌肉；VMcl，腹肌。

图123　周期蝉雄虫的腹部和发声器官

这是一种震耳欲聋的喧闹声，几乎能让人失去理智。好在蝉虫一般总是白天演出，夜里很少听到蝉鸣。周期蝉的叫声与年度蝉每年夏天八九月份发出的那种刺耳、起伏的尖叫声相比没有什么相像之处。比较常见的大个头十七年蝉，其所发出来的声音都具有burr这个特征，而且至少有四个不同的发音方式可以区别；其中三个音符的音质可能取决于个体蝉虫的年龄，第四个表达吃惊和愤怒。

能听到的最简单的音符是一种柔和的呜呜声，多半是坐在矮树丛中那些孤独的虫子唱出来的，或许是一些刚刚从地里爬出来的个体蝉虫。接下来是一个又长又响的音符，其音色特征是一比较粗糙的burr，持续大约五秒钟，并总是在结尾处降调。这个声音与广为人知的“法老”（Pharaoh）这个词的一个音相似，因为，如果第一个音节被充分地延长，而且允许第二个音节在结束时突然中止，那么蝉鸣的声音和法老的名称听上去就挺像了。这个声音每隔2—5秒重复一次，始终像是那些栖息在矮树丛中或树的低枝上的个体蝉虫在演唱独奏曲。因此，观察正在演唱“法老王之歌”的雄性蝉虫，就能很容易地看到它的表演动作。每开始一个音符，歌手就会严格地把腹部抬到水平位置，由此打开较低鼓膜之下的气腔，以最大量发出声音。接近尾音的时候，腹部稍微下垂，落到正常的位置，如此看来，结尾处的突然降调就是这样产生的。

壮观的大合唱让周期蝉出了名，并被人们记住。表演者是一群完全成熟的雄性蝉虫，它们总是高踞在树上，因此人们很少能够近距离观看它们的表演。个体蝉虫的音符有点像是延长的bur—r—r—，整天重复着，日复一日地重复着，但是所有的单一声音被混合在一起时，就会淹没在群体发出的嗡嗡声中。

大个头周期蝉雄虫第四个音符似乎是在受到惊吓或感到惊讶时发出来的。遇到这样的情况，它会急速跑开，与此同时发出刺耳的声音。这种声音与雄虫被人捉住或抚弄时发出的声音一样。

十七年种群的小个头蝉所发出的音符有其自己的特点，完全不同于它们的大个头亲戚。小个子雄虫通常的歌声更类似于夏天年度蝉的歌声，只是音调没有那么长，也不如人家那么有连续性。它一般先以很短的唧唧声开始自己的演唱；随之发出一连串强劲的尖叫声，听上去像是zwing、zwing、 zwing等，最后再以几声唧唧声结束。整个演唱持续大约15秒钟。为了便于观察，我们把几只雄虫关在笼子里，它们反复唱着这首歌，没有别的。这在户外是常见的，但总是听到独奏，从来没有听见过合唱。当你用手抚弄它们或用其他方式打搅它们时，小蝉虫们就会发出一连串尖厉的唧唧声，很容易让人联想到某个鹪鹩愤怒叱责来犯者时发出的抗议声。小个头蝉虫从来发不出大个头蝉虫那种含有burr音符的音调。当把这两种蝉虫关进同一个笼子里，它们之间的声音差异就非常明显了。受到惊吓时，两种蝉虫各自发出自己的声音，一个是嗡嗡声，另一个是唧唧声；而且它们之间没有相互模仿或交替变化的任何迹象。

产　　卵

雌性蝉虫把它们的卵排放在树枝上或灌木丛的枝条上，有时也排放在落叶植物的茎上。除了针叶植物外，它们通常对植物的物种没有什么特别的选择。

虫卵并不是随意地被插入树枝上的缝隙里，而是非常小心地放置在雌虫巧妙建造起来的巢穴里，这些树枝上的巢穴是它用产卵器的刃片挖出来的。这些巢穴也许总是位于枝条的底表面上，除非树枝是垂直的，而且通常有6—20排，甚至更多。

排卵是从六月初开始的，在六月十日之前达到高峰。观察雌性蝉虫的工作情况比较容易，只有真的受到干预它们才会飞走。它们通常选择上一年生长的小树枝，但时常也使用一些老树枝或同季节的绿树枝。大多数情况下，雌虫头朝外在树枝上作业。

每个巢穴都是双重的，也就是说，包含两个房间，共用一个出口，而两个房间由一条很细的木条分隔开来。虫卵被竖着放置在窝里，分成两排，头部一端朝下，斜着靠在门口。每排有6个或者7个虫卵，因此每个巢穴里就有24—28个虫卵，但时常也有比这更多的。入口处的木材纤维由于产卵器的插入而受到磨损，从而在门前形成了一个扇形平台。刚从巢穴里出来的幼虫就在这里脱下它们的孵化外衣。在树皮上的一道道切口最终连在一起，形成了一条连续的狭长的口子，口子的边缘向后收缩，这样一来，成排的巢穴从表面上看仿佛是被排列在一条沟槽里。这种损伤致使许多枝条枯死，尤其是橡树和山胡桃树的枝条，橡树垂死的叶子很快就表明这棵树受到了虫子的攻击。橡树林区的风景就这样变得面目全非，树身上处处留下了红褐色的斑点，许多树几乎从上到下都被这些斑点覆盖了。其他一些树种虽然不会直接受到伤害，但是一些被削弱的枝条经常被风吹断，垂挂在那里，最后枯死。

排卵的雌虫每挖成一个卵窝大约需要25分钟；这就是说，在这段时间内，它要挖出窝巢，并把虫卵填进去，因为每间巢室在挖开的时候就需要用虫卵填满。一只准备产卵的雌虫落到树枝上，在枝条的底表面上爬来爬去，选择适合排卵的位置。然后，抬起腹部，把产卵器向前转动，从鞘里面出来，将其尖端垂直地对准树皮。当产卵器的尖头刺入树皮时，产卵器开始向后拉，等到完全进入的时候，产卵器主干呈大约45°角倾斜。

有时候，雌虫在不同的工作阶段会因受到惊吓而逃走，但是对它们尚未完工的巢室检查的结果表明，每个窝室一经挖成，就会填满虫卵；也就是说，雌虫首先挖成一个窝室，然后把虫卵放进去，接着再挖下一个，依次排入定量的虫卵，直至全部工作完成。雌虫这时向前跨出几步，开始以相同的方式

进行下一个窝室的挖掘工作。有些系列仅包括三四个巢室，而其他一些系列则含有20个巢室，甚至更多，不过比较普遍的数目也许是8—12个。当雌虫在一棵树上完成了它认为数量足够的窝室，就会飞走，有人说它是去了别的地方排放更多的卵，直到它把体内的400—600个虫卵全部排净，但是笔者所进行的观察并没有涉及这一点。大概是雌虫觉得把所有的卵排放在一棵树上不安全吧。我们人类不是也有一个原则吗，不能把钱放在一家银行里。

成虫之死

树林里的音乐大会以其一成不变的单调曲目持续到六月的第二个星期。此后，演唱者很快失去了活力；它们大多数落到了地上，其中许多因体内染上真菌病而死掉，真菌吃掉了虫体末端的几个体节；其他一些则成了鸟的美食，余下的也许多半属于自然死亡。在树的下面，庞大的虫群不久前还在这里展现着蓬勃的生命迹象，可是现在地面上却布满了死虫或垂死的虫子。大部分仍然还活着的蝉虫在外形上都遭受了不同程度的损伤——翅膀被扯了下来，腹部被打开，或完全没有了，只有残存的部分在那里爬来爬去，只要头部和胸部保持完好，虫子仍然还活着。至于雄蝉，其鼓膜上的大块肌肉柱常常暴露出来，可以明显地看出在振动，而且很多虫子坚持把游戏做完，尽管是在身体残缺不全的情况下，还是在发出呜呜的残余歌声。

从这时起一直到七月末，最后一群喧闹的访问者所留下的唯一证据就是产卵时在树枝上造成的瘢痕，以及被毁容的橡树和山核桃树上随处可见的红褐色斑块和垂死的树叶。

窝

十七年蝉和十三年蝉这两大周期蝉种群，加在一起占据了美国东部大部分地区，除了新英格兰州北部、乔治亚州东南角和佛罗里达半岛之外。西部边线延伸到内布拉斯加州、堪萨斯州、俄克拉荷马州和得克萨斯州的东部地区。一般情况下，十七年蝉是北方物种，而十三年蝉是南方物种，但是，尽管在这两大种群之间有一条可以界定的地理分界线，而实际上还有许多地方同时存在着这两种蝉虫。

虽然可以根据生命周期的长度区分两个蝉虫种群，每个种群的成员在成虫阶段并不是那一年同时出现的。所以，无论是十七年蝉还是十三年蝉，其成员都可以依据不同的出现年份划分为不同的个体群，而这些个体群就被称作“窝”。每一窝都有其明确的出现时间，大体上也有划定的活动区域。不过，不同窝的领地会出现相互搭接的现象，或者小窝的地盘被包括在大窝的地盘之中。因此，在任何特定的地点，蝉虫出现的时间间隔并不总是十三年或十七年；可能出现的情况是，十三年窝的成员也许和十七年窝的成员在同一年出现在同一个地方。

关于周期蝉两大种群的窝，它们的分布情况以及出现的日期，在我们引用过的C.L.马拉特博士的报告中都得到了完整的叙述，下面的摘要就是援引这份报告：

无论界定明确的蝉种的窝某一年出现在什么地方，通常都可以观察到，有一些个体是在这一年之前或之后出现的。这一事实已经表明，目前所确立的各种不同的窝都有其各自的起源，但是，也许我们可以说，那一窝个体把它们的出现时间弄混了，出现的年份要么太早、要么太迟。所以，这些个体繁殖的后代建立起自己新的窝，出现的时间与它们的前辈相比可能提前一年或延后一年。这样一来，可以确信，十七年蝉种群可能在连续的十七年间的每一年出现，而十三年蝉也是如此。根据不同的种群，各窝第十八年出现的和第十四年出现的个体就被认为是其种群第一窝的组成成员。

关于周期蝉孵化的一些已知事实似乎能够证实上述的理论，因为十七年蝉种群的成员在十七年的时间范围内每年都会在某个地方出现，而也有记录表明，十三年蝉种群的成员在十三年期间至少有十一年出现过。显然，同一窝的个体并不是同一组祖先的后裔，也不一定必然一起出现在某一限定地区——它们只是在年份上碰巧一致的个体而已。然而，在十七年蝉种群的窝中，至少有十三窝已经得到了很好的界定，大部分都有了明确的地域限定，虽然有时候会出现相互搭接的情况。十三年蝉种群各窝的发展就没有这么好了。

用罗马数字来标明各种不同的窝还是很方便的。根据马拉特博士所提出的窝编号体系（现已得到普遍接受），1927年末出现的十七年蝉种群的窝I，虽然不是很大的一窝，但窝I在宾夕法尼亚州、马里兰州、哥伦比亚特区、弗吉尼亚和西弗吉尼亚、北卡罗来纳州、肯塔基州、印第安纳州、伊利诺斯州和堪萨斯州东部区域都有代表。1928年出现的是窝II，居住在中部大西洋沿岸各州，其中一些分布在更远的西部。1929年出现的是窝III，主要生活区域不超过爱荷华州、伊利诺斯州和密苏里州。最大的一窝是窝X，几乎覆盖了十七年蝉的整个分布范围。窝X最后一次出现是1919年，因此预计下一次出现的年份应该是1936年。

十七年蝉种群很小，而且变化不定的几窝是窝VII、窝XII、窝XV、窝XVI和窝XVII。与这些编号相应年份出现的蝉虫代表着初始窝，它们很有可能是那些提前一年或延后一年从大窝分离出来的个体蝉虫的后代。十七年蝉最小的窝是XI，但是由于其部落出现在马萨诸塞州、康涅狄格州和罗得岛，它们以前的个体数量很有可能比现在大得多。有历史记载的最早的一窝是窝XIV。这是一个大窝，其活动范围覆盖了十七年蝉的大部分领地，其中一些部落曾出现在马萨诸塞州东部科德角和普利茅斯附近。据早期居住者的观察，这一窝出现的时间可能是1634年。

十三年蝉种群各窝的编号从XVIII到XXX，XVIII窝上一次出现的时间是1919年。但是这个南方种群只有两个重要的窝，即1920年的窝XIX和1924年的窝XXII。在大多数其他年份里，这个寿命短一些的种群只有少数个体代表出现在其领地的这里或那里；而与XXV和XXVIII两个编号对应年份出现的窝，根本没有人知道。

卵的孵化

自从蝉群启程飞走以后，五个星期的时间过去了。这是产卵期高峰过后差不多第六周，虫卵这时几乎在任何时间都能孵化。1919年，笔者在华盛顿附近研究蝉虫的窝X，7月24日发现了最早的孵化迹象。也许是因为在过去的10天里这里持续下了大雨，正常的孵化时间受到了延迟，因为检验期间的许多虫卵，我们发现了一些已经变成褐色、快要死了的卵，不过所占比例还不算大。25日这一天阳光强烈，天气很热。下午我们察看了一些树。树上的枝条前一天就变得光秃秃的。这时，在卵窝洞穴的出口处出现了几小堆皱巴巴的外皮，总数达到了数千，每一个卵壳都很轻，吹口气就能把它们吹动；这样，如果按照这些证据来推算的话，这里曾有数千只虫卵孵化并离开了，这还不包括被风吹走的一些证据。对许多卵的巢穴的检验表明，超过一半的巢穴是空的，只剩下一些卵壳。成串的巢穴就这样被遗弃了，而且通常巢穴里的卵要么几乎全部孵化，要么几乎都没有孵化。但是也常有这样的情况，一长串巢穴中有一个或几个巢穴里的卵没有孵化或几乎没有孵化，里面只有一些空卵壳。这种耽搁似乎是由巢穴本身造成的，而不是个体虫卵。

尽管不是绝对地遵守先后顺序，作为一种普遍的法则，离卵窝门口近的卵最先孵化出来，其他的卵则是一个接一个地随后孵化。但是未孵化的卵总被发现位于巢穴的底层，通常也就有一两个卵例外，位置靠上一些。偶尔会发现有一个空卵壳出现在一排未孵化的虫卵中间。如果在一个敞开的巢穴里观察产卵的实际情形，通常能看到几只蝉蛹同时从里面出来，而且尽管不是一个紧挨一个，这些虫卵在多数情况下会相互为邻。所以，这是孵化的规则，与大多数规则一样，具有普遍性。

雌蝉产卵的程序不容置疑地表明，最先产下的卵是那些被放置在卵窝底层的卵，这就是说产卵顺序与孵化顺序没有什么关系，除非可以说这种关系几乎是倒过来的。因此很难合理地提出这样的假设，即离门最近的虫卵会更多地受到温度和新鲜空气的影响，也不应该认为孵化的顺序仅仅是因为虫卵需要释放压力，让紧紧挤压在几排里的虫卵有机会蠕动，伸展拳脚，以便使紧裹在身上的卵衣开裂。实际上，孵化过程一旦启动，整个巢穴的虫卵就会很快一起行动起来，这说明所有的虫卵在最初的破裂时刻，全都处在爆发的临界点上。

在每个卵窝的侧间里，虫卵被竖立成两排，卵的底端或头端斜向门口。

在孵化期间每一个卵都会从头部上方垂直裂开，裂缝越过头部沿背部开裂至卵长的大约三分之一位置，但是在腹部侧面只有很短一段距离。一旦这种破裂发生，幼蝉的头就会凸显出来；然后，通过前后弯曲身体，幼虫慢慢地掌握了爬出卵壳的窍门，而空卵壳就会留在原来的位置。离门最近的蝉蛹有一个便捷的出口，但是那些处在巢穴底层的虫子却没那么幸运，它们必须蠕动着往外爬，才能最终获得自由。

正如在第六章里看到的那样，新孵化出来或新生出来的蚜虫被裹在一件没有袖子，也没有裤腿的紧身衣中，但是大自然更体贴幼蝉的情况。幼蝉从卵里出来时，同样身披一件紧身夹克衫，但这衣服并不仅仅是一个袋子；它还为虫子的附器和肢体部件提供了一些特制的小袋子（图124，2）。被包裹的触角和上唇向后伸出，就像三个尖头平靠在胸部。尽管被紧裹在窄袖子里，使其关节不能独立运动，但前腿可以自由地通向腿节的根部。中间的腿和后腿也被细长的护套包裹着，但中后腿总是附着在身体的两侧。这样，新孵化出来的蝉蛹很像一条只有两副腹鳍的小鱼，但是行动起来的时候，其笨拙的扑腾动作又很像被困在海滩上急于回到大海的海豚（图124，3）。

蝉婴知道，它不会注定要在这个狭窄的出生地度过自己的一生，至少它没有这个愿望。随着脑袋伸向出口，它立即开始扭动和弯曲身体，使身体缓慢地向前移动。通过向后甩动头部和胸部，触角和前腿露了出来，由此身体的前端就能抓住途中任何不平整的路面。接下来，在身体前部再次弯曲的同时，腹部波浪形的起伏动作又把身体后部抬了起来，使"鳍状肢"抓住了新的支撑点。随着这些动作一遍又一遍地重复，这个笨拙的小家伙痛苦、但又自信地向前移动，而挤压着它的柔韧卵壳或许也对它的前行有所帮助。

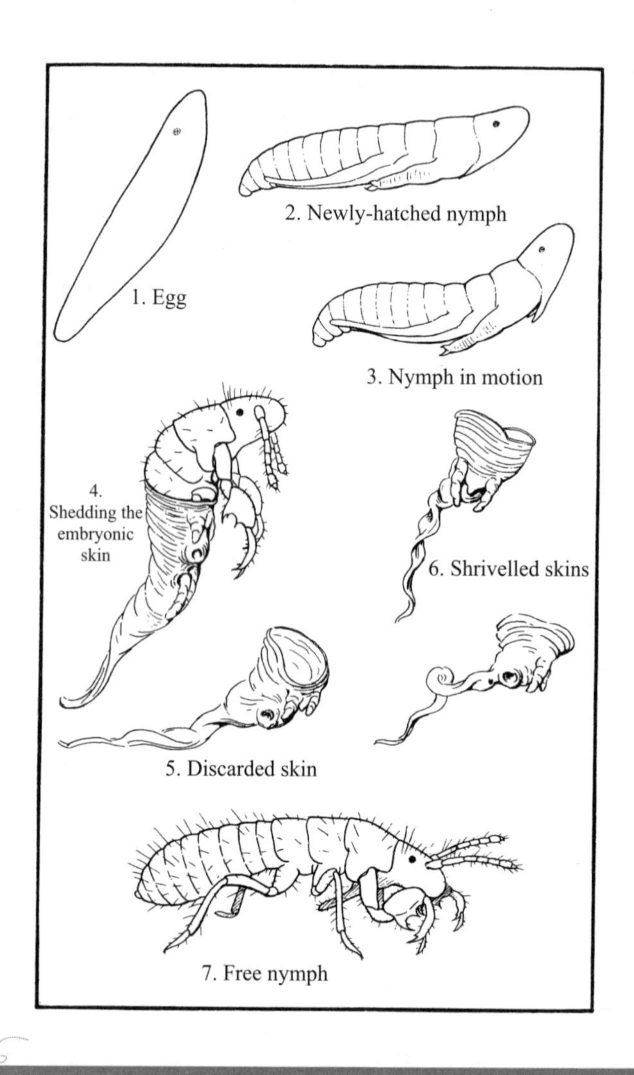

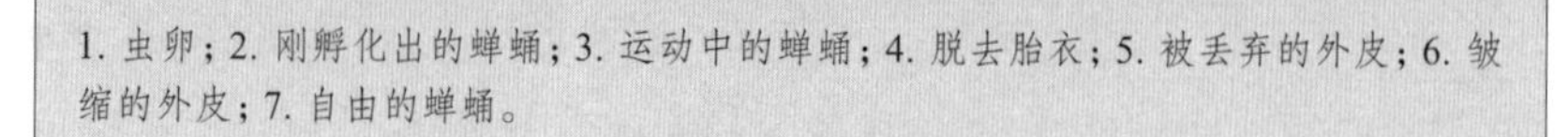

1. 虫卵；2. 刚孵化出的蝉蛹；3. 运动中的蝉蛹；4. 脱去胎衣；5. 被丢弃的外皮；6. 皱缩的外皮；7. 自由的蝉蛹。

图124 周期蝉的虫卵,刚孵化出的蝉蛹正在脱去胎衣,以及自由的蝉蛹

一旦出了门，必须抓紧时间丢弃这件碍事的服装，但是在正常的情况下，它们从来不在巢穴里蜕皮。然而，如果巢穴被打开了，准备孵化的蝉蛹发觉自己置身于一个自由的空间，它们就会当即脱下外套，时常是虫体的尾端仍然还在虫卵的时候，所以外皮就有可能留在卵壳的开口处。如果幼蝉不一定非要经过这么一个狭窄走廊就能获得自由，它也许可以出生在一个平滑的袋子里，就像它的亲戚蚜虫。

在孵化期间的一天，观察一下未受到干扰的巢穴的门，很快就能看到一个细小的尖头从狭窄的洞口探了出来。门槛很快被越过，但是仅此而已；套在一个袋子里旅行可不快乐。为了使外皮裂开，做一些扭曲动作总还是必要的，而且有时候，需要花费好几分钟时间进行猛烈的扭动和弯曲，外皮才会裂开。当袋子真的被打开了的时候，在头顶的上方就会形成一道垂直裂缝，头部就从这里凸出来，直到裂缝扩大成了一个圆，使头部从这里挤了出来，身体也随着迅速跟着出去（图124，4）。附器也从其护套里出来了，就像我们把手从手套里拿出来一样，把这个小袋子翻了个里朝外。触角最先获得了自由；它们冷不防地冒了出来，直挺挺地向下悬垂着。接着，前腿得到了释放，僵直地悬在那里，随着一阵剧烈的颤抖而抖动着。大约一秒钟，这种状态过去了，关节弯曲，呈现出其特有的姿态，与此同时，用爪子在半空中猛烈地抓挠着。然后，其他几条腿和腹部也出来了，胚胎变成了一只自由的幼蝉（图124，7）。所有这一切发生的时间不超过一分钟，而新出生的这个小家伙就已经走开了，并没有回头多看一看自己刚刚脱下来的胎衣和自己孵化期所居住的家。感情在昆虫的脑海里没有位置。

随着蝉蛹从巢穴里出来，一个接着一个，脱下它们的外皮，亮晶晶的白膜，松散地堆积在出口，直到一阵风把这些外皮吹走。每一个被丢弃的外

壳，其形状就像个高脚杯（图124，5，6），上部的僵硬部分敞开着口，就像一个碗，而下部则萎缩成了皱巴巴的柄状。触角和下唇作为独特的附器也从外皮里伸出，但是腿这些附器通常在蜕皮期间被翻转过来，消失在蜕皮的外部，不过在膜衣变得非常干燥之前，它们被拖进去的洞孔还是能够被发现的。

起初，幼蛹（图124，7；图125）通常总是在其卵窝所在的枝条上爬来爬去，那上面有许多沟沟槽槽，后来就会爬到平滑的树皮上。在树皮上，任何一股气流都有可能让它当即掉下来，但是多数的蛹还是会在这里游荡一会儿，通常会向枝梢爬去，有些甚至敢于离开树枝，爬到树叶上。但是，在那些堆满的胚胎皮表明最近曾有数百只蝉蛹孵化的树枝上，当然所能看到的蛹的数量却很少；因此很显然，绝大多数蝉蛹在刚刚孵化出来不久，要么是掉到了地上，要么是被风刮走。毫无疑问，还有更多的蝉蛹早在它们蜕去卵膜之前就已经落地，因为这种被包裹的动物不可能有什么办法把自己固定住，即使是挣脱出来的蝉蛹，它们的抓握力量也很弱。观察一下那些饲养在室内的蝉蛹吧。很显然，它们在树枝上真的非常努力想要保持自己的抓握能力，但经常还是无助地从光滑的树皮上滑落下来。它们软弱无力的爪子无法抓住坚硬的表面。所以说，它们并不是故意地把自己投放到空地上，以回应某种来自大地的神秘呼唤，仅仅是因为这些幼蝉无力抓牢树枝，才从它们的出生地掉了下来。但相同的目的达到了——它们来到了地面，这才是最重要的。大自然从来就不在意什么手段和方法，只要能够达到目的就行。非理性动物的某些行为通过赋予某种本能而得到保证，另一些行为则通过阻止以其他方式表现出来而得到限制。

蝉蛹起先受到光的吸引。那些允许在一个房间的一张桌子上孵化出的蝉蛹，这时会离开树枝，直奔三米之外的窗户。这种本能在自然条件下能诱使幼虫奔向树的外部，在那里，它们能获得最佳机会安全无恙地落到地面；但是即便如此，在大地接受它们之前，还是会碰到一些意想不到的情况，例如逆风、参差不齐的树木、灌木丛以及杂草，不可避免地会让它们在从一片叶子滑向另一片叶子的向下的旅途中，发生一些磕磕碰碰的事故。

图125　准备钻入地里的蝉幼蛹（多倍放大图）

这些动物实在是太小了，根本无法用肉眼追踪它们的下落过程，所以还没有人记录过这些虫子到达地面时的实际行程和所表现出来的行为。但是有人把室内孵化出来的蝉蛹放在一个碟子上，那上面铺着松散的泥土。这些虫子立即开始往土里钻。它们并有挖掘，只是钻入在乱跑中所遇到的第一个缝隙。如果第一个缝隙恰巧是个死胡同，蝉蛹就会爬出来，重新去找另一个缝隙。几分钟过后，所有的虫子都找到了满意的藏身之处，并躲在里面不出来了。这些虫子急切地钻进任何一个缝隙，这种热切的行为是本能的。一旦它们的脚踩到地面，本能就会驱使它往缝隙里钻。那么就要注意它们的本能怎么会在几分钟里发生了逆转：在孵化期，它们最初的努力就是摆脱狭窄的卵巢的束缚，从里面出来，而且似乎不太可能有足够的光线透进这个蝉室，引导它们走向出口；但是一旦出来，并脱去了碍事的胎衣，这些虫子就不由自主地被引向光线最强的地方，即使这样的光线引导它们向上爬——与它们要去的方向正好相反。当这种本能实现了其意图，并把幼虫带到通向土里最自由的通道口之后，它们对光线的所有的爱都已失去，或者说被淹没在进入黑暗裂口的召唤当中，而这个裂缝，与它们刚刚费尽气力才离开的

裂缝相比更为狭窄。

一旦蝉的幼虫进入土里，实际上就得与它们说“再见”了，期待着它们回来。然而，这种反复出现的周期性现象总是让我们充满兴趣；尽管我们已经对蝉做了大量的研究，可是每当它们重访地球的某些地区时，我们需要从蝉身上了解的东西似乎还有很多、很多。

第八章

昆虫的变形

神话传说和童话故事之所以有着吸引人的魔力，那是因为故事中的人物具有随意变换身形或者被转换身形的神奇力量。希腊神话中，宙斯想要追求可爱的美女塞默勒，但知道她无法承受神仙身上耀眼的光芒，于是把自己幻化成凡人，与塞默勒相亲相爱。没有这样的变形，神话还能算是神话吗？如果灰姑娘故事中没有危难时提供保护和帮助的仙女，又有谁会记得这个故事呢？至于灰姑娘和王子的浪漫爱情，真善美最终战胜假恶丑，灰姑娘的姐妹们刚开始还趾高气扬，最后却气得捶胸顿足——这些情节都不过是普通故事中的作料而已。然而，老鼠变成腾空越立的矫健骏马，蜥蜴变成垂手侍立的马夫和仆人，破衣烂衫变成艳裙华服——这种变换所带来的震撼力却足以让人终生难忘。

那么，用不着惊奇，昆虫，以其变化多端的外形，令人叹为观止的蜕变，已经在现代学校所有的自然课程占据首席位置，也为许许多多自然科学作家们探究昆虫生命奇迹提供了灵感之源。所以说，如果昆虫已经触动了我们的情感，而我们人类也热切地希望在昆虫身上找到超自然迹象，那么研究昆虫还不至于受到嘲笑。人们把蝴蝶、卑微的毛虫精灵，尊崇为人类复活的象征，并把蝴蝶的图案雕刻在墓地的大门上，希望那些被埋葬在墓墙后面不幸逝去的人们能够获得重生。

变形（Metamorphosis），是一个很有魔力的词汇，尽管拼写起来让人觉得有点儿吓人，但译成英文，意思就是“形态的变化”。但不是所有的变形都是这种蜕变或变态。小猫咪变成大猫咪、小孩长成大人、小鱼变成大鱼都不是变形，至少不是我们所说的形态变化。“变形”意味着极其特殊和出乎预料的变化，比如蝌蚪变成青蛙、蛹变成蛾，或者是蛆变成苍蝇。需要特别注意的是，这个词原本是个广义词，但是，在这里却是狭义的，这种情况在科学界非常普遍，因为只有为每个科学词语下一个准确的定义，相关研究者才能进行有效的科学研究。所以，“变形”的生物学含义，不单单是外形变化，而是指一种特殊性质或特殊程度的变化。这种变化，其范畴甚至要超出由卵变成成虫。

事情一下子变得明显起来，正是由于我们采用了科学定义，我们研究的对象也变得更为复杂。因为，在一个动物的生长发育期间，如果有一次变化被我们观察到了，如何才能判定动物的这种变化是正常发育还是正常发育之外的情况？当然，这里面存在着一系列困难，这样的疑难问题只能留给生物学家来解决。不过，还有很多确凿无疑的例子。比如说蠋，其形态当然不是朝着蝴蝶的方向发育的，可我们知道它是一只蝴蝶幼虫，因为它是由蝴蝶的卵孵化出来的。而且，当蠋从一个小毛虫长成一个大毛虫时，还是不像蝴蝶，只有等到蠋作为一只毛虫完全成熟之后，并经历一系列的蜕变，幻化成蝴蝶，它们才会最终拥有和父母一样美丽的形态。

这样就有了一个问题，蝴蝶是不是毛虫的一种附加形态，或者说毛虫是否偏离了其祖先发育线路的形态？这个问题很容易回答：蝴蝶体现的是其物种真正的成虫形态，因为蝴蝶的身体结构与其他种类的昆虫比较基本相同，也拥有独立的生殖器官，并获得了可以繁衍后代的生产力。毛虫只是个不知怎么搞的夹在虫卵和成虫之间的一种特异形态。因此，蝴蝶在其一生中经历的真正变形并不是由幼虫变成成虫，而是由虫卵的蝴蝶胚胎变成毛虫。不过，“变形”这个术语通常也可以指毛虫变回本种群正常形态这个逆向过程。

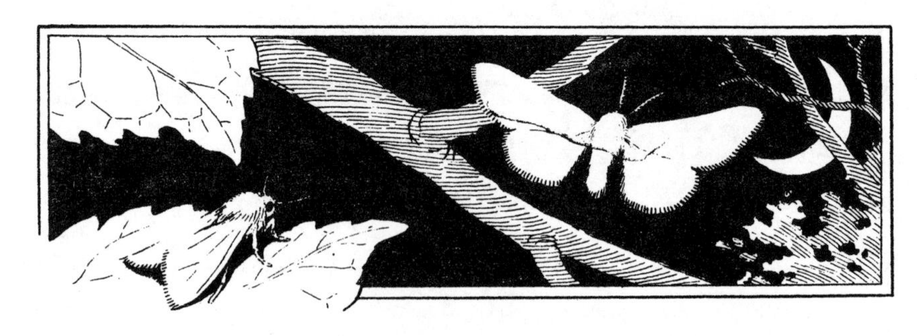

图126　网幕毛虫的蛾

图127　芹菜毛虫(Cellery)的幼虫和它变成的蝴蝶

昆虫变形的典型例子就是毛虫和蝴蝶成虫(图126、图127),但很多其他昆虫也会经历同样性质的变形。所有的蛾和蝴蝶在幼虫阶段都是毛虫。著名的巨蛾包括蚕蛾(Cecropia)、火蛾(Promethea)和美丽的月蛾(Luna)(图128),莫不如此。学习博物学的人都知道,这些蛾都是由肥大的毛虫变化而来的。这些不起眼的毛虫(图129),一旦完成自毁工作,就变成了我们熟悉的棕色或灰色、中等身材、毛茸茸的大飞蛾。它们往往白天躲起来,晚上被亮光吸引,纷纷飞出来。

在春天,五月金龟子(或称六月蚜虫)出现了(图130A);它们产下的白蛴螬(B),相信每个园丁都认识。常见的瓢虫(图131A),其实就是那些丑陋的蛴螬(D)的成虫形态,而这种蛴螬专以其他蚜虫为食。在蜜蜂和黄蜂的蜂巢里,有很多细小、无腿、无翅、蠕虫状的小动物,它们是蜜蜂和黄蜂的幼虫。但光看外表，你根本认不出来，因为它们在长相方面和父母毫无共同之处（图132A，B）。通过观察我们知道，哪儿有蚊子的幼虫孑孓（图173D），哪儿的蚊子就特别多。蝇虻的幼虫叫蛆（图181D）。家蝇的蛆栖居在粪堆上，丽蝇的蛆生活在动物的尸体上，以腐肉为食。

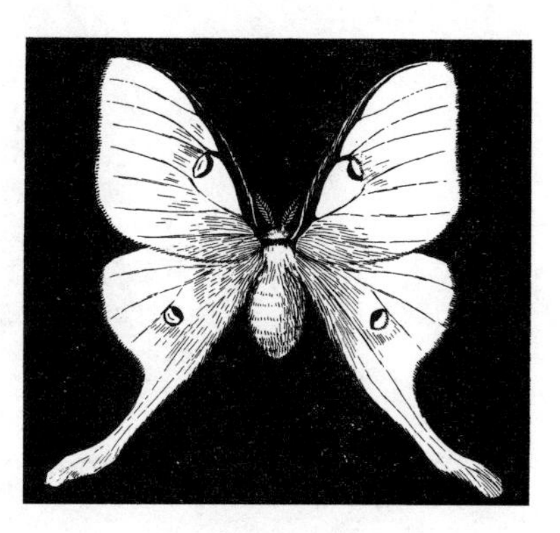

图128　月蛾

关于昆虫在蜕变中所经历的各种形态的描述，我们也许可以用一整章，甚至一本书的篇幅继续列举下去。不过，既然其他作家已经表明可以这样做，并愿意继续挖掘这个题材，我们最好还是把注意力放在昆虫变形更为深奥的阶段。在这个阶段，事实本身就很有意思，对此进行解释那就更有趣了。然而，提出解释毕竟要比呈现事实困难得多。如果作者解释得不成功，读者也许会觉得这些文字读起来比作者写起来还要难。不管怎么说，只要双方共同努力，我们或许能够彼此理解。

首先，让我们了解一下幼虫和成虫到底在哪些方面有所不同。当然了，成虫作为完全成熟的个体形态，在机能上独立拥有成熟的生殖器官，但这是所有动物的共同特征。然而，毛虫和蛾、蛴螬和甲壳虫、蛆和苍蝇在很多方面却完全不同，它们的外表和整体结构大相径庭，我们只有通过仔细观察它们在生长过程中发生的外形变化，才能明白它们原来是一家。另一方面，蚱蜢幼虫（图8）、蟑螂幼虫（图51）和蚜虫幼虫（图97）却与它们的父母长相极为相似，一眼就能看出其家族关系。不过，所有有翅昆虫中，幼虫和成虫之间还有一个持续存在的差异，这就是翅膀的发育情况不同。幼虫通常没有翅膀，

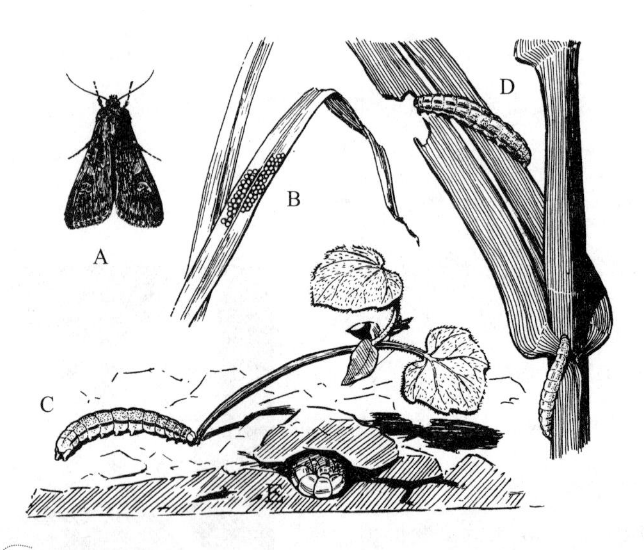

A. 雌蛾。B. 夜蛾在草叶上产下的卵。C. 夜蛾正在从事常规性夜间活动，从根部啃食幼小的园栽植物。D. 其他夜蛾爬上植物茎干吃叶子。E. 白天躲在地里的夜蛾。

图129　夜蛾的生活

或翅膀发育不完全。缺乏飞行能力使尚未成熟的幼虫在行动上受到限制，并迫使它采用其他方式生存下去。它也许会栖息在土里或水里；也许会栖息在水面；也许会钻进洞里或植物的茎里。简而言之，只要能用腿脚爬到哪儿，它们就住在哪儿，但是它们不会生活在空中，除非被大风吹到了天上。

因此，作为昆虫变形研究的第一个原则，我们必须承认这样一个事实，那就是只有成年昆虫才会飞行。

现在，让我们回头再看看蚱蜢（第一章）。有些昆虫，除了翅膀和生殖器官，成虫和幼虫相差不大，蚱蜢就是一个绝佳的例子。正如人们可以预料的

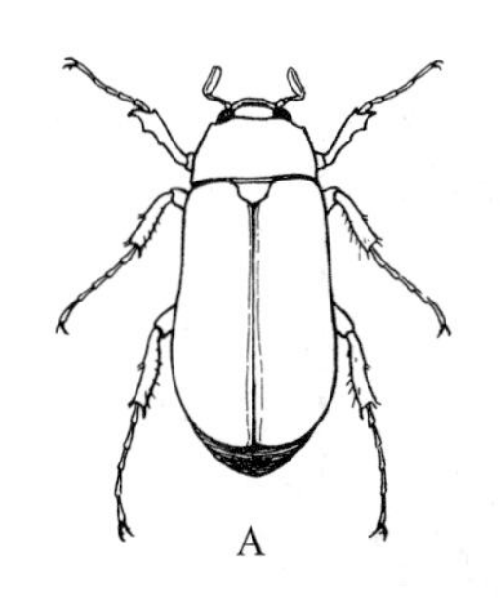

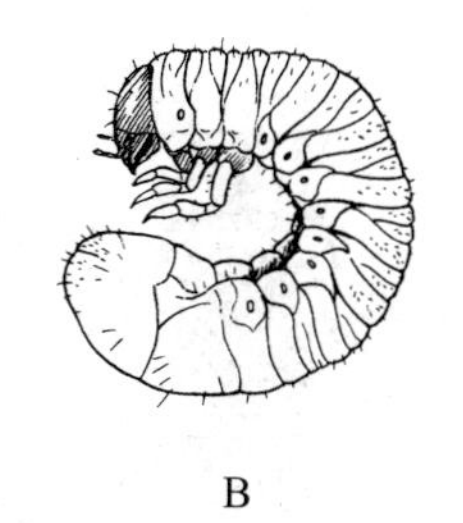

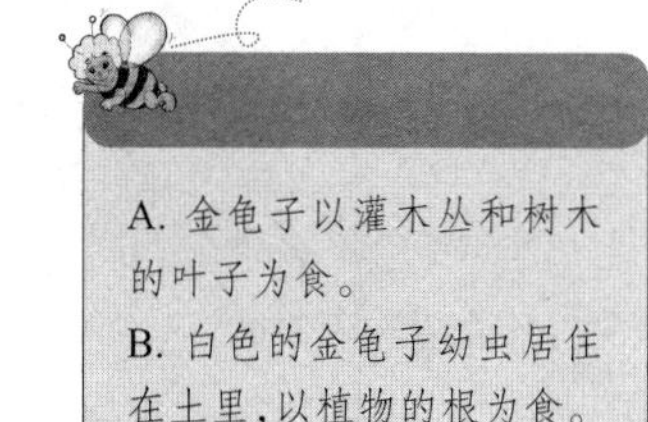

图 130　五月金龟子和它的幼虫

那样，蚱蜢的幼虫和成虫生活在相同的环境中，以相同的方式吃着相同的食物。蟑螂、螽斯、蟋蟀、蚜虫和其他一些有亲缘关系的昆虫，也具有这种相似性。就这一点而言，这些昆虫的成虫即便有了翅膀，在日常生活和活动中也未必比幼虫更占什么优势。

然而，在许多其他昆虫身上，成虫则因为会飞行而占据着一定优势，它们获得了新的生存方式和进食方式。因此，为了适应新的生活习惯，这些成虫拥有了特殊的体型、口器和消化道，但是所有发生在成虫身上的这些改变，如果发生在幼虫身上，只会妨碍它们的生存，因为它们不会飞。以蜻蜓为例，蜻蜓的成虫（图 58）因为拥有强有力的飞行装置，可以在空中捕捉小昆虫为食，可是蜻蜓幼虫却不能沿袭父母的进食习惯。假如幼虫也具有父辈的体型和口器，它恐怕很难继续生存，长成成虫，这对蜻蜓家族来说无疑是灭顶之灾。因此，大自然设计了一套方案，把幼虫和成虫分离开来。借助于这套方案，成虫既可以充分利用翅膀的功能，又不会把困难和障碍强加给不会飞的后代。这种设计并不顾及普通的遗传作用，只是尽可能使身体构造的改变在成虫身上得到发展，而在幼虫身上受到抑制，直至不成熟阶段到成虫阶段的蜕变期最终到来。

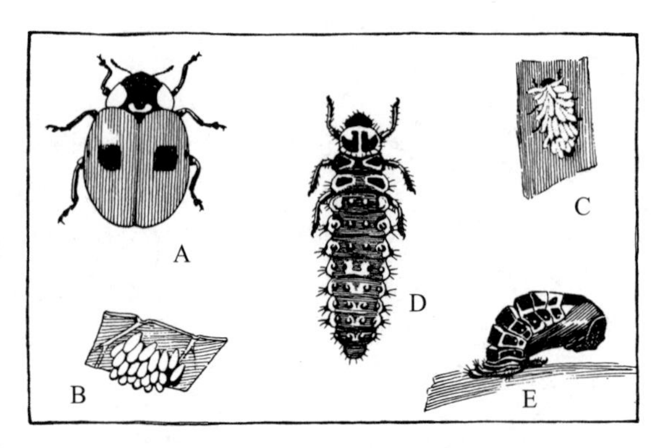

A. 瓢虫的成虫。B. 树叶底面的卵块。C. 覆盖着一层白蜡的瓢虫幼虫。D. 完全发育的幼虫。E. 利用幼虫皮附着一行叶子上的蛹。

图 131 瓢虫的一生

因此，昆虫变形的第二条原则就如下所述：为了适应与飞行能力相适合的生活习性，成年昆虫可以发展其身体构造的特征，但这种发展在幼虫身上受到抑制，因为幼虫没有翅膀，身体结构一旦发生变化，对幼虫来说就是破坏性的。

现在，当父辈们坚持拥有自己的独立性，我们能指望它们的子女什么呢？当然只能是一些类似的权利主张罢了。一只幼虫，一旦免除了在解剖学方面遵循祖先的任何义务，只要最终恢复祖辈的形态，它很快就能学会选择自己的生活方式，然后再去获得与这种方式相适应的形态、身体特征和本能。因此，蜻蜓幼虫（图 133A）的发育可以说得上是离经叛道，它择水而居，下唇（图 133B）发育成特殊的抓捕器官，并凭借它娴熟的游泳技巧，以水中的活物为食。水中生活又使它能在水中呼吸。不过，蜻蜓幼虫身体结构的

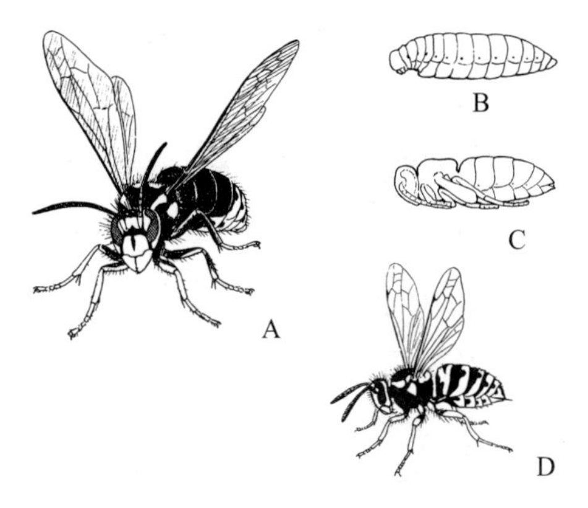

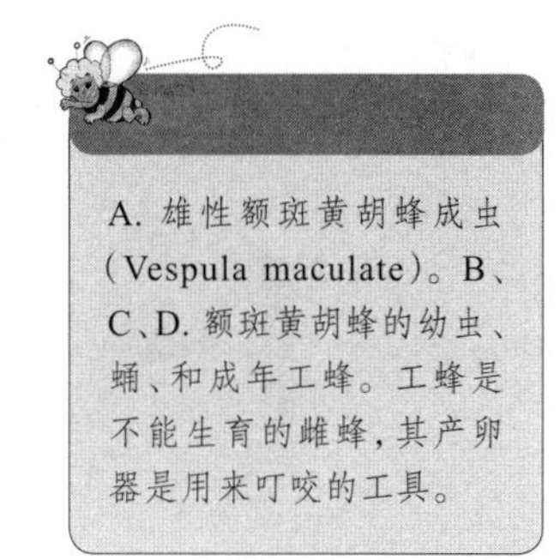
A. 雄性额斑黄胡蜂成虫（Vespula maculate）。B、C、D. 额斑黄胡蜂的幼虫、蛹、和成年工蜂。工蜂是不能生育的雌蜂，其产卵器是用来叮咬的工具。

图132　黄蜂，也叫黄马甲

这些特殊本领，在它变为成虫之前必须全部退化掉。

因而，我们根据第二条原则的逻辑结果得出第三条原则：幼虫可以形成对自身有利的生活习性，并与之相适应地改变身体结构，不必顾及成虫的形态，并在最后变形时丢弃幼虫的形态。

幼虫与父母形态的偏离程度因昆虫的不同而有所不同。以蝉虫为例，幼虫除了翅膀、生殖器官、产卵能力和发声器官之外，在结构上与成虫没有什么根本不同。但两者的居住环境却相差甚远，毋庸置疑，就蝉而言，正是它的幼虫别出心裁地创造了适应地下生活的方式，因为蝉的大部分近亲，它们的幼虫其实过着跟成虫一样的生活。

动物活着是为了生存，它们的一切本能和有用的结构都以实用为目的而进化。因此，任何昆虫的成虫和幼虫发生的形态变化和结构变化，可以肯定地说都有其特殊目的。动物的主要生存任务只有两个：一是猎取食物，二是繁衍后代。成虫不可避免地要有繁殖期，与此同时还要猎取食物养活自己。幼虫不能繁衍后代，其生活的直接目标就是觅食，并为变形做好准备。

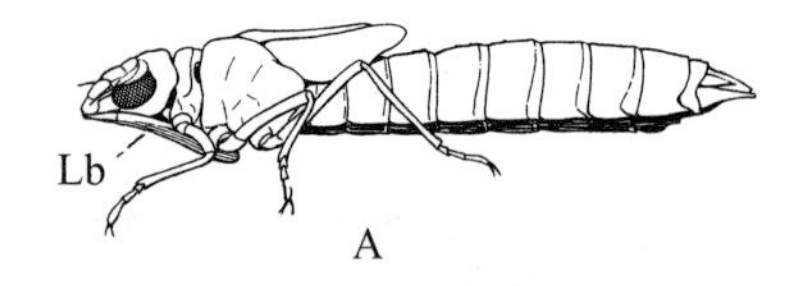

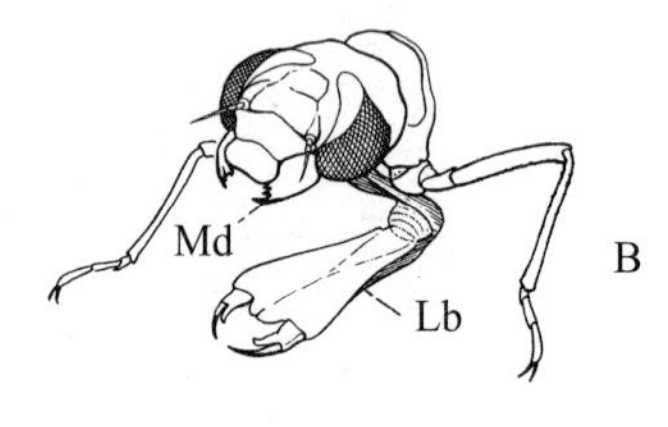

图133　蜻蜓的幼虫

A. 完整的蜻蜓幼虫，显示的是其长长的下唇(Lb)，紧贴在头部表面之下。
B. 头部和胸部的第一体节，其下唇已经张开，显示了强壮的钩铙，这是用来活捉猎物的工具。

正如我们在第四章读过的那样，觅食构成了昆虫的大部分日常活动，导致它们的结构变化，包括运动模式变化、躲避天敌的装置变化和猎取食物的方式变化。因此，研究幼虫，应当专注于研究它们为猎取食物而形成的适应性身体特征。

我们观察任何一只毛虫的生活时，很快就能发现，毛虫的主要工作就是吃。无论毛虫做什么事情，除了与蜕变有关的之外，与寻觅食物相比都是次要的。大多数昆虫种群以植物为食，生活在露天环境(图134A)；但也有一些昆虫钻进树叶里(图134B)，钻进枝茎或树干里(图134C)，或钻进果实里(图134D)。另一些昆虫则以种子或人们储藏的谷物为食。但是，衣蛾的毛虫却以动物的毛为食，另外几种毛虫是食肉动物。

毛虫的身体结构(图135)显示了其大肚好吃的习惯。毛虫的小短腿(L，AbL)使它能紧紧地贴近食物；毛虫长长的、肥厚的、蠕动的身躯能装下很多食物，储存在巨大的胃里慢慢消化；毛虫硬硬的脑袋上长着一对有力的上颚(Md)。因为毛虫几乎用不上眼睛和触角，所以它们的这两个器官发育

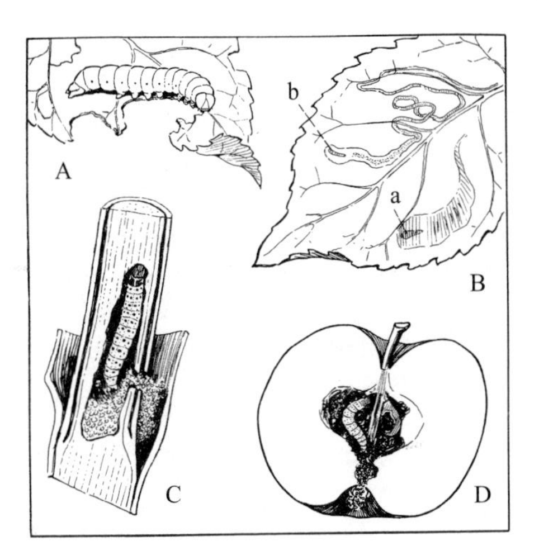

A. 露天中的幼虫以叶子为食。B. 苹果树叶上的潜叶虫；a. 海螺潜叶虫；b. 蛇形潜叶虫。C. 以玉米秆芯为食的玉米螟。D. 苹果虫，学名苹果蠹蛾，以苹果核为食。

图 134　各种以植物为食的毛虫的不同习性

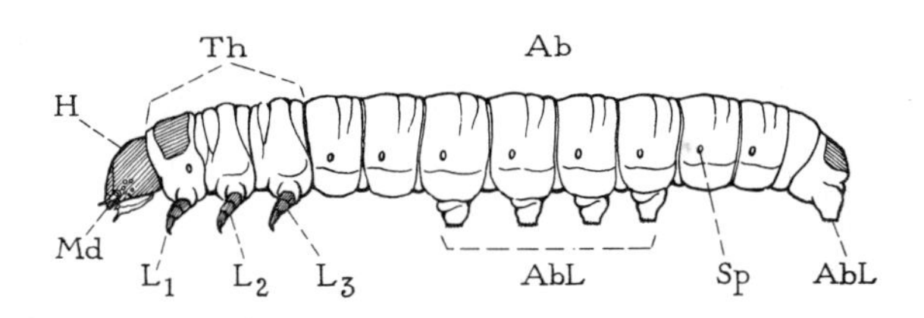

图 135　毛虫的外部结构

Ab. 腹部；AbL. 腹腿；H. 头部；L_1、L_2、L_3. 胸腿；Md. 上颚；Sp. 呼吸孔；Th. 胸部。

得很差。毛虫的肌肉系统展示了完美、复杂的解剖结构，因而使毛虫能够以任何方式随意地转身、扭动。和毛虫相比，成虫飞蛾和蝴蝶吃得就很少。它们的食物主要是液态的花蜜，这种甘露富含糖分、热量高，却几乎不含缔造肌肉纤维的蛋白质。

仔细观察其他在形态上与父母显著不同的幼虫，我们也发现了同样的现象，也就是说，它们的身体形态和生活习惯普遍适应了进食功能。然而，这些幼虫与父母的差异并不像毛虫与蛾之间那么大。例如，某些甲虫幼虫（图136），除了没有翅膀，其他各方面都很像成虫。大多数甲虫成虫也非常贪吃，食量并不亚于幼虫。甲虫幼虫和成虫的生活方式和生活环境截然不同，但双重生活方式也有好处，因此，每一个个体在一生不同的时间里拥有两种截然不同的生活环境，就能从中获得不同的生存优势。确实，有些种类的甲虫父母和子女是生活在一起的。这种情况显示了自然界的一般等级情况，但这种情况并没有推翻我们的一般法则，只是为解决动物进化之谜提供了钥匙。

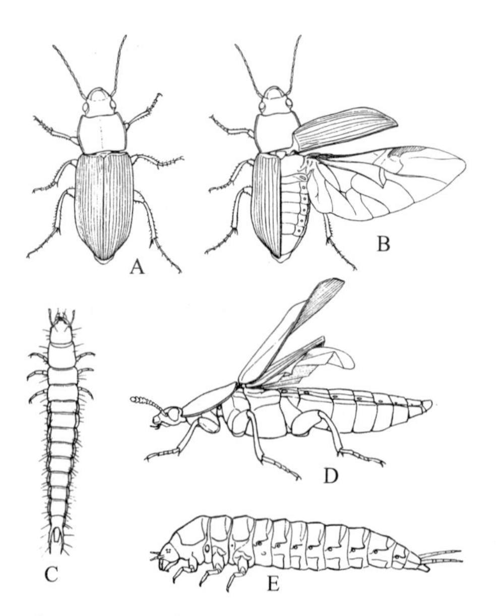

图136　甲虫，鞘翅目（Order Coleoptera）的成虫和幼虫形态

A. 地甲虫（Pterosticus）。B. 右翅展开的地甲虫。C. 地甲虫的幼虫。D. 左翼抬起的鹿角锹甲虫成虫（Silpha surinamensis）。E. 鹿角锹甲虫的幼虫，显示的是其在结构上与成虫的相似性，只是没有翅膀、腿较短小一些。

蜜蜂和黄蜂的幼虫绝佳地证明了幼虫外形变化的极端特殊性。幼虫完全生活在蜂巢的蜂房里，由父母提供食物。一些黄蜂将其他昆虫注毒麻醉后，储存在蜂房里，作为幼虫的食物来源。蜜蜂则将蜂蜜、花粉和自己身体上一对腺体分泌的分泌物混合起来喂养幼虫。幼虫除了吃，什么也不做。它们没有腿、没有眼睛、没有触角；每只幼虫纯粹就是一个身子，光长着嘴和胃。成年蜜蜂吃很多的花蜜，其主要成分蜂蜜能提供高能量，但它们同时也大量吃含有蛋白质的花粉。然而，拥有不能自理的幼虫形态，对于社会性昆虫蜜蜂来说是一种优势。这些幼虫不得不老老实实地待在蜂房里，直到完全成熟，然后，经过一次快速蜕变，就能表现出成虫形态，成为能为群体承担责任的一员。任何被青春期孩子搅得焦头烂额的父母都喜欢像蜜蜂幼虫这么乖的孩子。

蚊子幼虫（图173D，E）生活在水中。水中富含微小有机生物，它们就以此为食。有些种类的蚊子生活在水面，有些生活在水下，有些生活在水底。蚊子幼虫没有腿，它通过不断摆动圆滚滚的身体在水中游动。靠近身体尾部的地方长着一根小管。幼虫就是靠着这根小管子倒挂在水面下，消磨了大量时间。小管子的尖儿刚好露出水面，并不停转圈摆动，使幼虫能漂浮在水中。不过，管子的主要功能是呼吸，因为有两个气管系统的主干通向管子的末端，这样，即便小虫沉没在水下，它也能呼吸。

蚊子的成虫（图173A），正如人们所知道的那样，都长着翅膀。雌蚊通过飞行尾随其他动物，并以它们的血液为食。很显然，没有飞行能力，蚊子幼虫无法像父母那样去捕食、去生存。也正是由于这个原因，蚊子幼虫选择了它们自己的生存方式和进食方式。这也使蚊子成虫能够发挥自己的专长，不必担心给后代子孙在遗传方面造成困难。这样，我们再次验证具有双

重生活习性的动物拥有更大的生存优势。

蝇虻也验证了同样一个道理。蝇虻幼虫——蛆(图170),其形态适应了与父母完全不同的生存环境,根本不需要父母承担抚育后代的责任。因此,蝇虻成虫能够在进化的过程中更好地改善自己的身体结构,采取适合自己的最佳生存方式,而不必考虑这些特征一旦被后代遗传可能会给它们造成的致命伤害。

可以说,变形的第四条原则就是,作为整体的种群通过双重的生存方式能够获得一种优势。这种优势能使昆虫充分利用两种生存环境的优点,一种环境适合于幼虫技能,一种环境适合于成虫机能。

顺便说一下,我们应当注意到,幼虫可以自由选择生存方式,改善自身结构,但这需要有一个前提条件,这个条件就是幼虫最终必须恢复本种群的成虫形态。变形期一到,幼虫的专有特征必须丢弃,成虫的特征必须得到发展。

像蚱蜢、螽斯、蟑螂、蜻蜓、蚜虫以及蝉这样的昆虫,它们的幼虫最后一次完成蜕皮,就能以成虫的面貌出现。然而,幼虫变成成虫的过程却是早早就开始了。在旧皮的遮盖下,一部分崭新甚至完全崭新的生物不断生长。旧皮一脱落,新生物立刻从里面挣脱出来。蜕皮之后,它们只需将身体结构稍稍做一下最后改变,而最终的调整是在把紧紧裹在旧皮内的翅膀和腿舒展开来时进行的。蜕皮之后所完成的结构变化,在不同属种的昆虫那里大不相同。对有些昆虫来说,这些变化包括程度可观的实际生长和某些身体部位的改变。所以,真正的变形过程,实际上就是蜕皮之前和蜕皮之后的一段快速重构性发育时期,而蜕皮不过是一幕新戏开场时拉起的大幕。在幕间休息时,演员已经换好了服装,原有的布景已经搬走,新的布景已摆放妥当。昆虫在蜕变的时候——幼虫需要脱下孩子的服装，换上大人穿的服装。

不过，昆虫的一生也许未必就是一部很好的戏剧作品，在很大程度上只是同一个演员上演的两场不同的剧目。幼虫穿着适合自己的戏服在表演自己的戏份，成虫则穿着自己的行头演出另外一场。造型不同，但演员只有一个。前后造型的不同程度随着演员角色的不同而不同，也就是说，取决于扮相与真实的自我之间的差距有多大。

因此很显然，不同的昆虫，其变化的程度也是不一样的。如果成虫和幼虫都没有从结构上适应某种生存方式，那么它们的变化程度大小取决于幼虫和成虫偏离正常发育线的偏移量是多少。

我们可以用图示（图137）的方法来表述这个观点。Nm虚线表示如果成虫（I）和幼虫（L）都没有发生成长偏离所应遵循的发育路线。但是，假设成虫和幼虫在其生命史的某一点（a）出现偏离现象，LI线段，即nm到L和nm到I的距离之和，则表示成虫和幼虫的偏离之和，也表示幼虫要变成成虫必须跨越的距离总量。因此，幼虫必须依据LI线的长短为这一变化作出相应的准备。

在其发育的过程中，成虫（I）和幼虫（L）各自偏离了生物的直线发展（nm），幼虫必须经过变形才能进入成虫期。变化的程度大小由L到I的距离长短表示。

如果成虫和幼虫之间的结构差异不大，或充其量只是身体外形的差异，就像我们在蚱蜢（图9）和蝉（图117）的例子中所看到的那样，幼虫就可以直接变

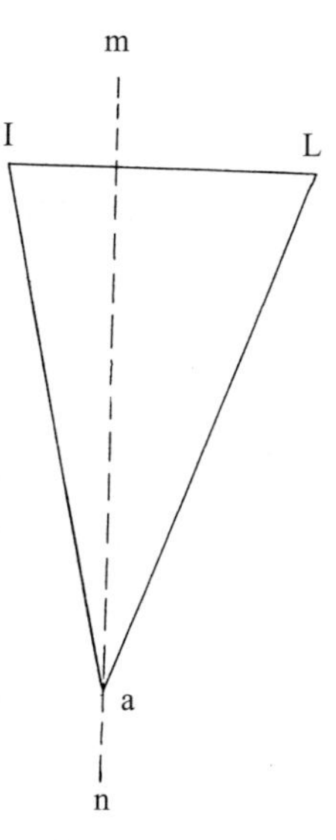

图137　变形图示

成成虫。但是在许多其他昆虫那里，要么是因为幼虫和成虫的差异太大，要么是因为其他原因，变形的过程则需要较长时间。在这种情况下，幼虫最后一次蜕皮时出现的成虫并没有完全成熟，必须经过大量的重建，才能完全拥有成虫形态的外形和结构。这种现象在甲虫、蛾与蝴蝶、蚊子与苍蝇、黄蜂、蜜蜂、蚂蚁等所有进化程度更高的昆虫中较常见。新生成虫在成虫器官尤其是肌肉完全长成以前，有一段时间内仍然无法使用自己的腿脚和翅膀，依然处在不能自理的生活状态。这段时间的长短因昆虫的种类不同而异。

不管怎么说，这个时候新生成虫柔嫩的表皮渐渐变硬，由此阻止了其下体壁细胞层进一步生长或变化。身体的内部结构变化虽然仍在继续，但由于表皮变硬，身体外形不会再变了。只有通过角质层再次分离，开始体壁细胞的另一个生长阶段，成虫的形态和外部器官才能真正完善。再经过一次蜕皮，完全成形的昆虫才能最终获得解放。现在，身上最后留下的硬壳使它拥有了真正意义上的成虫形态，它只需要很短的一段时间把腿和翅膀充分展开，就能展翅飞翔了。

由此我们发现，很多较大的昆虫种群在它们的生命周期中多出了一个阶段，即最终的重建阶段。这个阶段从幼虫最后一次蜕皮之前的某个时候开始，以成虫最后一次额外蜕皮，完全以成虫形态解放自己而告终。这个阶段的昆虫被称作“幼体”。蛹的整个阶段从幼虫蜕皮变成蛹开始(这时它的体表被宽大的表皮覆盖，仍属于昆虫的青春后期)，直到最后一次蜕皮露出完全成熟的成虫形态，这一阶段才算是结束。

根据其幼虫是否能直接变成成虫或经过蛹阶段再变成成虫，所有的变形昆虫可分为两类。我们说第一种昆虫是不完全变形；第二种是完全变形。这种表述非常简便，但如果望文生义就会导致误解，正如我们所知，完全变形也分很多种。

根据当代美国昆虫学家的习惯，能变成蛹的幼虫叫“幼体”(larva)，不能变成蛹的幼虫叫“蛹”。以前幼体这个词指一切昆虫的幼虫阶段，这种叫法我们应该保留，但许多欧洲昆虫学家用“nymph”指我们所说的蛹。

“幼体”和“蛹”的不同之处在于从外表看“幼体”没有雏形翅膀，也没有复眼。许多“幼体”都是瞎子，但也有一些“幼体”在头的两侧各长着一组单眼而不是复眼。“蛹”一般都有成虫的复眼，正如我们在蚱蜢幼虫(图9)、蜻蜓幼虫(图59)和蝉的幼虫(图113)身上看到的那样，在第一次或第二次蜕皮之后，它们的胸部长出了小片翅膀雏形。“幼体”也绝不是全无翅膀，只不过是长在了身体里面，而不是外面。翅膀细胞不是向内而是向外开始裂变，在昆虫体内形成液囊，而且液囊在整个幼体阶段都保持在体内。液囊状的翅膀在变形时开始向外翻，当最后一层皮褪掉，才暴露于体外。

很难发现无翅膀的幼体和蛹有什么必然的联系，但两者出于某种原因确实是相伴相生的。也许，这只是巧合。对于幼体来说，体表不长无用的器官无疑是好事，尤其是对那些生活空间狭小，不得不钻进土里、植物的杆茎里的昆虫更是如此。不过也许，长有内嵌翅膀的幼虫最先进化成蛹，只是一个偶然。

最具有代表性的幼体是毛虫、蛴螬和蛆，这些昆虫的幼虫在外貌上与它们的父母毫无相似之处。然而，某些甲虫的幼虫(图136)和某些脉翅目昆虫的幼虫，除了体外没有翅膀和复眼以外，与成虫很相近，还有些其他种群的幼虫和成虫更相近。例如，毛虫(图135)和五月金龟子的蛴螬都有腿，与没有腿的、蠕虫般的黄蜂蛴螬(图132B)和蝇蛆(图181D)相比，它们与成虫更为相像。就此，我们清楚了，即便在所谓的完全变形昆虫之中，变形的程度

也是不一样的。

根本不变形的昆虫数量极少，它们是无翅昆虫，属于弹尾目(Collembola)和缨尾目(Thysanura)(图57，138，139)。它们很有可能是有翅昆虫的无翅昆虫祖先的直系后代。这些昆虫在生长过程中，每隔一段时间就蜕皮，但外形不变，显示了由胚胎到成虫的直接生长过程。

与不完全变形昆虫相比，完全变形昆虫也属于幼虫在生长过程中出现了变异现象。不难看出，蛹体表有翅膀，有完全长成的复眼，并且总体来说腿部结构的细微之处和其他部位与成虫基本相同。但是，大多数的幼体在胚胎后期却没有成虫结构。不过，我们仍然可以在它们的胚胎阶段发现原

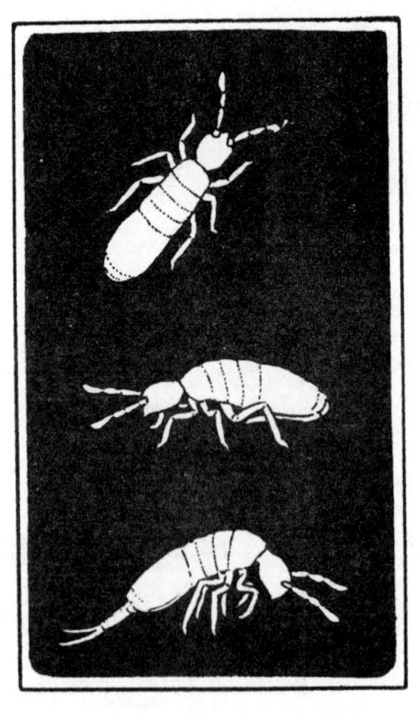

图138　跳虫，弹尾目昆虫的一种，也许是直接由有翅昆虫的无翅昆虫祖先进化而来的

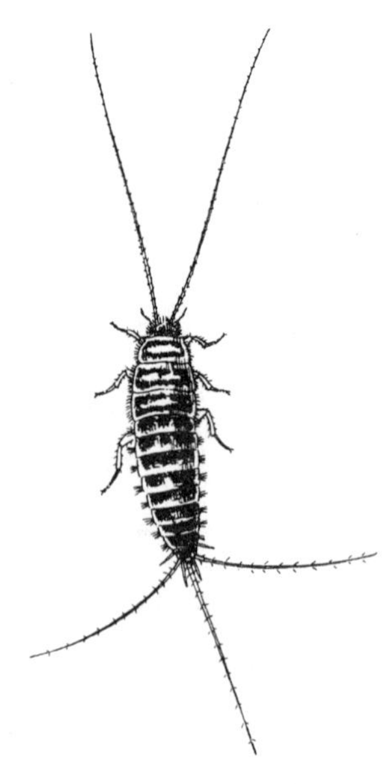

图139　衣鱼(Thermobia)，缨尾目的一种，无翼昆虫的原始种群(实物的2倍大小)

始进化的某些特征，例如，毛虫的腹部长腿（图135AbL），这一胚胎特征是成虫所不具备的。像所有的甲虫类和多足类昆虫一样，胸腿上只长有一个爪子。蛾和蝴蝶幼虫的身体内部结构比任何成虫或蛹都更为原始。其他完全变形昆虫的幼虫也有相同的、原始的胚胎特征。不过，不可置疑的是，除了没有复眼和体外翅膀，幼体的身体结构和成虫还是十分相近的。

几乎可以确定，所有完全变形的昆虫都是由同一祖先进化而来的。那么最初的幼体一定都很相像，它们也应该和现在变异最少的幼体有着几乎相同的身体结构。很显然，现代大多数幼体拥有了某种新的胚胎特征。因此，我们可以假设，这些幼体可能在胚胎的孵化早期出现了返祖现象，也有可能本应很快消失的具有返祖特征的胚胎特点在胚胎的发育期得到了保留并延续至蛹这个阶段。因为没有幼体具有纯粹的胚胎结构，即便是具有胚胎结构的幼体也不协调地兼具成虫特征，所以后一种观点可信度更高。

可以肯定，完全变形昆虫的幼虫可以代表不完全变形昆虫的幼虫。完全变形昆虫的幼虫翅膀内生，没有复眼，具有某种胚胎特征，体型和器官适应于自己的生活方式，身体结构不具备成虫特征。完全变形昆虫的基本共性是翅膀内生，没有复眼。除此之外，无论体形和结构如何变异都属于完全变形昆虫。

总体来说，幼虫从孵化之日起一直到变形，结构都是不变的，但总可以观察到一些细微变化。在第一章中我们举过水泡甲虫和其他幼虫变形的例子。在生长过程中，水泡甲虫经历了几种完全不同的形态（图12，图13），这叫做复变形。在生命中的不同阶段，它多次改变身体结构，以适应不同的生存环境和不同的捕食方式。

昆虫变形这个话题是很难理解的。即便解释到现在，对一些问题也有

了一定的认识，我们也不能确定上述分析都是无懈可击的最后结论。需要解释的东西还很多，可是篇幅有限，我们不能完全展开来谈，而且，要让所有的昆虫学家都不经过讨论就全盘接受我们的理论，那是不可能的，肯定会有人提出异议。不过，我们并没有接近文章尾声，因为到目前为止，我们还只是详细解释了蛹或幼虫的变形阶段，简单叙述了蛹变成成虫的返祖阶段而已。

蛹无疑具有未成熟成虫的某些特征，一点儿都没有幼体特征。蛹的器官正长成成虫模样，它有体外翅膀、腿、触角和复眼。它的口器具有从幼虫到成虫过渡的特点。蛹的大部分器官既不像幼体也不像成虫，除了极个别例子，基本无法适应蛹的特殊需求，几乎根本没什么用处。因此，蛹是一个孤立无援的家伙，不会吃，除了能蠕动几下身体外也不大会动。通常，蛹这个阶段是休息期，不过，休息是被迫不动的。一些种群通过蠕动、扭曲身体的可移动部分来证明自己的不安分。

很显然，得到某种保护对蛹来说是一个很大的优势，有助于它们躲避风吹日晒和天敌侵袭。虽然大多数蛹都以某种方式将自己保护起来，还有一些蛹的身体完全处在暴露的环境下，根本没有任何庇护所或隐藏处。蚊子的蛹就是其中一种，它和幼体一起栖息在水中，漂浮于水面之下（图173F），借助身体后端一对喇叭状的管子伸出水面进行呼吸。蚊子的蛹非常灵活，通常可以在水中做向下运动，借此躲避天敌，其灵敏程度不亚于幼体。普通甲虫的蛹也是无保护的，它的幼体就在叶子上吃住，在叶子上变形。蛹也就那么静静地待在树叶上，除了能将身体一拱一拱的，基本不会动。一些蝴蝶的蛹也是那么赤裸着挂在植物的茎或叶子上。

很多幼虫生活在土里、石头下、树皮下面、卷曲的叶子、细树枝或木头里，变成蛹后也生活在这里。有些昆虫，尤其是甲虫的蛹，身体赤裸柔软，完全依靠栖身之所的庇护。蛾和蝴蝶的蛹身着平滑坚硬的壳，在壳的表面还清晰可见腿部和翅膀的印记。它们的蛹叫蝶蛹，密实的外壳是由体表渗出的胶状物质形成的。干了以后在整个体外形成一层坚硬外壳，将触角、腿部、翅膀紧紧地贴附在身体上。还有很多蛾蛹是由毛虫吐出的蚕丝包裹起来的。我们将在下一章了解到，蛾和蝴蝶的毛虫在嘴下面长着一对可以分泌丝液的腺体，腺体与下唇的空管相通，开口于体外（图154）。幼虫在捕食的很多时候都用到腺体，但腺体主要是用来做茧。幼虫最完美的本事就是在变成蛹之前做出工艺复杂的茧，做完茧就蜕皮，然后把皱巴巴的皮踹到茧的后面。有一种在苹果树上大批滋生的小型幼蛾幼虫，它们作茧自缚，然后在茧中幻化成蛹。

黄蜂和蜜蜂的幼虫在它们生长的蜂巢里作茧，茧由刚吐出来的柔软的丝交织而成，像条小床单，干了以后在蜂巢里形成羊皮纸一样的衬里。很多像黄蜂一样在寄主体内寄生的昆虫，变形前会离开寄主。要么在寄主附近结茧，要么在寄主体表结茧。

苍蝇的蛆或幼虫在蛹这个阶段采取另外一种自我保护方法。在变形前它并不会蜕去松松的外皮，而是在外皮下直接变形。外皮接着就会萎缩变硬，变成包裹幼虫的椭圆形硬壳叫围蛹（puparium，图181E）。不过，幼虫还要在围蛹里再经过一次蜕皮才能变成蛹，因为我们发现，在围蛹的硬壳下，蛹还包裹着一层细腻的膜状壳。当苍蝇的成虫破壳而出的时候，它将这层膜壳和薄薄的蛹皮都留在蛹壳里了。

蛹具有成虫的许多特征，不言而喻，蛹肯定就是成虫的前期阶段，人的肉眼可以观察到蛹在褪掉幼虫的皮以后，外形和幼虫已经完全不同了。不

过某些昆虫的成虫仍然保持幼虫的外部特征。蛹也许保留了某些不太重要的幼虫特征，但它的主要器官已经长成半成熟的成虫器官。对蝉的研究发现，褪掉蛹壳后，成虫仍未成熟。将蛹解剖开，可以发现外表发育已经比较完善，但内在器官仍未发育好。不过只需要一个小时左右，成虫的外表和内在器官就能长好。一些不完全变形昆虫的成虫在蜕去蛹壳之前就已经几乎长成。蛹也是如此。在幼虫最后一次蜕皮的头几天，它几乎一动不动，身体缩到只有平时一半大小。这时的幼虫处于"蛹前期"。仔细观察发现，它已经变形了，在皮下是刚刚开始生长的体态柔软的蛹（图140B）。

蝉的整个蛹阶段，和成虫的形成阶段相一致，在幼虫阶段就开始发育，到破壳而出一小时后结束。将飞蛾和蝴蝶的蛹的初期阶段（图140B）和蝉在幼虫的最后阶段形成的不完善成虫（图140A）相比，两者的外表不同之处

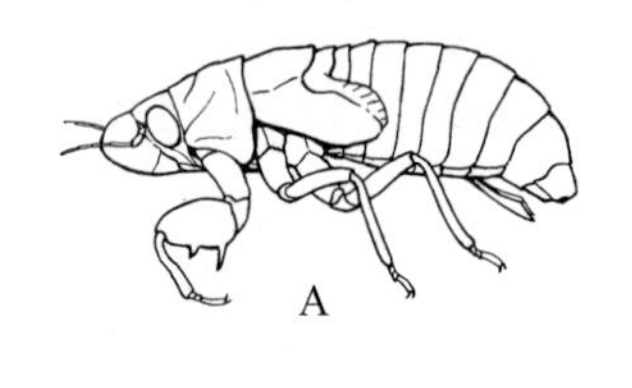

A

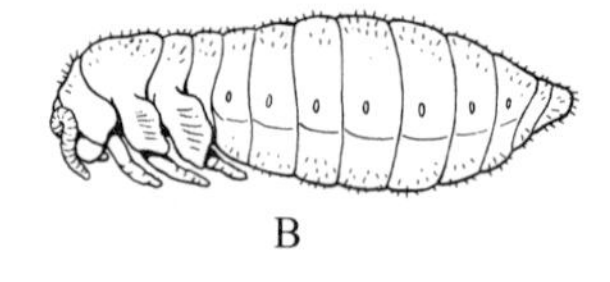

B

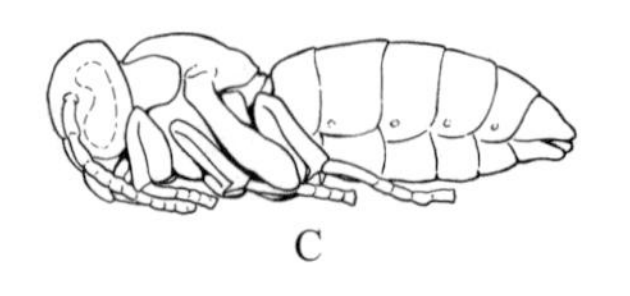

C

A. 未成熟的蝉的成虫。B. 幼虫最后一次蜕皮后的未成熟的飞蛾的蛹。C. 黄蜂的成熟的蛹。

图140　展示完全变形昆虫的蛹和不完全变形昆虫的未成熟成虫之间的相似性

在于，前者在完全长成成虫之前还要另外再进行一次蜕皮，而未长成的蝉可以不必蜕皮很快长成。

因此，我们可以得出结论，完全变形昆虫的蛹与不完全变形昆虫的成虫未成熟期相对应。

E. 博雅科夫完美阐释并充分证实了蛹的特性。与旧观点相比，他更加赞同蛹和不完全变形昆虫幼虫的最后阶段相对应。根据博雅科夫的理论，蛹并不在种群发展史上占据重要地位，换句话说就是，它不能在昆虫进化史上独占一席。它不过是一段较长的休息期，是幼虫最后一次蜕皮和在成虫长成之前蜕皮之间的一个阶段。

蛹有时比成虫发育得还完善，成虫有时只有简单短小的翅膀，而蛹的翅膀却又大又长。这说明出现了蛹这个阶段以后，成虫的翅膀退化了。在此，我们看看蛹变成成虫的另外一个例子。飞蛾和蝴蝶的成虫没有下颚或只有下颚的雏形（图 162），但蛹却有下颚（图 158H，Mx）。有一种飞蛾的蛹具有长长的长着牙齿的下颚，在变成成虫之前，它可以用来撕开茧跑出来。

幼虫变成成虫所发生的结构变化绝不仅限于外表，还包括内部组织的重组。幼虫建立起适应自身食物类型的高效消化道。成虫的食物不同于幼虫，所以蛹必须建立起完全不同的消化道。幼虫和成虫的神经和呼吸系统也不尽相同，幼虫的特征在成虫期完全消失了，这些器官的改变完全是为成虫量身定做的。

在幼虫变成成虫的过程中，肌肉发生的重组变化最大。成虫的肉体紧贴着最外边的表皮层，这层表皮构成了所有硬壳昆虫的骨架。肌肉和表皮的构造关系也因幼虫和成虫的不同而不同。幼虫变成成虫时发生了外部形态变化，因此幼虫的肌肉完全不适合成虫的生存需要。幼虫的特殊肌肉

必须消失，长出适应成虫机体需求的新的肌肉组织。幼虫的其他许多器官因组织细胞发生渐变而变形，在整个变形过程中，每个器官都毫发无损，所以消化道虽然改变了，但始终存在，并且它的身体外壳也始终保持原来的样子。至于肌肉则不尽然。有些昆虫的外部结构变化较大，因此肌肉组织必须完全重组，幼虫的肌肉纤维渐渐消失，成虫的肌肉纤维渐渐长成。

我们说过，成虫的肌肉紧贴在硬壳的最外层(图141)。硬壳的最外层一部分是由它下面的细胞层分泌的叫几丁质(chitin)的物质构成的，它就是后来昆虫蜕下来的皮。新形成的表皮非常柔软，和形成它的细胞层毫无二致。

只有新生表皮柔软，幼虫变成成虫时未改变的肌肉和成虫长出的新肌肉才能紧紧附着其上。正因为如此，博雅科夫指出，昆虫要长新肌肉，就必须还要长新表皮，这样肌肉纤维才能附着在表皮上。蜕皮时长出的新肌肉也在此时附着在新表皮上。如果没能按时长出新的肌肉，那么新的肌肉组织只有在下次蜕皮后才能附着在表皮上并发挥功能。

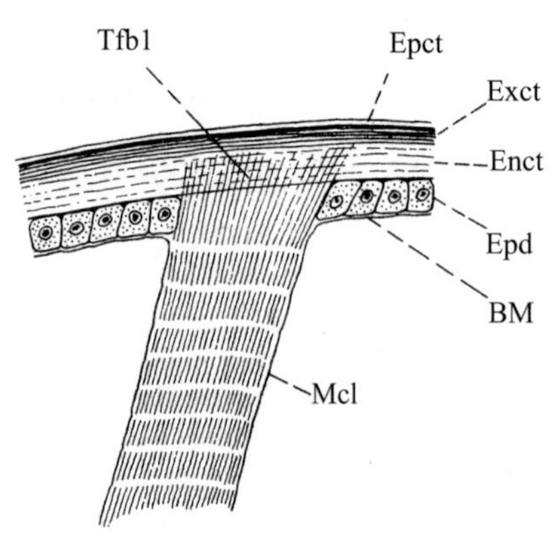

图141 成虫的纤丝(Tfbl)末端将它的肌肉附着在表皮上

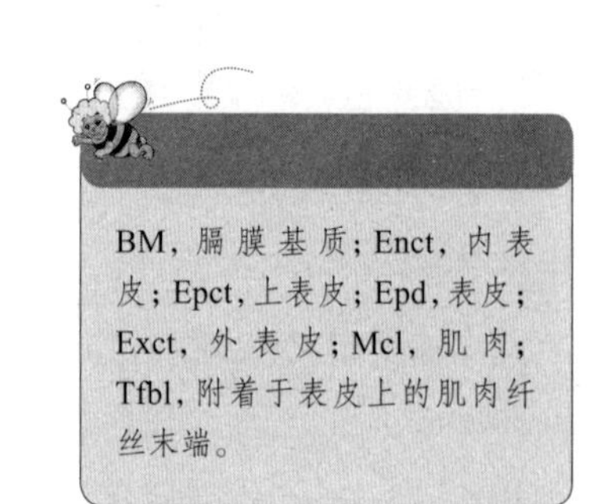

博雅科夫就此解释了蛹在昆虫生命周期中的起源。他分析了伴随昆虫形变发生的各种器官的变化过程，尤其是肌肉变化使昆虫必须长出新的表皮，因此它不得不额外再进行一次蜕皮。如果不完全变形昆虫在成虫期长出新的肌肉，这些肌肉必须在幼虫最后一次蜕皮时就已经形成，但此类昆虫发生这种情况的时候并不多。

博雅科夫的理论似是而非地解释了为什么蛹完全独立于成虫而自成一个阶段。根据他的观点，我们可以说因为成虫肌肉没能按时长成，而幼虫又需要新的表皮供肌肉附着生长，所以出现了蛹这个阶段。

蛹的这一生长阶段一旦确立，就和幼虫及成虫一样经历了独自的进化过程，尽管进化程度与两者相比要小很多。蛹与昆虫的其他阶段相比具有完全不同的特性。很多特性都是为适应自身的生活方式而进化的。

了解昆虫变形是一回事，真正理解昆虫个体是如何变形并如何完成变形则是另外一回事。昆虫变形也许只是特别修改了一下昆虫生长的一般过程，但个体的成熟发育和种群的进化最终依然殊途同归。个体的生长也许向左或向右远远偏离了种群的进化轨道；也许在某一点上加速偏离；也许在某一点迟迟不发生任何变化。因为个体就是大规模的细胞集团军，很有可能有些细胞发生偏离现象程度较大；有些细胞变化的速度则远远滞后，有些甚至静止不变。不过这有一个强制性前提，就是整个细胞集团军必须在同一时间到达同一地点。每一个种群从正宗嫡系分离出来以后，经过几代的发展变化，习性特征固定下来，以后所有该种群的个体都将沿着这个轨迹繁衍下去。因此，个体的发展变化与种群的发展变化大不相同。一个种群可以背宗弃祖、晃晃荡荡自由发展。完全变形昆虫的生命史只不过是复杂发展过程中的极端例子。

幼虫和成虫由于偏离正宗嫡系发展轨迹的情况不同，在结构的许多方面都不同。胚胎成了具有双重特征的生物，一部分细胞可以直接长成胚胎器官，另外一部分蓄势待发在幼虫的最后阶段长成成虫器官。这些细胞携带成虫特征，通过胚胎遗传给下一代。不过，在幼虫阶段它们是不起作用的。因此，在幼虫阶段，构成成虫肉体组织的细胞像个小群体或小岛一样躲在幼虫组织细胞里。这些休眠细胞群就是众所周知的成虫盘（imaginal disc）或成组织细胞（histoblast）。

进一步研究发现，胚胎的一部分细胞加速生长，可是另外一部分却减速生长，所谓的双重结构不过是正常生长过程的夸张说法。总的来说，如果幼虫体内有成虫器官，哪怕很小，也要等到幼虫发育完全后才开始生长。如果幼虫体内没有成虫器官，那么再生细胞则很早、有时甚至在胚胎期就开始生长。因此，幼虫器官在蛹时期的重建只不过是完成器官的自然生长发育，而长出新器官也无非是在幼虫时期未得到发育的器官的延期发育。

当幼虫结束了幼年生活，某些为满足自身需要特殊长出的器官也就没有用了。如果这些器官不能直接改造成相应的成虫器官，那就必须经过组织分解（histolysis）毁掉。我们目前还无法解释为什么会引起组织分解，为什么只在某些特定组织的特定时期发生。这也许是在酶的作用下的一种生理过程。在蛹时期，血液中的吞噬细胞（phagocytes）吞噬了幼虫的部分退化组织。曾经一度有人认为，吞噬细胞是摧毁幼虫组织的活性媒介物，不过这种说法好像是错误的，因为无论有还是没有吞噬细胞，组织分解都能进行。

当成组织细胞不断分解的时候，那些休眠但依旧保持生命力的成组织细胞正不断形成成虫组织。不管是什么造成了幼虫的组织分解，根本不会影响已经开始活跃生长的再生组织。这个过程叫组织再生（histogenesis），它将导致成虫组织最终形成。组织分解和组织再生在大多数器官中都是互相补充的。随着原有组织分解，新组织就会成长，这一过程在任何重建器官中从未停止过。只有肌肉，正如我们了解到的那样，原有组织在新组织形成之前会完全被毁掉。

由于蛹的体内正进行着一场高级生理活动（即新陈代谢），所以昆虫血液中充满着大量源自幼虫组织分解产生的物质。在蛹期，昆虫既不吃也不排泄废物——新组织生长所需的物质来自旧组织分解所产生的废弃物。不过这不是一个很直接的过程。昆虫拥有一个器官，可以把组织分解所产生的物质转化为新生组织发育所需的蛋白质化合物。这个器官就是脂肪体（参阅第四章和图157）。在幼虫时期，一些昆虫在脂肪体细胞内积累了大量的脂肪，另外一些昆虫则积累了大量的糖原质。这两种都是产生能量的物质，在蛹初期注入蛹的血液中。也许由于细胞核能分泌酶，脂肪体细胞也成为将组织分解产物转化为蛋白质的生力军。这些蛋白质最终被注入血液中，被刚形成的器官组织作为营养品吸收。在蛹的末期，脂肪体本身通常被完全消耗掉了，或者被缩减为少量零散的细胞，这些细胞为构建成虫脂肪体做好了准备。

在蛹的整个时期，成虫体内的器官都在不断发育，直到蛹期结束，蜕皮为成虫时，这个发育过程才算完成。但是外部器官由于逐渐变硬的体壁角质层阻碍了生长，所以只刚刚长到一半，而这种半成熟形态一直持续到蛹期结束。只有通过后来的体壁角质层在松弛的蛹皮之下不断生长，成虫外部器官结构才能真正完善；也只有当蛹的表皮褪掉，被表皮压得皱皱巴巴的器官才得以自由舒展，成虫才能真正以完全成熟的形态面世。

第九章

毛虫与蛾

毛虫的一生

早春时节，春寒料峭，时而会出现一段春光明媚、气候温暖的日子，到了这个时候的某一天，动物们往往会误认为美好的天气会持续下去。在野外的林子里，一棵野生的樱桃树上，一群小毛虫紧紧贴在细枝末端一个椭圆形、鼓溜溜的东西表面上（图142）。这些小动物一动不动地趴在那里，体长不足0.25厘米，因为寒冷几乎冻僵了。很多虫子把身体蜷成半圆形，身子好像已经冻僵，根本伸不直。它们也许毫无知觉，那样的话它们也就不会觉得遭罪。不过，如果它们能够感觉到寒冷，也许会悲叹，到底是什么命运把它们带到这样一个可怕的世界。

图142　刚从孵化的卵块中出来的黄褐天幕毛虫（实物的1.25倍）

但是在这种情况下，昨天温暖天气的假象促使毛虫离开了它们赖以安全过冬的卵壳，可它们并不知道今天自己会碰上厄运。空空的卵壳还留在纺锤形的东西里面，这个像树瘤一样的东西紧紧地附着在树皮上，为很多卵提供了保护膜。保护膜的表面有许多小孔，毛虫就从这些小孔中钻出来，在保护膜的表面织出一道道纵横交错的丝线，在天气不好的时候给自己提供一个稳稳当当的落脚点。尽管如此，它们还是孤立无助的。不过，当大自然之母让某种生物尝试着在恶劣环境下生存的时候，也会赐予它一些防护措施，以避免它遭受灭顶之灾。

这些小家伙是黄褐天幕毛虫。我们以后将会看到，它们在生活里，将养成极强的织网习惯。我们会经常在树林里的美洲稠李和野黑莓树上看到它们。不过，这些毛虫主要栖息在果园的苹果树上，因此，它们也被叫做苹果树黄褐天幕毛虫(Malacosoma americana)，以便和那些通常不生活在栽培果树上的近亲种群加以区别。

在这个季节很容易找到黄褐天幕毛虫的卵块。卵块通常在树尖上，包裹着树皮，和棕色树皮的颜色一样，就像树皮肿起了一块。多数卵块1.6—2.2厘米长，宽度是长度的一半，而且由于细枝的粗细不同，它们的厚度也不

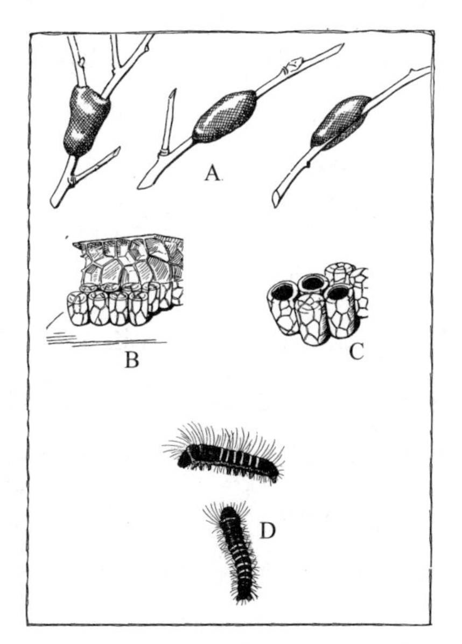

图143　卵和黄褐天幕毛虫的卵新孵化的幼虫

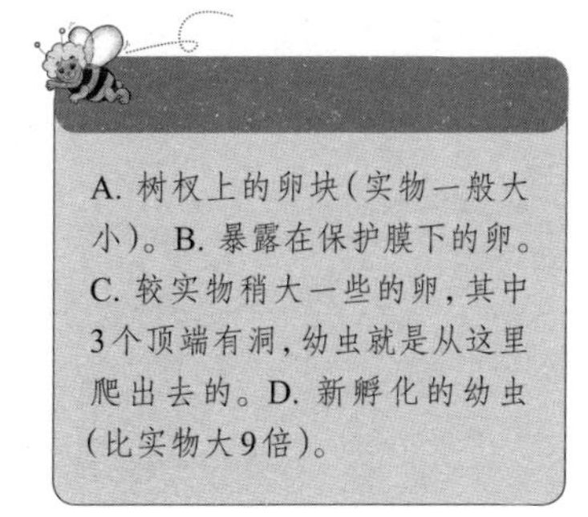

A. 树杈上的卵块(实物一般大小)。B. 暴露在保护膜下的卵。C. 较实物稍大一些的卵，其中3个顶端有洞，幼虫就是从这里爬出去的。D. 新孵化的幼虫(比实物大9倍)。

同。仔细观察，会发现卵块紧紧包裹着细枝，就像一件厚外套一样。卵块外形对称、两端较细。但有些长在树杈或树芽上的形状并不规则，只有一端较大。

卵块主要由一层易破、透明、像胶水干了以后的覆盖物组成。通常，许多卵壳大头一端已经破碎了。卵都排列在紧挨树皮的那一层，数目有300—400之多（图143B）。它们看起来像小小的灰色瓷坛密密地排在一起，圆圆的、略尖的下端粘在细枝上。上端较平或略带突起。每个卵高0.5厘米，宽是高的三分之二，能容纳一只幼虫。卵块保护膜的厚度是卵高度的一半儿，但由于昆虫属种的不同，厚度也不一样。它们外表光滑平整，内部则充满了由膈膜隔开的不规则的多侧面的气泡（图143B）。

卵块保护膜有些破损，膈膜的基质只剩下棕色的丝线胡乱地缠在卵上（图143B），就好像为防止其他卵虫造反所设的双重保护一样。当毛虫急切地想要获得自由，卵壳或是任何捆绑都不能束缚得了它们。每个毛虫都长着有效的切割工具——尖尖的下颌。用下颌，它们可以将卵壳凿开一个圆洞（图143C）。卵壳的超级结构很容易地破解了，毛虫爬了出来，和其他成百上千的兄弟姐妹们一起站在了原来的监狱房顶上。

被毛虫废弃掉的卵壳保护膜上有许多丝网。此刻，我们在篇首看到的那群浑身冻僵、一动不动的幼虫们正待在那儿。天还是那么冷，阴云袭来，下午一场凄风冷雨又将这些可怜的小生灵淋得浑身湿透。夜里，凛冽的北风呼啸，气温降到了约-17℃以下。第二天冷风依旧，夜晚寒霜降至。一连三天，毛虫们没吃没喝，没有遮风挡雨的地方，忍受着大自然的严峻考验，但是樱桃树已经透出绿绿的嫩芽，等到第四天天气回暖，偶露阳光，起死回生的流放者们也找到了新鲜的嫩芽可吃。第五天，嫩叶长出来了，可吃的东西更多了。对这些小毛虫来说，严酷的季节已经过去。华盛顿附近的黄褐天幕毛虫在3月25日孵化。

新孵化的毛虫（图143D）大概0.25厘米长，身体的第一体节最宽，然后逐渐变窄。身体的大部分颜色发黑，头背部第一节有一条灰色项圈，几条灰色线贯穿头尾。身体的多个小节背部边缘呈灰色，第四节到第七节背部边缘呈亮黄色或橘色。在身体背部中间有一条颜色较深的线。整个身体布满灰色长毛，身体两侧的毛向外伸展，背部的毛向前弯曲。毛虫吃了几天嫩叶以后，身长已经比刚孵化时大了一倍。

幼虫孵化以后，天气持续变暖，它们的幸福生活也开始了，和那些在篇首描述的可怜虫们相比，根本不可同日而语。我们将坏天气开始之前，也就是3月22日孵化的三组毛虫拿进了屋里，让它们在较好的环境中生长。这些毛虫没在卵块上待多长时间，也没在卵块上吐多少丝，就动身长途探险去了。一些探索了卵壳附近的细枝和其他地方；一些拉着丝从树杈坠下来，看看下面有什么新鲜好玩的。大多数毛虫则是一路向上，就好像天生知道鲜嫩的树芽会长在那儿。它们沿着这条路一直走下去，走到了光秃秃的树杈上。这群毛茸茸的毛虫最终在树尖上集合，扭动着身子，好像搞不懂为什么自己的天性、本能跟它们开了个玩笑。还有一些跟着别的毛虫吐丝下坠，很快就形成了长长的细丝天梯。总能看见一个或多个毛乎乎的毛虫那么吊着、扭着，好像很喜欢这个游戏，又好像太害怕了，不愿再走了。

有好几天，小毛虫们就过着这种无忧无虑、快快乐乐的日子。沿着细枝到处探险啦；碰见嫩枝就吃一口啦；在松松的丝网下荡秋千啦；到处结网啦。不过每一个家庭成员，彼此都不会离得太远。如果想和家人团聚，它吐出的丝线就能引导它重返家乡。

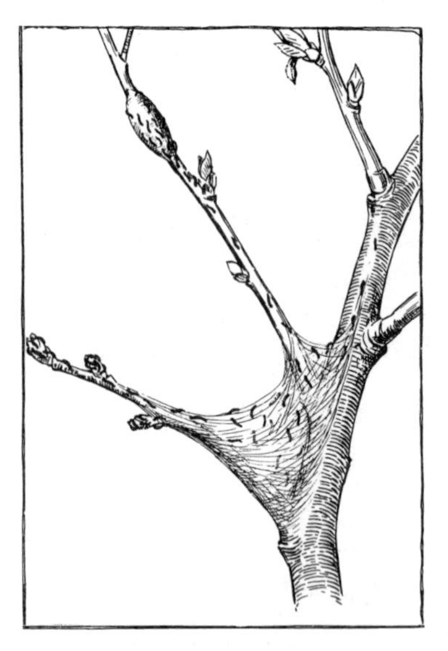

图144　由黄褐天幕毛虫建造的第一个帐篷（实物的一半大小）

在27日的早上，分散开的家庭成员又聚集到了一起，并在四个树杈间支起了一个天幕一样的小网（图144）。一些毛虫趴在网上；一些在网里休息；一些沿着挂在树杈上的丝网来来回回地爬着；还有一些聚集在树芽上，贪婪地吞吃着树叶。搭建天幕标志着毛虫生活的改变，它要求毛虫担负起责任，每天要有固定的生活轨迹。这对黄褐天幕毛虫来说很重要，就像第一天上学对我们来说很重要一样。以后不能再无拘无束了，而要遵守传统的习俗了。

每个度过婴儿期幸存下来的黄褐天幕毛虫家族长到一定程度，都要搭建天幕。即便环境相似，建造的头几天也不尽相同，建造的方式也不一样。

康涅狄格州由于纬度比华盛顿高，春季来得要晚一些。同年4月8日，三窝黄褐天幕毛虫才开始孵化。这些毛虫也遭遇了凄风冷雨，因此不得不一连好几天蜷缩在卵壳的保护膜上。四天以后，天气逐渐转暖，毛虫可以沿着细枝四处走走了。但直到14日，也就是孵化后六天，它们才开始吃东西，不过此时它们已经长到0.3厘米长了。

它们在苹果树杈间随意溜达，无论在何处安营扎寨，都会织一张丝毯在上面休息。全家人都挤在那儿，使它像一张圆圆的、毛茸茸的地毯（图145）。和光秃秃、潮乎乎的树皮相比，地毯就像一张安全的大床。如果睡觉时冻僵了，它们的爪子会在无助的时候牢牢地抓住地毯。16日白天、晚上连续下了冰冷的雨，露营者浑身浸湿，经受了严峻的考验。它们完全冻僵，像毫无生命的湿乎乎的木头。17日下午，气温又回暖了。有几次还看见了太阳，树上的湿气蒸发掉了，大多数毛虫又恢复了生机，稍微走动走动，晾干它们的毛发。尽管有些被暴风雨刮跑，掉到地上死了，还有大约20只尸横天幕营，但大多数还是幸存下来了。

图145 在两个树杈间织的平网，黄褐天幕毛虫簇拥其上（大小和实物一样）

几天以后，天气越来越好了，毛虫们依旧过着无忧无虑的日子，随便吃着绽放的树芽，但在休息时仍然会回到天幕，或者在方便的地方再建一个。通常每个家庭分成几组，每组都有自己的专属营地，但无论到哪儿，所有毛虫都会通过丝线保持联络。

宿营地要么建在树表，要么建在枝杈间。建在树杈的宿营地看起来好像是为毛虫提供的安全落脚点，建在树杈间的宿营地更像是一方天幕，更好地保护下面的毛虫。经常有很多毛虫爬到下面去，好好享用它们的避风港。不过，一连12天，三组毛虫没有一组建避风港似的天幕。20日早上，一组在它们待了一星期的地毯上方又织了一张天幕，住了进去。这些毛虫已接近幼虫期的尾声，两天后，也就是孵化后的第14天，我们在天幕里发现了第一层蜕皮。

第二阶段，毛虫的颜色变了，表明它已经进入更成熟的阶段（图146）。在

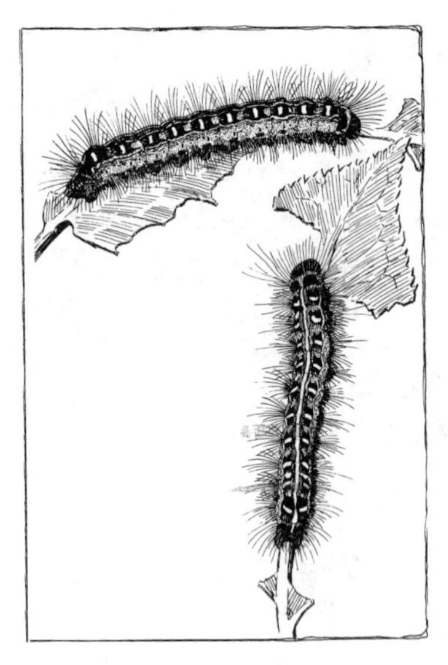

图 146　成熟的黄褐天幕毛虫（和实物一般大小）

身体前部两侧的深色区长出了长方形的饰点，每个饰点都纵向被浅色条带分隔开，每组饰点的上方和下方都清晰地配有灰色线条。上面的那条线通常是黄色。下面第一条线的下方是深色条带，再下面长着另外一条灰线，最下面就是它的腿了。身体背部第一节长着棕色横向硬壳，后三节则是一片黄色，没有饰点，也没有线条。

由于毛虫不断在天幕的侧面和上面继续编织，天幕迅速变大。每一张天幕都是在另一张的上面织成的，所以老房顶变成了新楼层的地板。新天幕将旧天幕立体包裹起来，一层一层地依照原来的结构加盖。因为天幕最先是在树杈上建起来的，所以只能越织越高。建造完成一看，不得不赞叹天幕确实是巧夺天工。天幕半遮半掩，藏在树叶间，亮银色和绿叶相映成趣。在阳光照耀下闪闪发亮，发出柔和的灰色和紫色的光芒。

图 147　成熟的黄褐天幕毛虫在晚间觅食

毛虫现在过着一种群居生活，同吃、同消化、同休息、同劳动，每天什么时间干什么都是固定的。这对毛虫来说，它们的行为只是生理功能的反映。有时,它们的行为也受天气制约。

日常行为从早餐开始。早上全家聚集在天幕幕顶。大约六点半,整齐地排成几个纵队沿着树枝出发。树枝末端的树叶就是它们的早餐。两个多小时以后,通常是八点半或九点钟,吃饱喝足,它们又回到天幕表面,接着吐丝干活,不过这个时候,它们不会让自己太辛苦,一般也就半个小时就收工。大多数情况下,它们会聚集在阴凉的最外层。但随着正午临近,它们就像羞于见人一样躲到凉爽的里间去了。

在下午的早些时候,它们会简单吃顿午餐。通常是在一点,但时间并不固定。不过,偶尔十一点刚过就吃,有时十二点吃,还有的时候拖到两三点钟,但是最迟不超过四点。这时,它们会再次聚集在天幕的幕顶,吐丝结网,直到所有的兄弟姐妹都准备好朝饭店进发。它们吃一小时左右,然后回家再织一会儿网,接着睡一会儿午觉。但并不是所有的毛虫都吃午餐,多数的早期幼虫吃,而后期幼虫则完全不吃。

晚餐是一天中的大餐,吃饭的时间差别很大(图147)。我们从5月8日到26日观察了康涅狄格州的五组毛虫,晚餐最早的时间纪录是六点半,最晚的是九点。餐前都要在户外进行大量活动。尽管黄褐天幕毛虫并非总是那么精力过剩,但在此刻它们确实达到了兴奋的最高点。天幕幕顶挤满了不知疲倦的毛虫,大多数的毛虫都在拼命忙着结网,好像不完成规定的任务就不能吃饭似的。也许,只是因为体内充满了丝线,非得吐出来才痛快。

黄褐天幕毛虫并不像多数幼虫那样通过来回摆头有规则地一圈一圈织网。它将身体扭向一边将丝线尽可能地往后粘,然后往前走两步,再重复相同的动作。有时身体朝这边扭,有时身体朝那边扭。它可以随意向任何方向拉线,只要不碰上别的织工就行。总有那么几个在天幕来回穿梭并不织

网，就像寄宿生不耐烦地等着晚饭铃响一样。也许它们已经用光了体内的丝线，做完了一天的工作了。

晚饭铃终于响了，旁人是听不到的，但它们能听到。有一些毛虫早早地集合起来，从天幕向树枝进发。又有一些跟了上去，形成了一列纵队，沿着标记清晰的丝路走向遥远的树枝。目的地一到，立刻分成几组，分散到各个树叶。天幕很快就空无一人了。晚餐要吃1—3个小时，所以食客们回来得很晚。我们通过观察发现，毛虫一直到第六或最后一个阶段都保持这种有规律的习惯。本书作者至少九次发现它们在九点到十一点回家，还有一些在最后一次观察它们时还在吃晚餐。

当我们描绘毛虫的群体生活时，很难用几句话概括所有个体的生活，最多只能说大多数毛虫是如何做的。在群体中，总有个别古怪分子不遵守大家的习惯。有时，我们看到一只毛虫孤零零地在两顿饭之间进食，有时又看到一只毛虫独自一人在天幕上织呀、结呀，而其他同伴早就停工到下面睡午觉去了。这样的毛虫似乎责任心超强。也总有一只毛虫怎么也不睡，蹭蹭这儿、挪挪那儿，扰得两边的伙伴都不得安歇。伙伴们很生气，但并不抗议，似乎明白它这么不安分只不过是得了常见的兴奋症。啊，还是忍一忍吧。

毛虫的很多特点都很像人。我们常说，人性的弱点在于，即便毛病很多，也很容易自我满足。人类在开始群居生活以前，彼此是不必担负责任的。人类和毛虫相似的地方还有孤独感。

黄褐天幕毛虫一生中要蜕6次皮。每次蜕皮都从头背部和背部的头三个体节中间开始，然后将一块皮从头到尾完整地蜕下来。其他种类的很多毛虫在最后一次蜕皮时头部的皮和身上的皮是分开的。除了毛虫变成蛹的关键性蜕皮，毛虫期间的几次蜕皮都是在天幕里进行的。每次蜕皮都让毛虫至少两天不能动弹。当大多数毛虫同时蜕皮的时候,整个群体都停止了活动。当毛虫都长成了以后,整个天幕里蜕皮的数目是幼虫的五倍。

正如我们描述的那样,第一阶段的毛虫和后阶段的毛虫身体的色彩图案完全不同(图143D)。在幼虫的第二阶段,成熟毛虫的斑点和条纹开始显现。但在后来的几个阶段,颜色特征开始越来越像最后一个阶段,也就是第六阶段的毛虫(图146),那时候色彩更浓重,图案更清晰。此时,它长着黑丝绒般的脑袋,脑后有一条灰色的项圈,身体的头一个体节长着黑色硬壳,中间一条黑色条纹。背部中央一条白色条纹贯穿至尾部。身体两侧长着又黑又大的斑点,每个斑点里还有发银蓝色的白色斑点。在每个斑点之间和斑点下方全是醒目的蓝色。身体第十一体节有个隆起的部位,由于周遭的黑色过于浓重,中间的白色条纹几乎看不见。它全身装饰得如此华丽,但并不让人感到俗气眩目,因为五彩斑斓的颜色在全身红棕色的毛发的掩映下,显得很柔和。在最后阶段,完全成熟的毛虫大约有5厘米长,还有些身体伸直了,能达到6.4厘米长。

康涅狄格州的黄褐天幕幼虫大约在5月中旬进入第六也是最后一个生长期。它们的习性在很多方面都改变了,不再顾及世俗惯例,也拒绝承担早期的责任。它们不再编织天幕,甚至连修修补补的工作都不做了。除非天气不好,它们会整夜待在外面进食(图147),晚餐和早餐都连在一块儿了。好几个晚上我们观察发现,有四组毛虫晚上准点出去觅食,直到次日凌晨四点还在吃,七点半才回家。它们晚上大吃大喝,午餐就什么也不吃了,因为肚子里塞得满满的,需要一整天才能消化得了。有些研究人员将黄褐天幕幼虫称为夜间觅食动物;有些人则说它们一天吃三顿。两种说法似乎都对,但我们并没发现两种说法对不同生长期的毛虫都适用。

在毛虫生活中的任何时期，恶劣天气都会影响它们的日常生活。5月里有两个星期，白天和晚间的天气都很好，很暖和。但17日这一天，气温还不到18.3℃，下午的时候，阴云密布，晚上则下起了小雨。我们观察的五组毛虫照常出来吃晚饭。当我们在九点最后一次观察它们的时候，它们还在吃呢。雨下了一夜，但气温稳定在了10℃—12.7℃之间。

第二天早上，三棵树上都是浑身淋得湿透的毛虫，吊挂在树叶、叶柄和树枝上，浑身冻僵，动弹不得——再也没有比它们更惨的虫子了。自我保护的本能显然没有战胜饥饿，最终寒冷和潮湿降服了它们。它们浑身麻木、动弹不得，出于应急反应，用胸腿抱住丝线，在风中摇摆。一些毛虫仅用后腿抱住丝线；一些用所有的胸腿抱住丝线。但第四组中所有的毛虫和第五组中大多数毛虫都安安稳稳地在家待着。很显然，在凛冽的天气来袭之前，它们已经安全撤回家了。

早上八点，很多冻僵的毛虫又重新恢复了生机。一些吃了点饭，一些疲惫无力地返回家中。九点四十五分，大多数毛虫都往家赶了，十点四十五分都到家了。

小雨连绵不断下了一整天，但气温上升到了18.3℃。只有几只年幼的毛虫中午出来觅食。晚间转成滂沱大雨。大雨过后，有两窝毛虫出来觅食。第二天，也就是19日的早上，气温又降到9.4℃，小雨又下个不停，没有一窝毛虫出来觅食。它们好像学乖了，或许只是冻僵了不愿离开家。下午，天放晴了，气温回升，毛虫们又开始了它们正常的生活。

黄褐天幕毛虫的进食方式就是吞吃叶子，一直吃到叶的中脉（图146，图148），这样它们能把栖息过的所有树枝吃得光秃秃的。因为它们生来就是大肚婆，一颗小树上的一个大种群或几个小种群还未长大，就能把树叶吃光。本书作者从未见过一个群落因为贪吃而陷入如此境地，但我们摘掉了一棵小苹果树的所有树叶，利用人工的办法制造了一个类似的状况。5月19日这一天，毛虫差不多长到了第五阶段。晚上七点，这群毛虫照常出来，在天幕上习惯性地结网后，就动身赴宴，想都没想就走到了光秃秃的树尖。很显然，它们有点糊涂了，返回去又重新走一遍。接着，又试着看看其他所有树枝，都一样，全都是光秃秃的像树墩子似的。不管怎么说，本能告诉它们走惯了的丝路会引导它们找到食物。就这样，一晚上它们都在寻找树叶，一遍又一遍重复走着同样的路，但竟没有一只毛虫去看看树的下半截。早上三点四十五分，很多毛虫放弃寻找，失望地回到了家，但仍有一些毛虫还在绝望地寻找。七点半，一些勇敢的探险家在树基那儿找到了残存的树芽，一直吃到十点，十一点又返回家中。

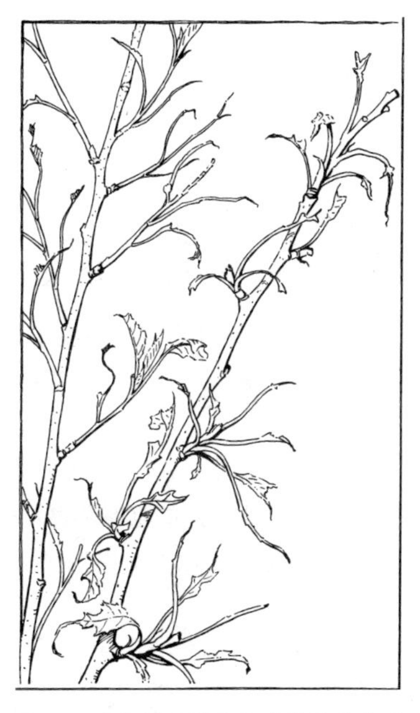

图148　被黄褐天幕毛虫啃得光秃秃的美国稠李（chockberry）和苹果树的枝条

下午两点，全体又出发汇集到树基那儿。不过没有哪只毛虫知道该做什么，也没有哪只毛虫出头主持大局，尽管三面都长着小苹果树，离它们也不过一米多远。几个小心谨慎的毛虫侦察了树基周围大概不到30厘米的地方，还有一只小毛虫勇敢地朝着一棵树走去。但它错过了目标，只差30厘米，不过它还是接着向前走去，命运也许最终会眷顾这个小毛虫，让它最终

能找到树。下午三点，集会结束，大家都回家了。当天晚上和第二天早上再没看到它们。

21日和22日，偶尔有一只毛虫爬出家门，但又很快返回。直到22日晚上，大批幼虫才出动了。它们又去看了光秃秃的树枝，接着又沿着树干来来回回试走了很多新路，可没找到吃的东西，也没有一只离开那棵树。

23日和24日再也没看见它们。25日打开天幕一看，里面只有两只毛虫了，饥肠辘辘、奄奄一息。其他毛虫都跑到哪儿去了？也许在我们不注意的时候它们一个一个地溜掉了吧。当然这绝不是有组织的搬家。在附近的十几棵苹果树上，我们陆陆续续发现了一些孤孤单单的毛虫。也许毛虫已经长大，大多数已经蜕皮，进入了最后生长阶段。不过，我们并不十分肯定。

在毛虫进入最后一个生长期后，天幕就被废弃了，很快变成了残垣断壁。鸟儿时常用它们的噬鼻在上面戳个洞，把丝毯抽走造鸟巢，可毛虫连修都不修，理都不理。家里到处充斥着毛虫的粪便，蜕掉的皮和皱皱巴巴的死毛虫。雨从破洞刮进来，内墙掉色了，到处是垃圾。原来闪闪发亮规规矩矩的家变成了破败肮脏的旧网。

不过此刻的毛虫却身着最漂亮的衣裳，全然不顾周围的肮脏破败，在令人恶心的环境下整日安然酣睡。毛虫似乎在想，天幕的生活马上就要结束，不要管它了。当然，毛虫不会思考，一直都是本能地在做事。此刻它们根本不想保持室内清洁或干些修补工作，因为这么做只会消耗体能。很多事情，大自然需要非常实际的理由。

在最后一次蜕皮以后，毛虫还要在天幕生活一个星期，然后各奔东西，有时单独走，有时是成群结队地走，更多是不管不顾地单独走。根据它们以前的习性判断，应该是爬下树干离开的。但是，出乎我们意料的是，它们的生活中出现了一幕精彩华章。一只毛虫好像是突然从噩梦中惊醒，又好像是被恶魔追赶，沿着树杈飞奔，毫不减速，直到跑到树尖或一片叶子尖上，累得筋疲力尽，然后突然一个空翻，翻着筋斗云就着陆了（图149）。

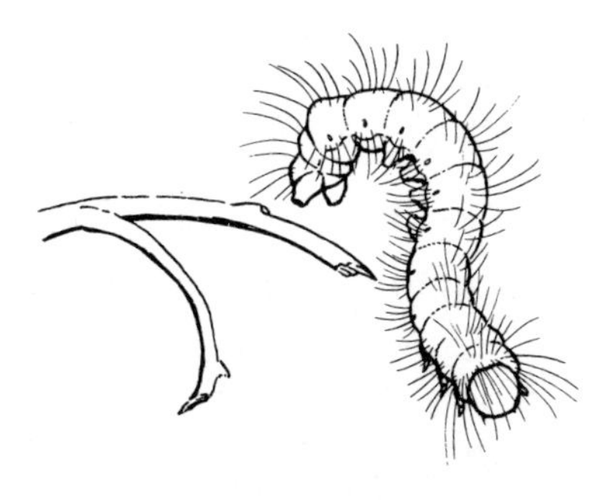

图149　在其生长发育的最后阶段，黄褐天幕毛虫从树尖上翻落到地面，以这种方式离开其巢穴所在的那棵树

5月15日，我们在康涅狄格州的毛虫群落里第一次观察到了这种表演。19日的下午，半个小时之内，我们看到相邻的两个群落有二十多只毛虫用同样的方式从树上跳下。大多数毛虫都是在12日和13日最后一次蜕皮的。在后来的几天里，我们又看到一些毛虫从树上跳下。所有的毛虫都是在不同的时间从树上跳下来，但大多数在下午的早些时候。很多毛虫一爬到树梢就直接跳下去，没有什么空中杂技表演。只有3只毛虫是按常见方式沿树干爬下来的。

第一只毛虫离开以后几天，天幕幼虫的数量逐渐减少。5月19日，我们观察到有两个群落的毛虫在进行大移民；21日，我们打开天幕，看到里面只剩下了一只毛虫。21日晚上，我们看到另一个群落只有一只毛虫出外觅食。一直到22日，孵化较晚的两个毛虫群落还保持着稳定的数量，以后几天数量逐渐减少，最后人去楼空了。所有这些群落的毛虫都是4月8日、9日和10日孵化的，所以它们待在老家最长的时间是七个星期。4月10日孵化的那个群落15日走了第一只毛虫，所以据我们观察，毛虫待在老家的最短时间为36天。

毛虫成熟之后离开了家园，它们到处溜达，碰见合适的饭菜就吃一口，彻底摆脱了婴儿期家族设置的条条框框，充分享受自由的生活。不过它们的自由生活还有一个远期目标，那就是要进行神秘的变形，毛虫生活该结束

了。如果成功变形，它们就会变成长着翅膀的蛾了。毫无疑问，毛虫拥挤在残破的帐篷里度过蜕变期是非常不明智的。如果有什么灾难性事件不期而至，它们将全部死去。因此，大自然赋予了天幕毛虫迁徙的本能。这种本能一发挥作用就使全家人各奔东西。毛虫们用了一个星期远走他乡。正如它们能本能地感受到分别的日子将近，它们也本能地选择了一个合适的地方把自己裹在一只茧里。

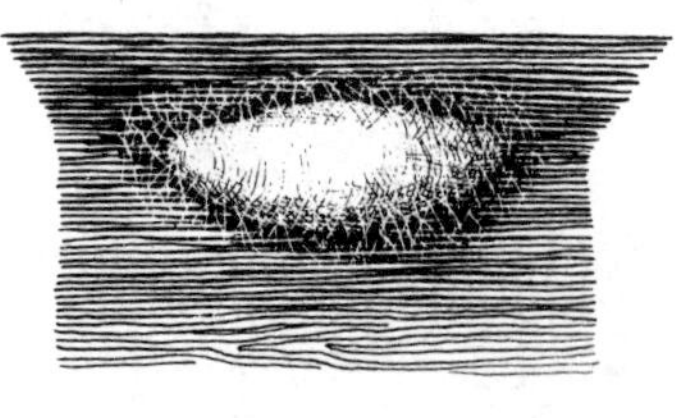
图150　黄褐天幕毛虫的茧

在大量毛虫分散开来的地方，想在附近找到很多茧并不容易。不管怎么说，我们还是在草叶间、篱笆下、小屋和仓库那些不受打扰的地方发现了它们。毛虫的茧呈细长的椭圆形，或者说是纺锤形。大的茧有2.5厘米长，中间最宽的部分有约1.3厘米宽（图150）。茧是由白丝织成，茧壁坚硬，呈黄色，网眼渗透着像淀粉一样的东西。

要建茧房，毛虫首先要选一个合适的地方粗粗地织个框架，并以此为基础，最终将自己织进去。毛虫的个儿大，茧的个儿小，毛虫不得不把身子蜷起来，才能把自己织进茧里。它的大多数毛发都脱落了，和着丝线织成了茧。织完了，毛虫就从体内吐出黄乎乎、黏乎乎的液体，涂在茧的内壁上。液体透过网眼很快便干透了，这使茧壁更加结实。当我们把茧从它粘的地方摘下来，黄色粉末立刻迸发出来，弄得外面到处漂浮着黄色的尘雾，而里面的毛虫也是一头一脸的灰。

茧是毛虫最佳的栖息之所。如果它活下来了，就会从自己的牢房里破茧而出，变成一只飞蛾，丢弃它蠕虫般的外套。但是，它也许会受到寄生虫的攻击，并很快因此死亡。要想成功变形，它至少要在茧里待上三个星期。

在这段时间里，你也许会有兴趣学习一下毛虫的身体结构，以更好地理解变形过程的一些细节。

毛虫的身体结构和生理机能

一只毛虫就是蛾的幼虫，它将青春期的独立的观念发挥到了极致，但这种观念并没有超越父母，而是退化到蠕虫形态。对现在那些为自己所相信的观念而叹息的人们来说，这个例子提供了一个极好的题目。这种观念认为，人类社会中的年轻人过度独立是一种令人震惊的倾向。然而，当我们获知毛虫这种不受父母约束的自由给蛾的幼虫和成虫都带来好处，并由此形成整个物种的优势，这种道德方面的教训多少缺乏一点说服力。独立就要求承担责任。一个动物，一旦离开祖先已经踩出来的路，那就意味着它在走新路时要照顾好自己。毛虫经历了漫长的进化过程，在这一点上它们做得非常好。现在，它所具备的生理本能和身体器官已经使它在昆虫世界占有优势地位。

毛虫最吸引人的外部器官都长在头部（图151），包括眼睛、触角、嘴、下巴、吐丝器官。我们看一下毛虫头部的正面图，就能看到头部两边各是一个很大的半球状侧面区域，被上部的中缝和下部三角形的外表组织（图151，Clp）分隔开来。上颚肌肉连接在半球球壁上。半球的大小并不能说明毛虫有多聪明，因为毛虫的大脑只在头骨里占一小部分（图153，Br）。在三角形的外表组织的下端是宽宽的内凹的前唇，也叫上唇（Lm），就如同保护片悬垂在下巴的底部上。上唇的两边长着很小的触角（Ant）。两个半球靠下边一点各长着六只小眼睛，也叫单眼（O），五只长在上边，一只长在触角根部。

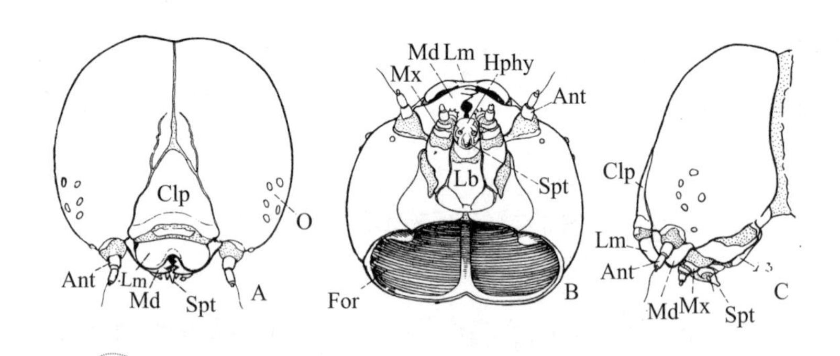

A. 正面视图。B. 下表面。C. 侧视图。Ant, 触角; Clp, 额板; For, 头部通向身体的后出口; Hphy, 下咽部; Lb, 下唇; Lm, 上唇; Md, 上颚; Mx, 下颚; O, 眼睛; Spt, 喷丝头。

图151　天幕毛虫的头部

尽管眼睛很多,可毛虫好像是个超级近视眼,似乎连眼前有没有东西都看不清,白天和黑夜也分不清。在光秃秃的树上忍饥挨饿的毛虫,似乎根本看不到一米远就有好多枝繁叶茂的另外一些树。

图158A展示了天幕毛虫的一般外部形体和结构。它的躯体柔软呈圆柱形。头部较小,外罩硬壳,脖子柔软灵活。头部和脖子后面首先是由三个体节组成的躯体部分,每一个体节都长有一对短小的带关节的腿(L)。再往后是由十个体节组成的躯体部分,长有5对短小无关节的腿(AL)。头四对长在第三体节到第六体节上,最后一对长在第10体节上。长着带关节短腿的三节对应的是成虫的胸部(图63, Th),再往后是成虫的腹部。它的胸部是躯体的运动中心。但是毛虫长得像蠕虫,身体没有特殊的运动区域,因此也可以说毛虫的躯体不分胸部和腹部。毛虫的每

条胸腿的脚末端上只有一个爪，但是每条腹腿都长有宽大的脚掌，脚掌周围有一系列或一圈爪子，中间还有个吸盘。因此，腹腿是毛虫重要的行进器官，也是抓住物体或把自己依附在坚硬、平坦的物体表面的重要器官。

毛虫的下巴长有一对巨大有力的上颚（图151，Md），不过，当上唇闭合的时候，我们是看不见的。每只下巴都由球状关节与嘴边的头盖骨下沿连接，当毛虫咀嚼时，上颚纵向前后活动。负责切割食物的是几个有力的牙齿（图152），当下巴闭合的时候，它们也呈上下对合或咬合状态。

天幕毛虫的嘴下方靠后撅着一个大型复合器官（别的昆虫则是分开长的），像一片厚厚的下唇（图151，C），由三部分组成，分别是一对柔软的下巴附属物，叫下颚骨（图151B，C，Mx），和真正生理意义上的下唇（图151B，Lb）。这个复合器官的最重要部分——中空管（图151A，B，C，Spt），从唇基长出来，伸向下后方，这就是喷丝头，能喷出丝线用来织天幕或织茧。

毛虫的头部直到身体内部长着长长的管状腺体（图153，SkGL），能产生新鲜的丝液。每个管状腺体的中间都有一个大大的液池（图154A，Res）用来储藏丝液。前边细长的部分叫送丝管（图154A，Dct）。两条输送管交汇

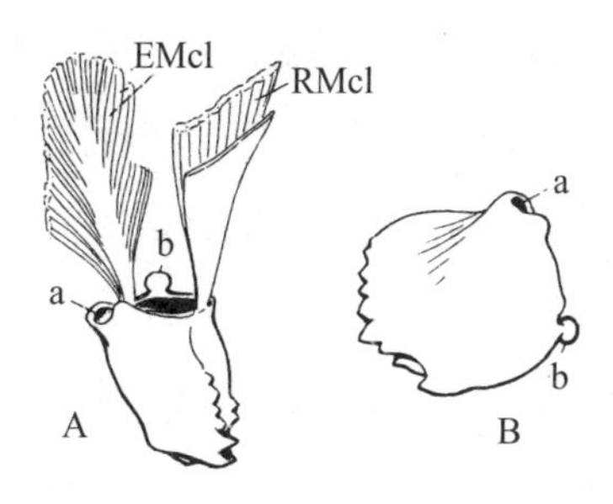

图152　天幕毛虫从头部分离出来的上颚或咀嚼型下巴

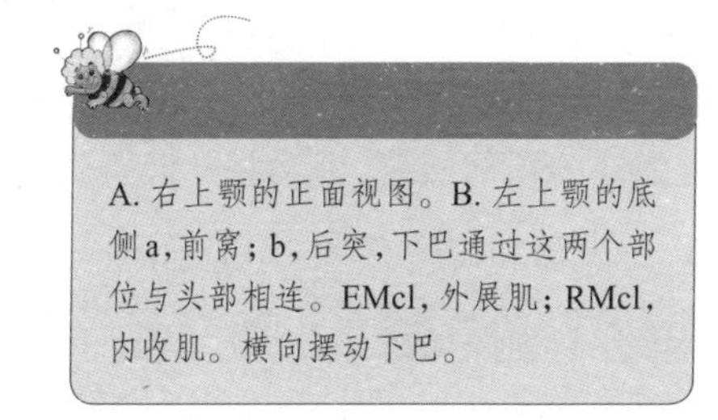

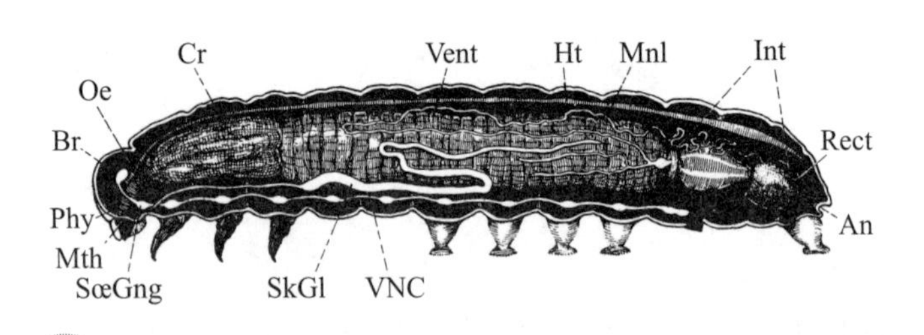

An：肛门；Br，大脑；Cr，嗉囊；Ht，心脏；Int，肠；Mnl，马氏管（另外两条从靠近基部的地方切掉了）；Mth，嘴；Oe，食管；Phy，咽；Rect，直肠；SkGl，丝腺；SoeGng，食管下方神经中枢神经节；Vent，胃（砂囊）；VNC，腹部神经索。

图153　黄褐天幕毛虫的纵向切面图，显示的是除呼吸系统之外所有主要的内部器官

处长着囊壁厚实的液囊（Pr），通过喷丝头伸向体外。毛虫还长着两条像两串葡萄一样的附加腺体，Filippi（图154A，B，C，GlF），其前端与输送管相通。

图154B是左侧下颚和下唇的侧面图，展现了送丝管、压丝器和喷丝头的关系。很显然，压丝器（Pr）的作用能调节丝液流向喷丝头的流量。它也许还能调节丝液的形态和浓度。

图154E显示的是内腔（Lum）的横断面，顶部是突起线条（Rph），四组肌肉（Mcls）通过提拉顶部突起线条，扩大内腔容量。在C图我们看到了这四组肌肉。内腔变大，液池的丝液就会通过送丝管流向内腔。当肌肉放松，带有弹性的顶部回缩，就会将丝液挤压出喷丝头。D图的侧面图显示了送丝管、压丝器和喷丝头这三组通道的连续性。

丝液黏性很强。毛虫从喷丝头中喷出丝液，粘在某一点上，然后把头一偏就牢牢地粘好了，而且，丝液很快就能变硬而无弹性。

毛虫的嘴长在下巴和嘴唇之间。嘴里面是食道，也叫食管，它们和咽喉

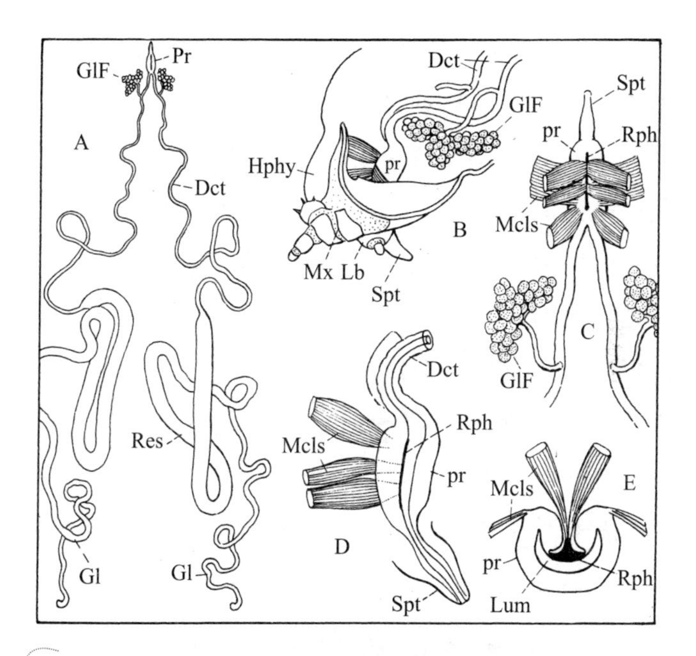

A. 丝线的形成器官，包括一对管状腺体(Gl)；中间是大大的液池(Res)；长长的送丝管(Dct)；压丝器(Pr)；一对附加腺体(GlF)。
B. 下咽部的侧面：左侧下颚(Mx)；下唇(Lb)；压丝器(Pr)；送丝管(Dct)；喷丝头(Spt)。
C. 压丝器(Pr)的俯视图：在它的四壁和顶部突起线条(Rph)长有四组肌肉(Mcls)。
D. 压丝器的侧面图：喷丝头，突起线条和肌肉。
E. 压丝器的横断面：腔或内腔(Lum)，当肌肉收缩时可以变大。

图154　黄褐天幕幼虫的丝腺体和吐丝器官

部构成消化道(图153，Phy，Oe)的第一部分。消化道的其余部分是粗粗的管子，占据躯体的绝大部分，分为嗉囊(Cr)、胃或砂囊(Vent)和肠(Int)。嗉囊是储藏食物的地方，大小随储藏食物的多少而变化(图155A，B，Cr)。胃

(Vent)是整个消化道最大的部分。当胃空时,胃壁松弛出现褶皱,当胃内装满食物,胃壁则绷紧,显得光滑一些。肠(Int)由三段组成,分别是胃下面的一小段、中间的一大段和直肠(Rect),就是末尾像袋子一样的那段。毛虫体内两侧各长有三条马氏管,它们屈曲盘绕在胃的后半部分以及肠上,三条马氏管前端汇结成一条较短的基管,与肠的第一部分相通。马氏管的末端盘绕生长在直肠的肌肉壁里。

当毛虫饥饿出去觅食的时候,它的身体前部是柔软松弛的。返回天幕的时候则很硬实。这是因为毛虫将食物储藏在嗉囊中,等回了家再慢慢消化。如果嗉囊空了,它就会再次出去觅食。摸摸它们就知道它们是饱还是饥。当嗉囊空空,它就会像小袋子一样收缩在身体的头三个体节中(图155A, Cr);当嗉囊充盈,它就会像一根圆滚滚的香肠一样,充斥了身体的头六个体节(图155B,Cr),末端连着胃,首端顶着头。

嗉囊里装满了柔软多汁的树叶的碎片。嗉囊一挤压,胃部一扩张,食物就进到了胃里,毛虫的身体重心也随着食物向后移。当胃空了,里面就积攒下深棕色的液体和气泡。毛虫去觅食的时候,它的嗉囊和胃有时候是全空,有时候还剩点儿食物、深棕色液体和气泡。肠子中部积攒的废物受肠壁压力的影响,被挤压成小球,使这段肠子看起来一段一段圆滚滚的,像桑椹果一样。废物随后被挤进直肠,最后排出体外。

消化道由单层细胞组成,贯穿整个身体,但它的外壁横向、纵向交织着肌肉层,推动食物在消化道中运动。咽喉、嗉囊和肠内部都有一层薄薄的表皮层,和体表的表皮层一致。每次毛虫蜕皮,消化道内的表皮层也会蜕皮。

马氏管是毛虫的肾脏和排泄器官,它们能将含有氮气的废物从血液中分离,排入肠里。在肠里和从胃部送来的食物残渣混合。一般情况下,马氏管

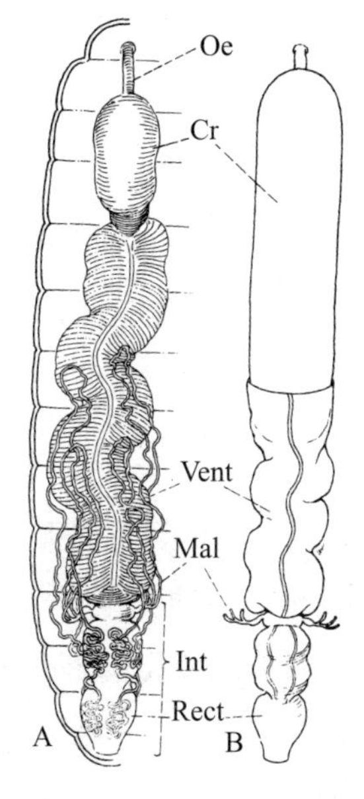

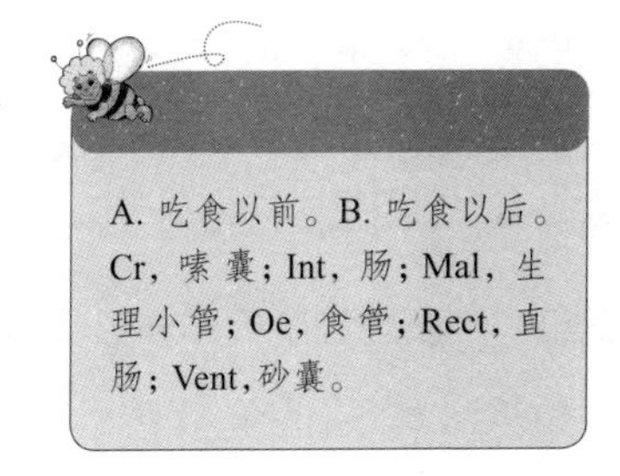

图155　黄褐天幕幼虫的消化道

是发白色的，但当毛虫要结网的时候，里面则充满了淡黄色的物质。在显微镜下一看，这种物质含有方形、椭圆形和柱状的晶体（图156）。这时候，毛虫就不再进食，消化道里既没有食物也没有食物残渣。肠里面充斥着马氏管输送来的黄色物质。毛虫就是用这种物质涂抹茧的内壁，使茧壳发黄变硬。现在我们明白了，茧的黄色粉末含有马氏管输送的晶体。

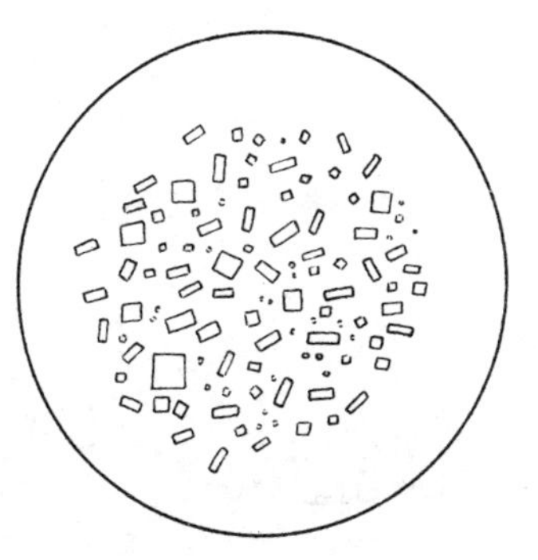

图156　黄褐天幕幼虫排泄的晶体，用来抹进茧壁里

你也许会有个疑问，为什么毛虫吃得这么多？或者说，为什么只有毛虫吃这么多？因为在飞蛾的一生中，主要是在毛虫

阶段进食，吃是毛虫的首要任务，这也是它成其为毛虫的原因。进食不但是为了自身器官的生长，也是为日后飞蛾生长准备营养。它在体内储存比自己需求多得多的食物，就能为日后飞蛾的生长做好充分准备。

毛虫储备最丰富的营养是脂肪。不过昆虫不像其他动物，将脂肪储存在肌肉和皮下，因此它们的外表绝不会变"胖"。它们的脂肪储存在一个特殊的器官"脂肪体"中。

毛虫的体腔内到处布满了脂肪细胞，它们细小、平坦、形状不规则，构成了毛虫的脂肪组织。一些脂肪细胞结成链状或毯状，像一张网眼很大的丝网一样缠绕在消化道上，还有一些贴在肌肉壁上，分布在肌肉壁和体壁之间。不同组织的脂肪细胞大小和形状都不一样，彼此紧紧地挨着，很难分清界限。我们将标本染上颜色放在显微镜下观察，细胞结构清晰地显示出来（图157）。每个细胞内部有一颗颜色较深的细胞核（Nu），不过只有俯视观察细胞才能看到细胞核。细胞核和细胞壁之间的原型质区域充斥着大小不同的腔体，每个腔体里有一颗脂肪油球。脂肪油球间的原型质物质含有肝糖，或称动物淀粉，加点儿碘酒就会变色。脂肪和肝糖都能生长能量。毛虫的脂肪细胞内含有大量的脂肪和肝糖，这说明脂肪体是毛虫生长的能量储藏器官。变形时，毛虫一般不再进食，也不能从消化道获得养分，体内储藏的脂肪和肝糖正好可以在这个时期使用。变形过程完全依赖毛虫体内积蓄的

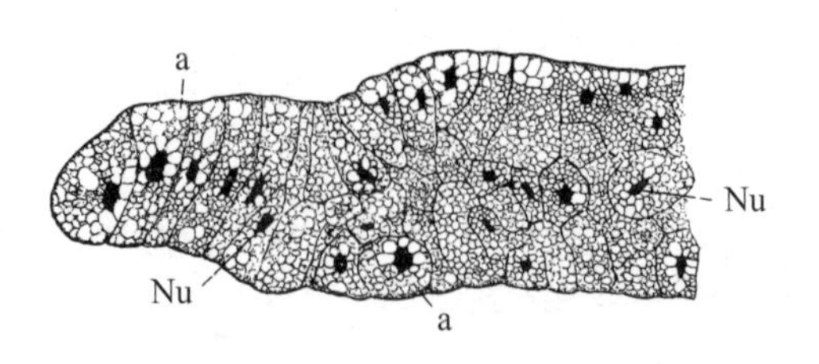

图157　秋天结网毛虫脂肪体的一部分

养分，变形的成功与否也完全取决于储藏养分的多少。一直忍饥挨饿的毛虫是很难完成变形的，即使变成成虫，其身材也会矮小或发育不全。

毛虫是如何变成蛾的

毛虫在准备织茧前就不再进食。我们已经了解到，毛虫体内的脂肪组织细胞里含有大量产生能量的物质。当织茧工程正式启动，毛虫的消化道内已经没有食物，嗉囊已经收缩成细管。胃部收缩绵软，但里面还有一种软乎乎的深棕色物质。放在显微镜下观察发现，里面不含有植物纤维，而含有动物细胞。它们实际上是脱落进胃里的胃壁细胞内膜。毛虫的胃现在已经有了新的胃壁。旧的胃壁脱落意味着毛虫变形第一阶段的开始，毛虫要变成成虫了。新胃壁会消化吸收掉旧胃壁的残渣，将其中的蛋白质保存起来完成蛹的生长过程，最终形成成虫的胃。

毛虫将自己包裹进茧以后，它作为毛虫的一生也就快结束了。由于身体收缩，毛发脱落，它的外表变化很大。在接下来的3—4天，它的外表将进一步变化，身体进一步收缩，头三个体节缩到了一块儿，腹部变大，腹部上的腿收缩直至消失。现在的毛虫（图158B）只有以前活蹦乱跳时的毛虫的一半大小，我们几乎认不出它还是不是刚刚织进茧里的那条毛虫了。

随着外表的不断变化，毛虫渐渐地不动了。不爱动的日子过后，它立刻变得越来越像蛹了，这一阶段叫毛虫的蛹前期。处于蛹前期的毛虫外部结构不会发生变化。它仍然身着毛虫的皮，只是身体形态稍稍变了点儿。不过在体内，重大的重建工程正在进行。

幼虫变成成虫的内部重建工程从头部末端开始，然后一直向尾端进行。

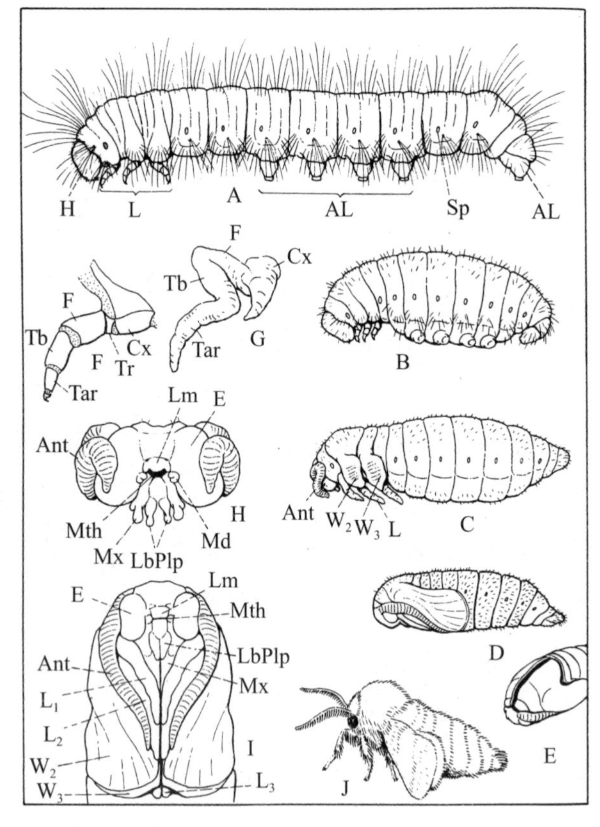

图158　天幕毛虫变成飞蛾的过程

首先是幼虫的表皮从上皮层松弛脱落。上皮层的下面是下皮层，也叫真皮层。真皮层此时摆脱了束缚，进入到快速生长阶段。在头部，头壁重生，毛虫改头换面，长出了新的触角和新的嘴部口器。成虫的新器官和旧器官一点儿也不像，尽管新器官的各个部分都是由相应的幼虫器官长出来的。比如说新触角是由幼虫触角形成的，但成虫的触角比幼虫的触角大得多。因此，新器官只有末梢能在旧器官表皮鞘内形成，其余大部分则向体内生长。

幼虫的旧表皮壳被硬性抻大，紧紧地包裹在新长成的头脸上。下颚和下唇也是这样，但对上颚来说，这个过程就简单多了。因为蛾没有上颚，所以幼虫下颚的表皮细胞直接在下颚表皮壳下收缩，形成一个空腔。

幼虫胸部的角质层从表皮层脱落形成了空隙，一直在毛虫体内生长的翅桩获得空间，可以向外翻了，成为蛹的外部附器，尽管蛹现在还包裹着幼虫的表皮（图158C，W_2，W_3）。蛾蛹腿部的生长方式和触角以及嘴部口器的生长方式是一样的，也是由幼虫相应的腿部上皮生长出来的。但是由于腿太大太长，不得不紧贴着蛹的身体两侧向上弯曲，而且，当腿部完全形成，你会发现，每条腿只有根部还包在毛虫腿部表皮里面。

胸部的表皮最先变得松弛，然后是腹部，直到昆虫的整个躯体与幼虫的表皮脱离。因此，毛虫所谓的蛹前期，根本不应属于真正的幼虫阶段。诚然，它仍然被包裹在幼虫的表皮里，并保留了所有幼虫的体表结构特征，但它实际上是处于蛹期的第一个生长阶段，因此也许可以命名为“前期蛹”。

当幼虫的角质皮全身都与表皮分离的时候，就能把它剪开，毫发无损地将里面的前期蛹（图158C）取出来。此刻的前期蛹与幼虫相比毫无共同之处。小脑袋向前拱着，胸部由3个体节组成，肚子大大的。头上长着嘴部口器和一对大触角（Ant），胸部长着翅膀（W_2，W_3）和腿（L），以后腿会越长越长，比毛虫长得多。腿被折叠起来，隐藏在翅膀下，从侧面看只能看到一点儿。前期蛹的腹部由10个体节组成，幼虫时的所有腹腿已经不见踪影。

通过比较图158H和图151，我们发现在毛虫向前期蛹转变的过程中，头部和嘴部附属物的形状和结构都发生了重大变化。毛虫头部两侧区域（图151），也就是长着6只小眼睛的地方，变成了蛹的两只巨大的眼睛的区域（图158H，E），这也是后来变成成虫复眼的地方。正如我们注意到的那样，触角（Ant）长得很大，预示着将来通过细胞分裂会产生多节的迹象。不过，前期蛹的上嘴唇或上唇（Lm）却比毛虫小得多。毛虫时期巨大的咀嚼上颚（Md）长到前期蛹时变成了器官原基，而喷丝头（图151，Spt）则完全消失。前期蛹的下唇和两片下颚变得更长（图158H，Lb，Mx），与毛虫时期相比差别更大，彼此之间分得也更为清楚，不过结构却简单多了。下唇边上还长着两只引人注目的触须（LbPlp）。

昆虫在外形上的重建，是由在胚胎期始终保持休眠状态的一种特殊的细胞群进行的。由于保持了休眠状态，因此保留了非比寻常的生命力。我们还没有特别研究过毛虫时期体壁上的再生表皮细胞（或称成组织细胞，又名成虫盘）。有些昆虫身体的每一个体节都有成组织细胞。一般身体背部两侧各有一对，腹部两侧各有一对。昆虫变形初期，当幼虫表皮从上皮剥离，成虫盘细胞立刻开始繁殖，并从几个中心向四周蔓延。它们所形成的新区域就是蛹的轮廓和结构，而不是幼虫的形态。幼虫上皮细胞已经到了生命的极限，处在衰老的状态，在气势汹汹的入侵细胞面前甘拜下风；它们的组织开始分解，并被机体吸收。新的上皮组织最终长到一起，形成了蛹的体壁。

新的上皮组织在幼虫的表皮之下赋予了蛹独特的外部形态，它的细胞生成了新的蛹的表皮。只要蛹的表皮保持柔软，富有弹性，细胞生长就不会停止。不过表皮一旦变硬，细胞就不再生长，昆虫的外部形态和结构从此不再发生改变。

蛾的前期蛹在幼虫的表皮下一连几天都保持着柔软状态（图158C）。在这段时间里，它的身材变小，翅膀、腿、触角和下颚则在变长。翅膀变平，收放在身体两侧，其他的附属器官则紧贴在身体的表面。然后，体壁会分泌出一种胶状物质，将身体各部位的位置固定。很快，胶状物质变干，形成一层硬邦邦的亮壳，将躯体和附属器官包裹起来。这样，柔软的前期蛹（C）变成了蛹（D）。随后，老的表皮沿身体头两个体节的背部裂开，接着沿着头部裂开，然后是沿着面部三角区域的正面裂开。蛹很快扭动着身子从这层白果的外皮里拱出来，然后把外皮踹到茧的另一头，像一个皱皱巴巴的东西堆在那儿，作为毛虫验明正身的证据。

天幕毛虫的蛹（图158D）比前期蛹（C）小得多，其长度只有幼虫（A）的三分之一。刚开始，蛹身体的上半部是浅绿色，腹部略带黄色，背部多多少少有点儿发棕色。不过，很快颜色变深，上半身和翅膀变成略带紫的黑色，腹部变成略带紫的棕色。尽管蛹的外壳十分坚硬，但是由于它的三个体节间的圆环很有柔韧性，所以它还是能靠腹部很灵活地扭动身子。这个能力使它能蜕掉幼虫的表皮。有些种类的蛾，它们的蛹先钻出茧，然后再变成成虫，而蛹壳就那么挂在茧的外面。

在昆虫重建自己的外部形态的同时，身体内部也发生着变化。第一个影响内部器官的变化发生在胃部。我们已经知道，在毛虫吐丝以前，胃的内壁就已经脱落了。胃内壁的脱落和体表表皮的脱落完全是两码事，因为胃壁是细胞组织。无论哪一处的细胞层脱落，它都会被体腔吸收。新的胃壁由长在旧胃壁外面的细胞群生成。当旧胃壁脱落，新胃壁就投入使用。这些细胞，和上皮成虫盘的功能一样，形成新的胃壁，并赋予胃一个新的形态，所以成虫的胃和幼虫的胃完全不同。胃壁脱落也不见得就一定是变形的一部分。据说，在有些昆虫和其他几种有亲缘关系的动物身上，胃部上皮细胞和角质内衬是随着体壁的每一次蜕皮而脱落和更新的。

胃前部的食管和嗉囊（图153，Oe，Cr），以及胃后面的肠（Int），作为体壁的向内生长器官，胚胎期就存在，和上皮细胞一样由体壁内的细胞群再生，旧细胞被身体吸收。这些器官的细胞内壁和体壁的表皮细胞一样在蜕皮时脱落。蛾的消化道和毛虫的消化道大不相同，这一方面的情况我们将在本章的下一节讲述(图163)。

据说，一些昆虫的马氏管壁也可以再生，但蛾身上的马氏管形态变化却不大。在蛹时期，它们仍起着排泄作用。由于喷丝头受到挤压，幼虫时期的丝腺和输送管都小了很多。喷丝头的开口处位于下唇根部，幼虫的嘴部。

那些没有为幼虫的特殊生存目的而进化的内脏器官，包括神经系统、心脏、气管、生殖系统，即便发生组织瓦解也没有什么根本变化。它们只不过因为正常发育，与幼虫器官相比更加成熟、更加精密。但是，在某些昆虫身上，从幼虫期到成虫期之间这段时间，其神经系统，尤其是呼吸系统需要经历大量的重建。

从幼虫到成虫的重建，其中一个重要变化与肌肉系统密切相关。因为幼虫和成虫过着完全不同的两种生活，所以它们的运动机能也完全不同。因此，昆虫变形需要进行彻底的肌肉重组。大多数幼虫因为必须像蠕虫一样爬行，所以有着特殊的、精密的肌肉组织。而成虫也会特别需要某些肌肉组织，如翅膀上的肌肉，而翅膀对于幼虫来说，只是个累赘。因此，幼虫期成虫所需的肌肉没有得到发展锻炼，而蛹必须消除幼虫时期的特殊肌肉。不同的昆虫因运动机理的不同，肌肉发生的变化也不同。

纯粹的幼虫肌肉在完成使命后，即寿终正寝，在蛹期阶段被溶解废弃。组织残渣被排泄到血液中，然后被新生器官作为营养物质吸收。幼虫拥有极为精密的肌肉系统，在体壁内侧形成复杂的纤维网络，有些纵向，有些横向，有些斜向。不过成虫并不需要横向和斜向肌。我们仔细观察了前期蛹的肌肉样本发现，横向和斜向肌看起来比较软弱无力、不太正常，很显然，不具备健康肌肉的结构特征。横向和斜向肌上面还覆盖着一层自由椭圆形细胞，也许是噬菌细胞（phagocytes）。

噬菌细胞是一种血球细胞，能杀死血液中的外来蛋白体，或消灭机体的不健康组织。也许噬菌细胞并不是消灭幼虫组织的生力军，但它们确实能吞噬和消化掉退化组织。在昆虫的变形期它们大量存在，但在其他时期却很少或根本没有。幼虫组织的活跃期一过，就任凭噬菌细胞的肆意宰割。不过，单是血液的溶解作用，也会使它们分解。活跃的、健康的组织对噬菌细胞总是具有免疫力的。

有些幼虫肌肉可以完好无损地直接进入成虫期，还有些需要重建和纤维加固才能在成虫期使用。幼虫时期被压制的成虫肌肉在蛹时期恢复了生机。研究人员对新肌肉是如何发育的持有不同的观点，很可能它们也源于生成幼虫肌肉的同一种组织。

成虫内部器官从蛹前期就开始生长发育，不间断地进行着，直到蛹后期完成整个生长发育过程。不过，外部器官却不能持续生长发育。体壁和附属器官的形态长到一定程度，就会被外面坚硬的新表皮固定住。因此，外部器官的半成熟状态也是蛹的特征。体壁和附属器官在第二次上皮从表皮脱落后最终完成生长发育，第二次蜕皮使受蛹皮保护的细胞层再次生长发育。蛹阶段的生长发育使成虫外部特征发育成熟，而成虫外部特征也被成虫表皮的形态固定。同时，新肌肉也固定在新表皮里。成虫的身体机制已使它能够展翅飞翔了。完美的成虫被紧紧地包裹在蛹壳里，就等待时机破壳而出了。

在整个变形期，昆虫完全依赖它自身储备的营养。因为呼吸系统仍起作用，所以它可以按一般方式吸氧。不过摄取食物的通道是完全封闭的，蛹有两个营养源：一是在脂肪体细胞中储存的食物；二是幼虫组织的分解物，分布在血液中，最终被吸收。

脂肪细胞在变形初期，释放了储藏的大部分脂肪和肝糖，现在细胞内充满着小小的蛋白颗粒物。脂肪细胞的细胞核产生的酶能将吸收的幼虫器官的残渣进一步细化分解，也许蛋白颗粒物就是这么来的。因此，脂肪细胞能起到胃的作用，将血液中溶解的物质转化成正在生长的成虫组织可吸收的形式。同时，含有幼虫脂肪体的脂肪组织分解成空空的游离细胞，携带有脂肪油球，它们随后能吸收蛋白颗粒，充斥到全部血液中。

蛾蛹在刚蜕去幼虫表皮时，它的体内含有又浓又黄的膏状液体。我们也许能在里面发现食道、神经系统和充满空气的气管，但它们实在太软太嫩了，一般的解剖方法根本无法研究它们。

当我们把蛹体内的膏状液体放在显微镜下观察，能看到它是一种清透、带有灰色和琥珀黄色的液体，含有各种各样大小不同的小球（图159）。这些小球使液体看起来浑浊、浓厚。液体介质则是血液或淋巴。膏状液体中最大的是游离态的脂肪细胞（a）；较小的也许是血球（f）；大量的颗粒物或呈游离态或呈不规则形状聚集在一起。除了这些，还有很多小油滴，光滑的球状表面和金黄色使它们很容易辨认。脂肪细胞多呈椭圆形，原生质里充满了大大小小的油滴，还含有同血液中一样自由游离的颗粒物，这些颗粒物是在脂肪细胞内部形成的原生物质。很多细胞外形不规则或已经破裂（b，c），似乎细胞壁已经被部分溶解，细胞内的物质也正往外跑。事实上也是如此，很多细胞正在溶解，将小油滴和蛋白质释放到血液中去。我们很清楚，血液中大量的类似物质，就是已经溶解的脂肪细胞释放出来的。在构建成虫器官的过程中，这些物质将被渐渐吸收。

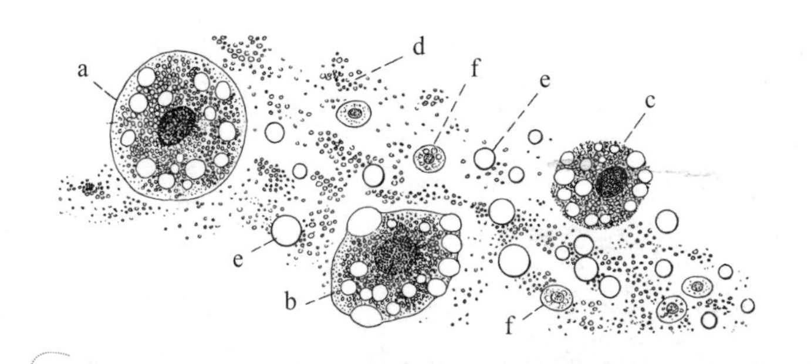

a. 游离态的脂肪细胞，含有大量的脂肪油球和小蛋白质颗粒；b、c. 正在分解的脂肪细胞；d. 血液中游离态的蛋白颗粒；e. 脂肪细胞分解后释放出来的脂肪油球；f. 血球。

图159　天幕毛虫蛹幼血液里的成分

在第四章我们了解到，所有成年动物体细胞（soma）或肉体细胞与处于发育阶段的生殖细胞是不同的。体细胞的作用是为细菌细胞完成使命提供最佳机会。一生要经历幼虫和成虫两个阶段的昆虫，因为具有双重的体细胞，所以和其他动物是不同的。我们已经研究过毛虫了，知道蛾并不是有两个有机体。一些重要器官是从幼虫到成虫自始至终都使用的；有些器官在幼虫阶段发育完成后，在幼虫时期结束后就死亡分解了。一套新组织生长发育成新器官或新组织，取代死亡器官或组织。能够变形的组织或器官的肉体组织在胚胎期分成截然不同的两种：一种能形成幼虫的特殊器官，一种在幼虫时期保持休眠状态。当幼虫器官完成使命之后，形成成虫器官。第一种组织细胞带有遗传特性，能长成原始种群的形态，而第二种组织细胞只能生成暂时性的幼虫形态，它们可能在胚胎期保留某种原始特征，但在种群进化的过程中，不能生成原始形态。

当我们追根溯源、触类旁通，将事情简单化，任何事情都很好理解。昆虫的变形似乎是大自然最难解的奥秘之一，不过如果用简单的话来讲就是为了适应幼虫生长，细胞暂时性地长成这种形态，当没有用处时，就会分解消失。昆虫中有无数这样的例子。在人类的生长发育过程中也有类似的高级变形，像乳牙换成恒齿。如果我们身体的其他器官细胞也会有两种生长变化状态，也许我们也会经历完全可以和昆虫相媲美的变形过程。

蛾

天幕毛虫的蛹要经历三周或稍长一点儿时间的结构重建过程，然后那只曾经是幼虫的小鬼就会破茧而出，长着成虫的体型，身着成虫的外衣（图158，J）。蛹壳从后脑勺（E）裂开，蛾才能出来，不过出来之后飞蛾才发现外面还有一层茧呢。它此刻已经把切割工具——下颚和外套都统统扔掉了。但是它现在已经咸鱼翻身成了一名化学家，不再需要工具了。幼虫时期的丝腺体已经萎缩，但又有了一个新功能，秘密制造一种清透液体，从飞蛾的嘴里吐出来，融化茧丝的黏性表面。茧丝变湿变松后，飞蛾就用小脑袋戳个洞，再把洞弄大，钻出来。飞蛾嘴里吐出来的液体能使丝线呈棕色，洞沿也染上了同样的颜色，这足以证明正是这种液体使茧丝变软。飞蛾出来时，戳破的洞口还留下很多毛边和破烂的茧丝头。

飞蛾成虫（图160）的最显著特征是体表覆盖着一层毛状鳞片和一对翅膀。当成虫刚刚破茧而出的时候，翅膀还很短（图158，J），但很快正常展开，叠到背后（图160，A）。黄褐天幕飞蛾的颜色都是或深或浅的红棕色，翅膀上贯穿两道不太明显的条纹。雌性成虫（图160B），比雄性略大一些，体长

图160　天幕毛虫的蛾（Malacosoma amerina）

约有2厘米。翼展后，宽约4.5厘米。

黄褐天幕毛虫绝佳地完成了进食的责任，因此成虫几乎不需要什么食物，所以，它可以不受咀嚼器官的负累。幼虫又大又重要的器官上颚（图151，Md）在前期蛹（图158H，Md）身上蜕变成雏形，而在成虫身上则完全看不见了。前期蛹长着的长长的圆圆的下颚（图158H，Mx），同样在成虫身上蜕变成雏形，变成了两个不起眼但能活动的小球（图161，Mx）。幼虫下唇的中间部分在成虫期几乎没有了，但唇边长出了一对长长的三节触须（LbPlp），表面覆盖着毛状鳞片，像两只毛刷子一样凸显在脸前。

天幕成虫的嘴部特征并不能代表大多数的飞蛾和蝴蝶，因为那些昆虫都有大长鼻子（proboscis）用来吸吮液体。我们都非常熟悉的体型较大的蜂鸟飞蛾也叫鹰蛾。在夏日的晚上，它们从一朵花飞向另一朵花，从头下打开长长的管子，伸向花冠。在绚烂的夏日我们也常常看到蝴蝶不经意地在花坛间飞来飞去，在美丽的花朵上，这儿停停，那儿落落，从花蕊里吮吸蜜汁。

飞蛾和蝴蝶的头下方，嘴后面长着盘绕卷曲的长喙，像时钟发条一样（图162A，Prb）。它可以盘起来，也可以在成虫想从花冠深处吸食花蜜或想喝水时伸展开来（B，Prb）。三节下颚片像榫头一样严丝合缝连接在一起，构

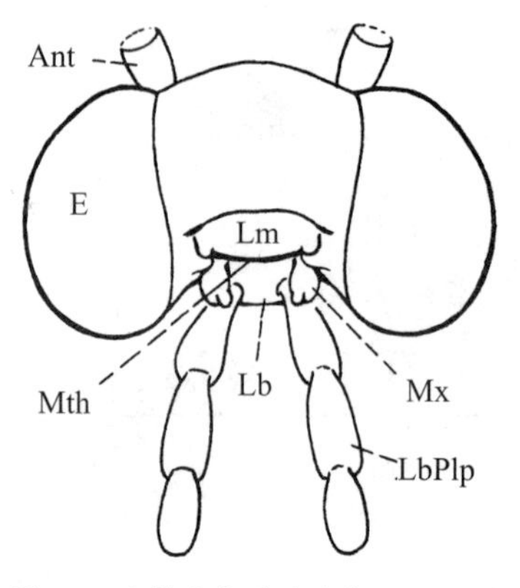

图161　天幕毛虫蛾的头部正面视图（未画上头部表面覆盖的鳞片，触角也只画了根部）

Ant，触角根部；E，复眼；Lb，下唇；LbPlp，唇边触须；Lm，上唇；Mth，嘴；Mx，下颚。

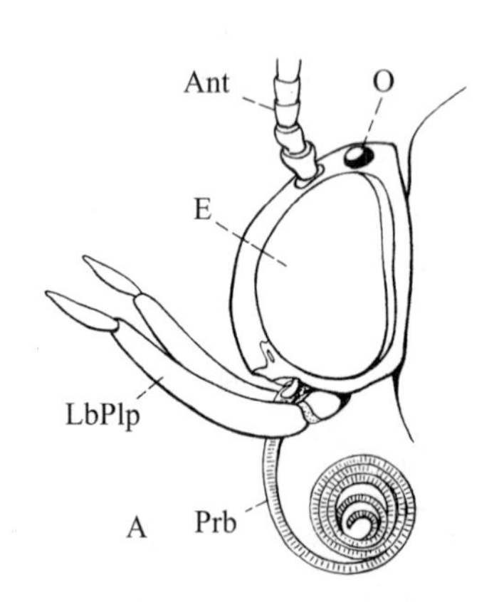

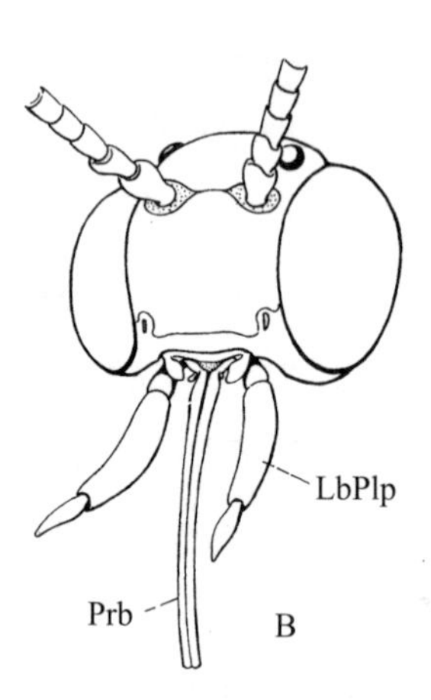

A. 侧面图。B. 正面稍偏图。Ant，触角根部；E，复眼；LbPlp，唇边触须；O，单眼；Prb，长喙。

图162　桃螟蛾的头部和口器

成了长喙。每一节下颚都是中空的，节节相连就构成了长喙的通道，从嘴角两边伸出去。嘴里边的第一段消化道是球状的吸吮工具（吸球）。消化道的上壁也就是吸球的腔壁。头壁的强壮肌肉一收缩就能扩张吸球。吸球交替性地一张一合，就能通过鼻腔吸食液体食物，送进消化道。因此，飞蛾和蝴蝶像蚜虫和蝉一样，都是吮吸型昆虫，都没有穿刺器官。不过，有些蛾和蝴蝶种群在长喙末端长有小锉刀，能刺破软皮水果吸食果汁。

有趣的是黄褐天幕蛹的下颚比幼虫和成虫的都长（图158I，Mx），就好像自然之母开了一个玩笑，本想让黄褐天幕成虫拥有和其他飞蛾一样的长喙，却突然改了主意。真正的原因是，现在这种飞蛾的祖先曾经拥有和其他飞蛾一样超长、超功能的长喙，但却退化了。不过，成虫的退化只是从近现代才开始的，所以退化程度比蛹的退化程度要大得多。

天幕成虫的消化道和幼虫的完全不同。幼虫的消化道由三部分组成（图163A），第一部分是食管（Oe）和嗉囊（Cr），第二部分是胃或砂囊（Vent），第三部分是肠（Int）。成虫还在蛹壳里时，消化道基本是成熟的。食道细长，尾部长着小袋子一样的嗉囊，向前伸着，里面充满气泡。胃几乎透明，像梨一样，里面充满深棕色的液体。肠的外形变化很大，因为它还包括管状小肠，又长又软。最后面是一条大肠——直肠（Rect），里面充满了柔软的橙色物质。完全长成的成虫（C）在飞离茧壳后，它的肠子仍要继续发生变化。嗉囊鼓得很厉害，里面盛满了气体，可能是成虫吞进去将来帮助弄破茧壳的，因为食道里有时也有很多小气泡。胃部萎缩得很小（A，Vent），连胃壁都皱皱巴巴的。小肠（SInt）和早期成虫（B）是一样的。

因为黄褐天幕成虫几乎不吃东西，所以胃几乎没有什么用。不过，肠作为马氏管（Mal）的出口是有用的，因为在整个蛹阶段马氏管是起作用的。马

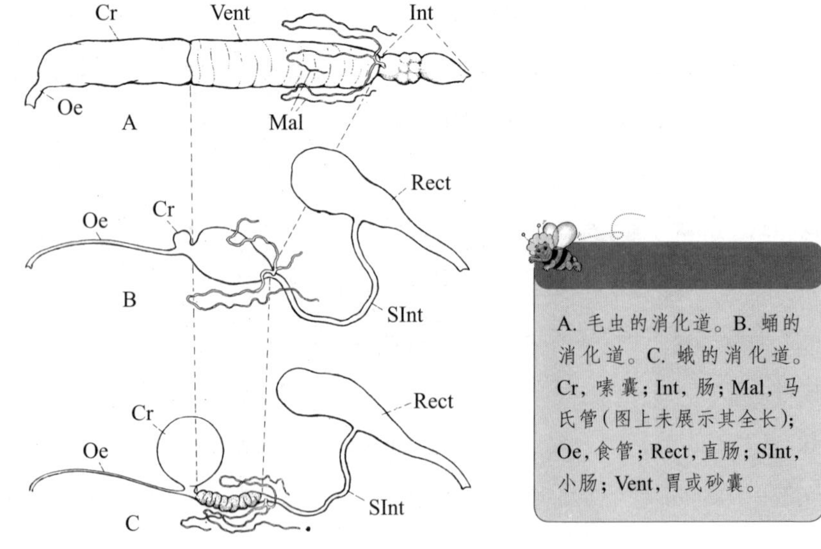

A. 毛虫的消化道。B. 蛹的消化道。C. 蛾的消化道。Cr，嗉囊；Int，肠；Mal，马氏管（图上未展示其全长）；Oe，食管；Rect，直肠；SInt，小肠；Vent，胃或砂囊。

图163 天幕毛虫由幼虫变成蛾时消化道发生的形态变化

氏管的分泌物中含有大量圆形晶体微粒。直肠（Rect）里积攒了大量的圆形晶体微粒，形成了一种橙色物质，在飞蛾破茧而出后，排出体外。

大多数雄性黄褐天幕飞蛾比雌性飞蛾早几天破茧而出。那时，它的体内含有大量脂肪，以小油滴的形式充斥着脂肪组织细胞。脂肪是雄性飞蛾从幼虫那儿继承来的能源库，可以为雄性飞蛾尚未发育完全的生殖器官提供养分。直到雌性飞蛾也破茧而出后，雄性飞蛾的生殖器官才能发挥繁殖作用。

雌性黄褐天幕飞蛾体内含有很少或根本不含有脂肪组织。当雌性飞蛾破茧而出之时，它的生殖器官已经完全发育成熟了（图164，Ov）。它的卵巢里装满了成熟的卵子，一旦从雄性那儿受精，它就准备产卵了。

精子会被装进特殊的器官——受精囊（Spm）里。受精囊通过一个短管

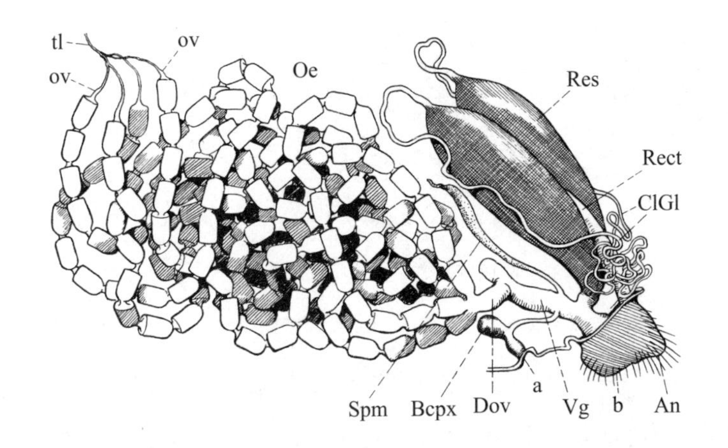

a，交配黏液囊的外部开口；An，肛门；b，卵鞘出口；Bcpx，交配黏液囊；ClGl，黏液腺能产生卵覆盖层的物质；Dov，左侧输卵管；Oe，左侧卵巢，里面充满了成熟的虫卵；ov、ov，卵巢管腺的上端；Rect，直肠；Res，黏液池；Spm，受精囊，储存精子的囊；tl，卵巢管腺尾带；Vg，卵鞘。

图164　从左侧看到的雌性天幕毛虫的生殖器官

和输卵管（Vg）的端口相通。两个黏液池（图164，Res）是黏液腺的储存库，位于输卵管（Vg）中端，里面透明的棕色液体能形成卵膜。这种液体也许是混合进了气体，所以卵膜像泡沫一样。雌性成虫排卵后，卵膜很快变成胶状物质，然后像橡胶一样变得又硬又富有弹性，最后变得干燥易碎。

产卵的日期取决于飞蛾居住地的纬度，南部是五月中旬，北部是六月中旬或更晚点儿。受精卵直到第二年的春天才开始孵化。六个星期内就能看到里面完全成熟的幼虫了（图165B）。幼虫头顶着卵壳，身体蜷成U字形，尾巴稍稍摆向另外一侧。全身的毛都向前支棱着，像个小薄垫。一连八个月，

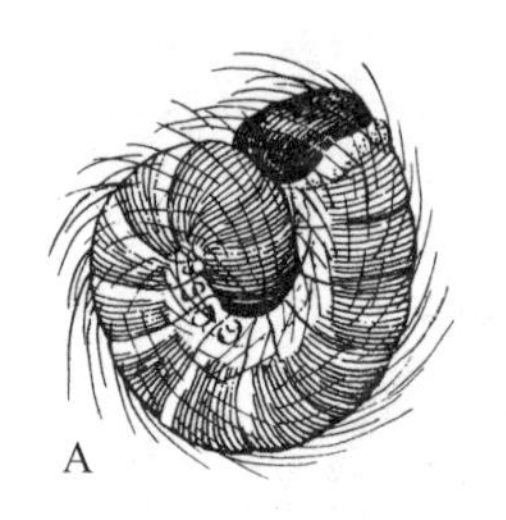

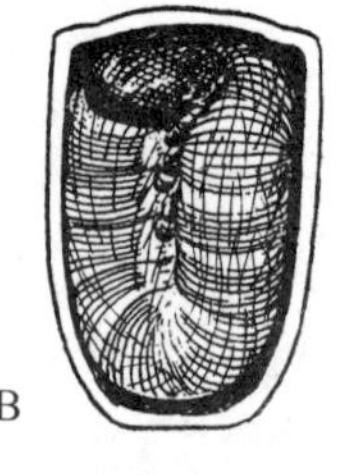

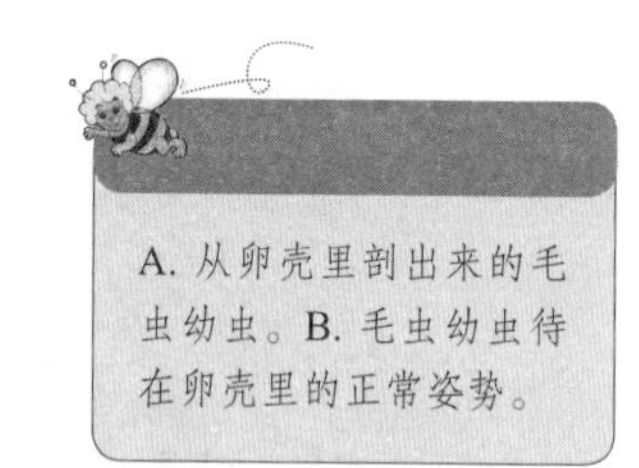

图165　仲夏时期，卵壳里完全成形的天幕毛虫幼虫

经过漫长的冬天，小毛虫也没招谁惹谁，却要孤独地关着禁闭，忍受着非人的待遇。不过，一旦刑满释放，能动弹一点儿了，它也并不急着享受自由，就那么蜷着，你若把它给硬性打开，它还会再蜷起来，仿佛很严肃地告诉你，这个姿势就是舒服！

当温暖的天气刺激着其他物种的生命活力，并使万物以最快的速度生长时，我们很奇怪，这些幼小的毛虫却能整整一个夏天待在壳里一动不动。一般来说，外部环境能调节昆虫的生活，不过卵壳中的天幕毛虫却证明，并非所有的生物都受环境左右。我们曾看到过蚱蜢和某些蚜虫，除非经历过严寒，否则就不能完成自己的生长发育。也许天幕毛虫也是如此，不是温暖，而是一段寒冷期最终促成它的发育成熟。不管毛虫从何处获得如此耐性，天幕毛虫忍受着夏日的炎热、冬日的寒冷，直到来年春暖花开之时才渐渐苏醒，咬破紧紧压着它们脸部、裹在身上的卵壳。

第十章

蚊子和蝇虻

爱思考的人总会情不自禁地想当代机械发展会带来什么样的结果。本书作者认为，如果您只是想转移一下思绪，这么想想倒也无妨。但如果您总是这样忧心忡忡，甚至杞人忧天，那还不如学学罗丹的著名雕塑“思想者”，他始终保持静静的思考状态，这才是令人敬仰的真正的思考。我们都非常欣赏抽象的思考，它表达了令我们不安的思绪。因此，当哲学家们告诫我们说机械发展并不等同于文明发展时，我们感到惶惑了。不过昆虫学家倒不必参与这种讨论，他们研究的是动物，不是人类，甚至不知道全世界只有少数人正致力于机械效率的提高。

纵览天下，最好的建议就是，各行其道、各尽其是，鞋匠只管好好修鞋，昆虫学家只管好好研究昆虫。但是，不经意间，我们注意到人类世界和昆虫世界竟有如此多的相似之处。当我们仔细观察这些昆虫，看看它们是否拥有运用完美机械的迹象，我们吃惊地发现，它们竟然与人类殊途同归。在这里，我们要谈谈蚊子和蝇虻。不过谁也不能说它们为地球上的其他生物带来了舒适和快乐。

简单回顾一下一些主要昆虫给我们的感受吧，蚱蜢是一群音乐家；蝉是歌唱家；甲壳虫是石雕上的圣甲虫和夜晚星光点点的萤火虫；飞蛾和蝴蝶以它们的优雅和美丽装点了这个世界，至于黄蜂则为我们提供了蜂蜜。不过，说到蝇虻，它能生出更多的蝇虻，是人类最可憎的害虫之一。

但是，作为自然界的研究人员，我们从不戴着有色眼镜批判任何昆虫。我们的乐趣来自对真相的了解。我们研究蚊子和蝇虻的生活和结构，并从中寻求乐趣。

蝇虻概述

蚊子和蝇虻在昆虫学中属于同一目。它们之所以和其他昆虫不同，是因为它们只有一对翅膀（图166）。因此，昆虫学家把蚊子和蝇虻以及其他相类似的昆虫叫双翼目昆虫（diptera：希腊语的意思就是两个翅膀）。既然几乎所有的有翼昆虫都有两对翅膀，那么很可能有翼昆虫的祖先，包括双翼昆虫的祖先都长着两对翅膀。双翼目昆虫不过在进化的过程中失去了一对翅膀，但飞得更好、更专业。

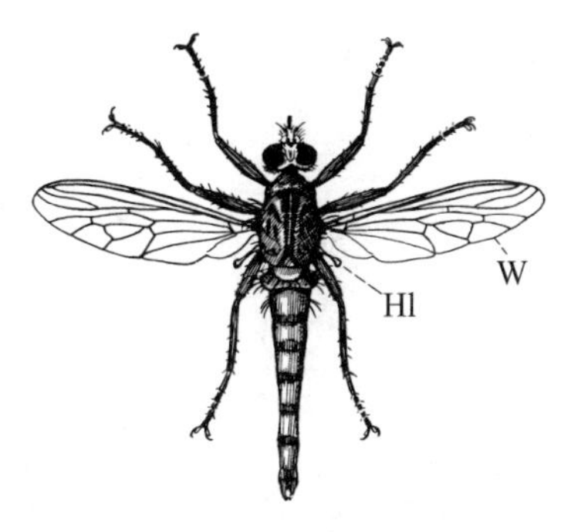

图166　食虫虻，典型的双翼目昆虫

我们下面将进一步说明双翼与四翼相比是飞行机械效率的进化和提高。双翼飞行冠军非蝇虻和蚊子莫属。将几目昆虫的翅膀进化和飞行效率方式加以比较，真相便不言而喻。

蝇虻为双翼昆虫，后翅退化成有节节杆，或称平衡棒（Hl）。

也许昆虫在最初获得两对翅膀时，大小和形状是一样的。白蚁（图167A）的两对翅膀几乎完全相同。白蚁的飞行能力很差，但这并不能归罪于翅膀的形状，而是翅膀肌部分退化的原因。蜻蜓（图58）是飞行健将，两对翅膀大小和形状差别不大。蜻蜓与其他昆虫相比拥有更为发达、更为有力的飞行肌。通过这些例子，我们无法准确判定四翼的飞行机械效率是高是低。但是很显然，大多数昆虫前翼和后翼稍有不同是一种优势。

蚱蜢的后翼（图63）进化成宽阔的薄膜扇，而前翅则退化成较纤细坚硬

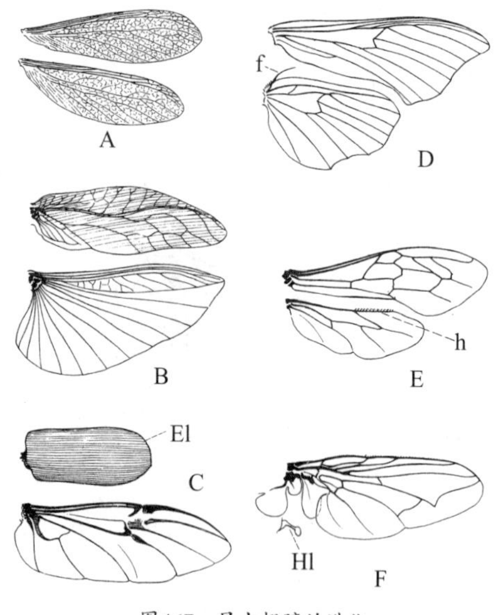

图167　昆虫翅膀的进化

A. 白蚁的翅膀，前翼后翼的大小和形状几乎完全相同。B. 纺织娘的翅膀，后翼是主要飞行器。C. 甲壳虫的翅膀，前翼变成了保护性的翅鞘(El)，覆盖着后翼。D. 鹰蛾的翅膀，后翅的脊翅(f)和前翅下面的钩相扣，将前翅和后翅连接起来。E. 蜜蜂的翅膀，后翅上的钩(h)将前翅和后翅相连。F. 大蝇虻的翅膀，后翅退化，变成了平衡棒(Hl)。

的形态。蟑螂(图53)、纺织娘(图167B)和蟋蟀莫不如此，只有雄性前翅较大构成发音器官(图39)。这些昆虫的后翅都是飞行器官。不飞的时候，后翅就折好，收在前翅下面。前翅能很好地保护较为柔弱的后翅。甲壳虫的后翅比前翅大得多(图136，图167C)，蚂蚱以及同类的昆虫也一样，飞行对它们来说无一例外极为重要。不过，甲壳虫比蚱蜢更进了一步，它的前翅变成了后翅的保护性盾牌。前翅通常坚硬得像贝壳一样，严丝合缝并排长在背后(图136A)，像一个盒子一样完全盖住了折叠在里面的后翅薄膜。蚱蜢和甲壳虫都不是飞行健将，但它们似乎证明了一对翅膀就是比两对翅膀具有较高的飞行效率。

蝴蝶和飞蛾同时用两对翅膀飞行。但值得注意的是，这些昆虫的前翅略大(图167D)。蝴蝶长着四只巨大翅膀，飞得很好，飞行时间也较长，但飞得较慢。飞蛾飞得要快一些。飞行速度较快的昆虫前翅较发达，后翅则有些退化。因此，一侧的两只翅膀连在一起，作为一只翅膀飞行效率更高（D）。飞蛾比蚱蜢和甲壳虫更好地证明只有一对翅膀飞行效率更高。飞蛾从另外一个角度解决了四翼改双翼的飞行机制问题。它并不需要让前翅或后翅的飞行功能消失，只要将同侧的前后翅有机结合起来，就能获得双翼的飞行条件。

黄蜂（图132）和蜜蜂通过将同侧的前后翼结合，完成了由四翼飞行机制向两翼飞行机制的进化。它们采取一种非常有效的方式将前后翅连接在一起。后翅通过前沿静脉血管上的一系列小钩挂在前翅后面较厚的边缘上。它的前后翅结合得如此完美，只有通过仔细观察才能发现一只翅膀原来是两只翅膀组成的。

蝇虻包括所有双翼目的昆虫完成了一次大胆的创举，将后翼完全从飞行机制中废除了。蝇虻是真正意义上的双翼昆虫（图166，图167F）。后翼退化成两个小节杆，从翅膀根基部伸出来，末端长有小圆头（图166，图167F，Hl）。这两只小节杆就是平衡器，也叫平衡棒，其结构特征表明它是从翅膀蜕化而来的。

由前翅承担全部飞行活动要求重组胸部结构和肌肉组织。研究蝇虻的胸部给我们上了有趣和有教益的一课，那就是动物是如何完全改变原始祖先的身体机制以适应新情况的。

不单是翅膀和飞行方式，还有嘴的结构和捕食方式都说明蝇虻是高度进化的昆虫。蝇虻是吃液体食物的。那些吃液体食物的种群，嘴部结构非常适合吸吮。很多吸食哺乳动物包括人类新鲜血液的昆虫，都长着高效的器官能够刺破供血者的皮肤。

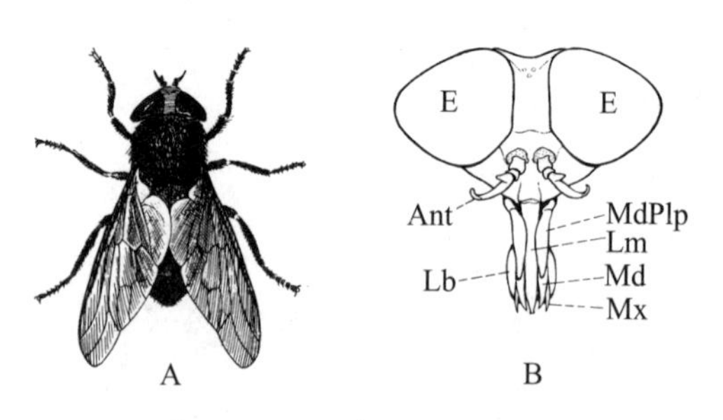

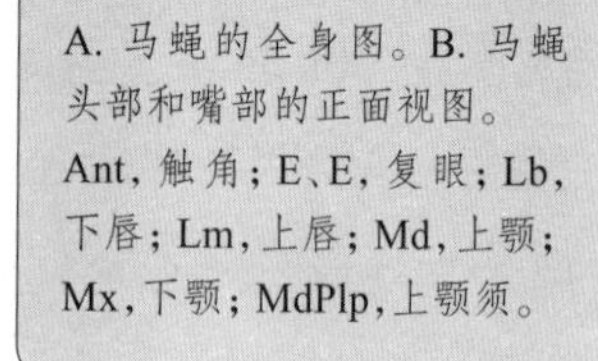

A. 马蝇的全身图。B. 马蝇头部和嘴部的正面视图。Ant, 触角; E、E, 复眼; Lb, 下唇; Lm, 上唇; Md, 上颚; Mx, 下颚; MdPlp, 上颚须。

图168 黑马蝇(tabanus atratus)

人们最熟悉的两种嗜血双翼昆虫是蚊子和马蝇。马蝇(图168A)中的两个品种牛虻和鹿虻都属于虻科(Tabanidae)。仔细观察普通大小的马蝇头部将会揭示这些双翼目昆虫的捕食器官特征。几个附属器官从头部下方向下伸出,这些器官是它的嘴部器官。它们和蚱蜢(图66)的嘴部附属器官的数目和位置相对应,但因为它们适应了完全不同的吃食方式,所以形状完全不同。事实上,马蝇并不会“咬”,它们只是刺破供血者的皮肤,然后吸血。

通过细致分析马蝇嘴部的各个组成部分,我们发现它一共由九个部分组成。其中三个处于中间位置,因此是单数的,其余分列两侧,构成三对器官。最外侧的棒型器官,根部与第二对器官相连,成为一体,因此,实际上应该说它的嘴边长着两对器官。最前面的单数器官是上唇(图168B,Lm);第一对器官是上颚(Md);第二对是下颚(Mx);第二个处于中间位置的器官是下咽(图168B图未画);最后面的单个器官是下唇(Lb);长在两侧的棒状器官是上颚须。

结实宽广的上唇(图168B;169A,Lm)从面部下方向下突伸出来,逐渐变细,可头儿却是钝的。里面有管,前后贯通,通常在下咽部(图169D,Hphy)闭合,下咽顶着上唇下沿,构成一个吸管。吸管的上端通向嘴里,管

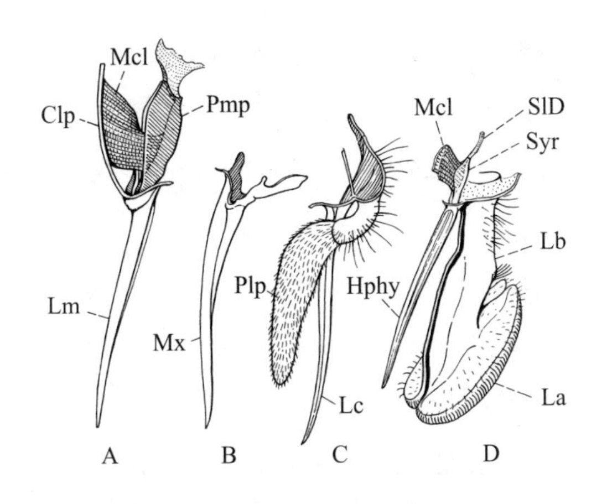

A. 上唇(Lm)和嘴泵(Pmp),头壁唇基板(Clp)上的吸泵扩张肌(Mcl)紧张竖立着。嘴在上唇基部后面。B. 左侧下颚。C. 左侧上颚,由一柄长长的刀片(Lc)和一条长长的触须(Plp)组成。D. 下唇(Lb),末端长有巨大唇瓣(La)。下咽部(Hphy),唾液腺(SlD)和注射器(Syr)。上唇下咽管末端开口,唾液腺和注射器能通过上唇下咽管注射毒液。

图169　马蝇(tabanus atratus)的嘴部

口就在上唇和下咽部基部的中间,与一个巨大、结实的球状吸泵(图169A,Pmp)——口腔相通。口腔的前壁闭合,但如果头前壁(Clp)的肌肉(Mcl)提升,口腔前壁则开启。口腔就是蝇虻的吸泵。蝇虻的口腔和蝉的口腔(图121,Pmp)十分相似。蝇虻是靠上唇和下咽组成的吸管(即受两个下颚片挤压的通道)吸食液体食物的。

马蝇的下颚(图169B,Mx)是一种切割工具,很长、很尖,像刀片一样,刀背很厚,刀刃很薄。其延伸的基部同头部下沿相连,可以稍稍横向切割,但不能像蝉的下颚那样前伸和回缩。上颚是一种纤巧的取食工具,每一个都通过基盘同头部相连。基盘上还长着两节的上颚须。上颚也许是马蝇嘴部最重要的穿刺工具。

下咽(图169D,Hph)像把尖刀一样,中空。正如我们看到的那样,它顶着上唇的下面,形成捕食通道的外半边。唾液腺(SlD)延伸至下咽并纵穿下咽。唾液腺在下咽基部之前,长有一只鼓胀的注射器(Syr)。唾液腺注射器在结构上实际是吸泵(图169A,Pmp)的复制品,注射器的后部长有竖立肌肉。蝇虻的唾液通过下咽尖部注入伤口。正因如此,被蝇虻咬中是感染的原因,它能将体内的病菌从一个动物感染到另外一个动物身上。

在以上描绘过的所有器官后面,就是位于头部中间位置的下唇(图169D,Lb)。它比其他器官都大,由粗粗的唇柱和末端两片大大的唇瓣(La)组成。唇瓣(labella)软软的,薄薄的,边缘长满了深色的厚厚的沟槽。沟槽彼此平行,斜向延伸。这些沟槽可以吸取供血者伤口的血液,也可以分泌唾液从唇瓣间的下咽部末端释放出去。我们还不十分清楚马蝇的唾液对供血者的血液到底有什么影响,但据说一些蝇虻的唾液能阻碍血液凝固。

一些体积较小的马蝇咬噬能力也极强。当行路人想在道边的阴凉地方稍事休息,它们真是讨厌极了。马、牛和其他一些野生哺乳动物也非常讨厌这些蝇虻,大量的蝇虻使它们的日子特别难过。这些动物能保护自己不受可恶的蝇虻叮咬的唯一办法就是甩尾巴。不过这只能让蝇虻换个地方再咬。

强盗蝇(Asilidae,图166)是另一个会叮咬的蝇虻家族,它们总是成群结伙地袭击其他昆虫。它们的飞行能力极强,可以在空中袭击供血者,连蜜蜂都是受害者。强盗蝇没有下颚,尖利、有力的下咽是主要的穿刺工具。强盗蝇的唾液注入伤口,溶解了供血者的肌肉,这样溶解液就被完全吸了出来。

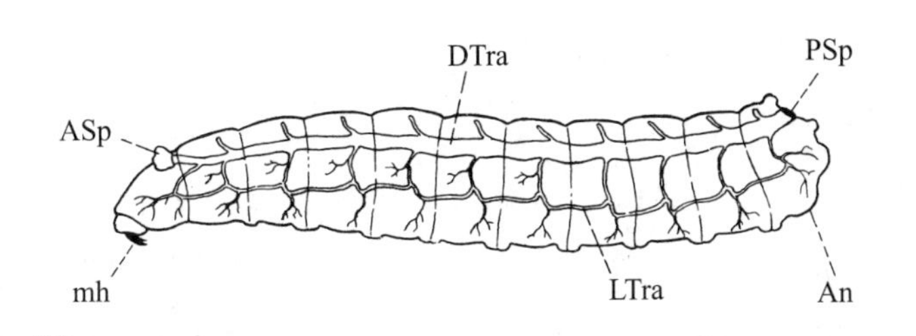

An，肛门；ASp，身体前端气孔；DTra，背部气管；LTra，身体两侧的胸部气管；mh，嘴钩；PSp，身体末端气孔。

图170　蝇虻幼虫（蛆）的身体结构

正如"第八章——昆虫的变形"所谈到的那样，成虫的外形变化是为特定的生存环境服务的，幼虫的外形也是为适应与成虫完全不同的生存环境服务的。这条规则也适用于蝇虻。总的来说，蝇虻成虫的结构在所有昆虫成虫中进化得是最好的，因此毫无疑问，蝇虻幼虫在所有昆虫幼虫当中也是最适应环境的。

蝇虻幼虫时期是没有外部翅膀的，腿部生长也受到限制。因此，它们的幼虫不但无翅也无腿（图170）。那个时期，腿和翅膀都是长在体内的芽状器官。只有到了变形初期才翻出来，形成腿和翅膀。

蝇虻的幼虫身体呈柱状，无腿，这使它们看起来像虫子，它们也就像虫子那样去生活，采取虫子的行为方式。为了弥补无腿的缺陷，蝇虻身体内壁上长满了错综复杂的肌肉纤维系统，这使它的身体能自如地伸展、蜷缩，做出各种柔术表演动作。

乍一想，这个身体柔软，像虫子一样的小生灵，肌肉一收缩，身体就能伸展开，是多么奇妙啊！但是，我们应该记得幼虫的体内都是柔软器官，而且很多器官都是半游离状态，器官间隙充满了体液。因此，这个小生灵能把身体当成一个水压装置，做出各种动作来。比如，身体的后半部分一收缩，就迫使体液和游离态的柔软器官向前移动，这样就使身体前半部分拉长。纵向肌肉一收缩，就拉动了身体的后半部分，再一次重复伸展动作。这样，柔软的幼虫没有长脚也能向前运动。如果情况需要，整套动作反着做，它就会向后移动。

蝇虻幼虫身体构造的一个特别之处就是它的气孔，气孔的生长和它的呼吸方式有关。我们已经知道，大多数昆虫身体两侧各有一排气孔，和体内两侧的气管相通（图70）。蝇虻幼虫的气孔是闭合的，直到蛹变成成虫才用来呼吸。

蝇虻幼虫的身体末端长着一对或两对特殊的呼吸器官。一些种群在身体的末端两侧各长着一对呼吸器官（图170，ASp，PSp），一些只在身体末端长着一对。身体前端的呼吸器官（如图170，ASp），包括身体第一节的球状突起，上面带眼儿，和身体前端的一对大型背部气管相连（DTra）。身体后部的呼吸器官包括身体末端的一对气孔，它们和身体末端的一对背部气管相

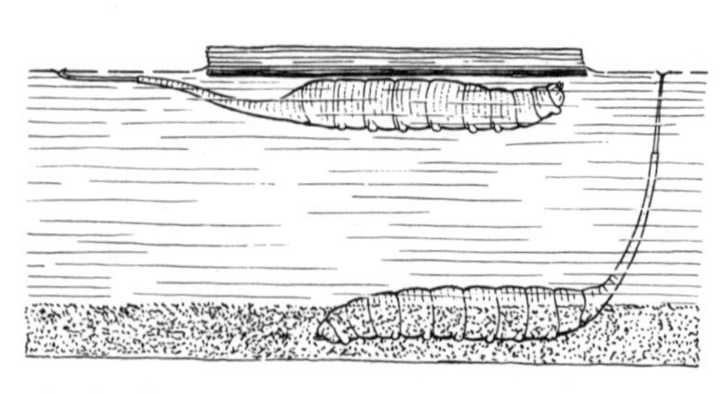

图171　蜂蝇的幼虫，鼠尾蛆。它们生活在水下和泥沼中，通过长长的尾状呼吸管呼吸水上空气

连。拥有了这样的呼吸器官,蝇虻幼虫只要把尾巴末端伸到空气中,就能在水下、泥里或其他柔软物质中生活。

有一种大型蝇虻长得像雄蜂,鼠尾蛆(图171)就是它的幼虫。它的呼吸系统极具优势,身体末端是一条长长的细细的尾巴,上面长着尾部气孔。这个小家伙生活在脏水里和泥沼中,可以藏在水面漂浮物的下面,利用尾巴进行呼吸。尾巴尖露出水面,露在离身体较远的地方。尾巴尖围绕着气孔长着一圈放射状的毛,它能让尾巴漂浮在水面上,并且防止水进到气孔里。

幼虫和成虫的差别很大,变形时要发生巨大变化。双翅目昆虫因为进化程度高,所以体内变形过程要比其他昆虫复杂得多。

在第八章我们已经了解到了,蛹实际上是成虫的前期。幼虫在最后一次蜕皮时也完全摆脱掉了幼虫特点。大多数蝇虻的蛹,具有成虫(图181,A、F)的总体特征,却保留了幼虫的呼吸系统,至少是部分保留了幼虫的呼吸器官。幼虫通过身体末端的特殊气孔呼吸,说明早期的蝇虻幼虫是生活在水中或烂泥里的。也正是为了适应那种生存环境,身体两侧的气孔关闭,背部长出了特殊的气孔。尽管有时并非现实环境使然,很多蛹仍保留了幼虫的呼吸方式,或至少部分保留了幼虫的呼吸器官。这说明早期的蛹和幼虫的生活环境是一样的。

如果我们的假设是正确的,那么就会明白为什么在所有昆虫中偏偏蝇虻出现了特殊情况,即蛹具有成虫的结构特征,却完全抛弃了幼虫的特点。有些蛹幼虫时期生活在水中,具有成虫一样的双侧气孔(图172B,Sp)。这说明这种种群的幼虫在变成蛹之前就已经离开水域,在其他可用一般呼吸器官进行呼吸的地方幻化成成虫。这条规则也适用于其他幼虫为水栖生物的昆虫。

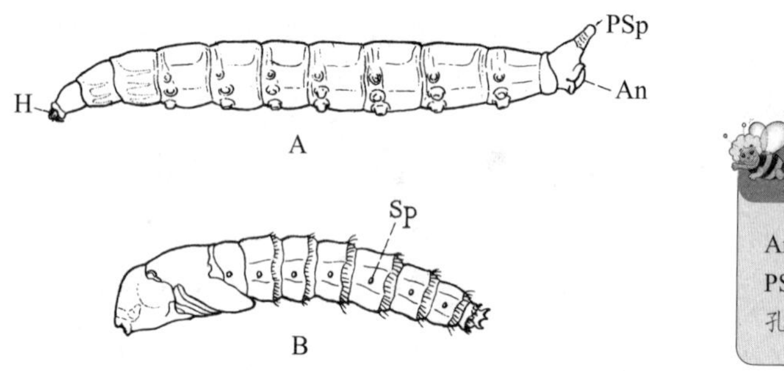

图172　马蝇（Tabanus punctifer）的幼虫（A）和蛹（B）（实物的1.5倍）

双翼目昆虫是个大家族，关于蝇虻的有趣故事说也说不尽。要想透彻研究这个科目，非得有比这本书更厚的书才行。因为第十章是本书的最后一章，因此我们还是谈谈和人类以及家畜的利害息息相关的昆虫。它们包括蚊子、家蝇、吹蝇、马厩蝇、采采蝇（舌蝇）、麻蝇（食肉蝇）和其他相关种类。

蚊子与其他害虫相比，第一个让我们问这样一个不相干的问题：为什么上帝要造出蚊子这种害虫来烦我们？这个问题的最好回答就是上帝让它们来检验我们的科学发达程度是否能控制它们。而对于其他野生动物而言，蚊子就是没完没了地叮咬、传播疾病，真是烦死了。这些野生动物只能活受罪，别无他法，有大量证据证明野生动物们真是惨透了。

以前没有现在学校的自然课，接雨水的水桶和水槽就是教科书。也许这种所谓的教科书不够精确也不够科学，但我们毕竟从这些实物里得到了第一手知识。我们知道了什么是小孑孓，什么是马毛蛇，也非常肯定小蠕虫会变成蚊子，就像肯定马毛蛇是从马毛变来的一样。现代自然学研究使我们走上了更精确的科学之路。但富丽堂皇、光怪陆离的水族馆却再也没有水桶和水槽那样富有吸引力了。

关于马毛蛇的祖先问题现在已经不是一个谜了。不过科学的进步没能阻止小蠕虫变成蚊子，大搞卫生运动也只是减少了孑孓变成蚊子的数量。现在，我们暂且不用耳熟能详的那个词“孑孓”，为了方便试验研究，我们采用它的学名“蚊子幼虫”。

接雨水的桶不会告诉我们蚊子幼虫是如何钻进桶里的，这就是水桶的魅力。我们面临的实际上是一个生命起源的神秘问题。现在我们明白了，这是雌蚊将卵产在水面，幼虫就会从卵里爬出来。

蚊子种类很多，但与人类相关的主要有三种。第一种是普通的蚊子，属于致乏库蚊或其近亲，第二种是黄热病蚊子（Aëdes aegypti）；第三种是疟疾病毒携带蚊子（Anopheles）。

致乏库蚊的卵块又小又平，漂浮在水面上。每一颗卵都站立着，靠得很紧，乍一看像一只小木筏一样漂在水面上。木筏边上的卵较高，这样卵块中间有些凹陷，可有效防止意外沉没。不过卵块下面有一层气膜，足以让卵块浮起来。

致乏库蚊可以将卵产在任何水域，无论它是自然而然形成的水塘、一汪雨水、一桶水，抑或是让人丢弃的罐头里的水。每个卵块都有二三百个卵，有时还会更多。但即便是最大的卵块，直径也超不过0.64厘米。卵孵化的时间很短，通常不超过24小时，有时天气较冷孵化期可能会较长。蚊子幼虫从卵蛋的下边一出来，就能在水中自由生活。

小幼虫身体柔软，却异乎寻常地长着个大脑袋（图173D）。当它逐渐长大，胸部就会鼓起来，和头部一样粗，甚至更粗（E）。它的头部两侧长着一对眼睛（图174，b），一对短小的触须（Ant），脸下边两簇向内卷曲的毛（a）。在身体两侧长满几组长毛。有些蚊子的毛是一簇一簇生长的。它的尾巴分

叉，一个向上翘，一个向下垂。往上翘的那个实际上是个长管，向后上方翘至身体末端。向下垂的才是身体真正的尾巴，尾巴尖是消化道的末端——肛门。肛门上长着四个扇瓣，长长的、透明的，向外伸展着(d)。它的背部长着两撮长毛，腹部也长着一撮毛(图173E)。

蚊子幼虫的最大特点就是它有专门的呼吸系统。幼虫靠背管末端的唯一一个气孔呼吸，这个气孔在身体倒数第二节上(图174，Psp)。气孔里边还有两个气孔，通往体内的两根大气管(Tra)。两根大气管有很多分支与体内的主要器官相连。因此，蚊子的幼虫必须将气管尖翘出水面才能呼吸。尽管是一种水生生物，可是在水中待的时间太长，它也会淹死。能在水面呼吸有一个显著优点，就是它居住的水里不一定要有空气，就算水量很少，只要有足够的食物也可以生存大量幼虫。

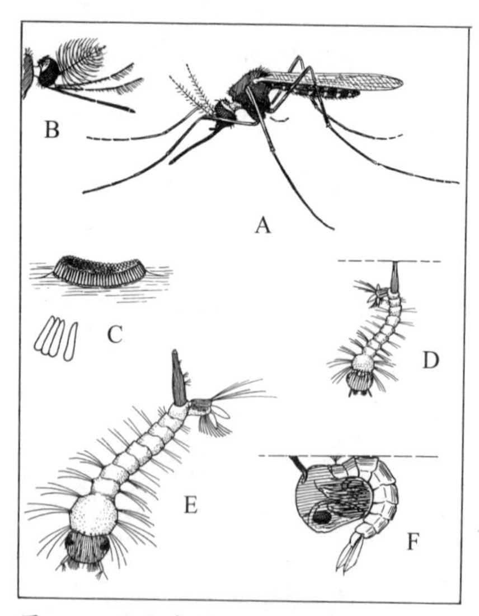

图173　致乏库蚊，也叫热带家蚊(Culex quinquefasciatus)生命中的各个阶段

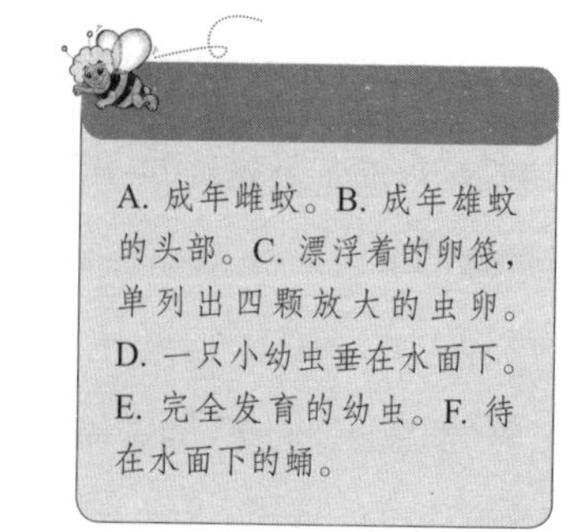

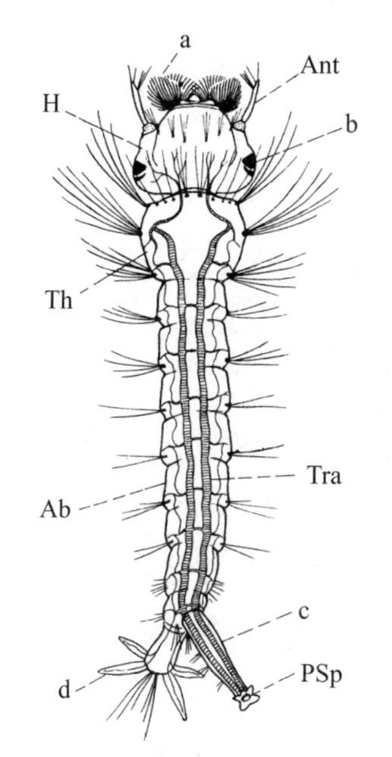

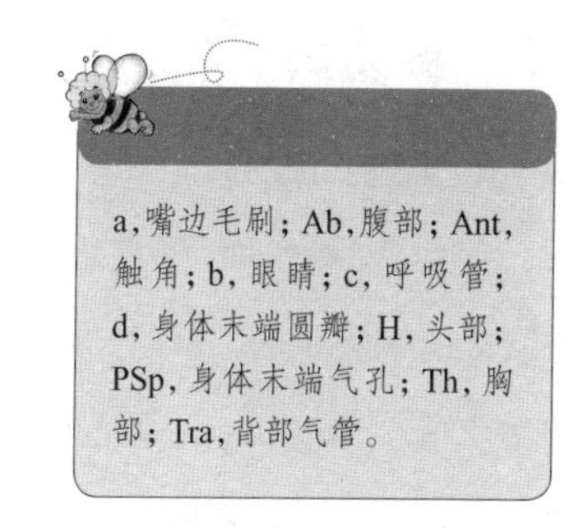

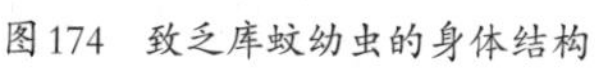
图174　致乏库蚊幼虫的身体结构

在气管的周围长着五个小圆瓣,就像五角星一样。当幼虫沉到水底,五个圆瓣就会闭合,盖在气孔上,防止水进到气管里。不过一旦气管头露出水面,圆瓣就都打开了。这样不但打开了气孔,幼虫还可以悬浮在水面下(图173D,图180B)。它大头朝下,嘴边的毛刷不停晃动,让水流流过嘴边,从中捕食。嘴边的毛刷粘上水中微粒,就送到嘴里。微粒中的有机物构成了幼虫的食物。不过,致乏库蚊的幼虫在水下吃东西,那里的食物也许更多。

蚊子的身体密度和水的密度差不多。当它在水面下保持一动不动的时候,一些幼虫会沉下去,一些会浮上水面。蚊子的幼虫个个都是游泳健将,通过不断地将身体后半部分摆来摆去,它可以在水中恣意畅游。这个标志性的动作使它有了耳熟能详的名字"孑孓"。它还能不用摇摆身体,只用嘴边的毛刷就能快速地在水中遨游。因此，当它悬浮于水面下的时候，它既可以来个倒挂金钟，还能在水中快速游动。

孵化完以后一个星期，也就是仲夏时分，致乏库蚊幼虫就长成了，不过在气温较低的春天和秋天，幼虫的生长期会延长。经过三个生长期，幼虫就能长成蛹。

蚊子蛹（图173F）也生活在水中，但外表看起来和幼虫完全不同。像胸啊、头啊、头部的附属气管啊、腿啊、翅膀啊都被挤进了巨大的椭圆形胸腔里。胸腔下垂着细长的腹腔。蛹由于胸腔有气囊，比水要轻。当静止不动的时候，它会背贴着水面，浮在水面下。蛹没有幼虫的气管和后部气孔，只有两根巨大的喇叭状的呼吸管，从胸前部伸出来。当蛹来到水面下，呼吸管就会伸出水面。当然，和其他昆虫的蛹一样，蚊子蛹也不吃东西，但为了躲避天敌，它和幼虫一样活跃。一碰它，它就会快速运动腹部，很快扎进水下。它的腹部长有一对泳蹼，使它无愧游泳健将之名。仲夏时分，蛹的生长期大概是两个星期。

蛹壳从背部裂开，成虫就出来了。现在，我们也弄清楚了，为什么蛹要悬浮于水面，这样成虫才能直接飞向空中。

完全成熟的蚊子（图173A）具有其他所有双翼目昆虫的特征，但与其他蝇虻不同的是，它的翅膀、头部、身体和附属器官的某些部位长有鳞片。蚊子成虫的嘴是用来穿刺和吸血的，和马蝇的结构相似，只是个别种类蚊子的嘴部组件更长、更细。嘴部组件构成噬鼻也可以叫做喙（图175A，Prb），从头部下面向前伸出来。雄性和雌性蚊子通过看触角很容易辨认。雄性的触角很大、毛茸茸的，雌性的触角则细溜溜的，上面的毛少得多。

蚊子的嘴部构件，在不吃东西的时候，看起来像是一个整体，马蝇就是

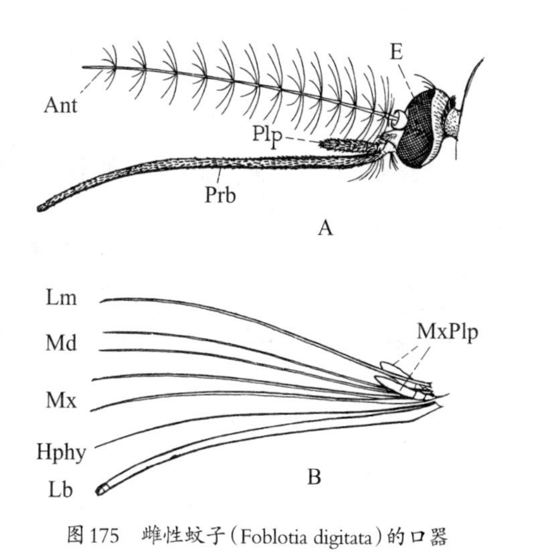

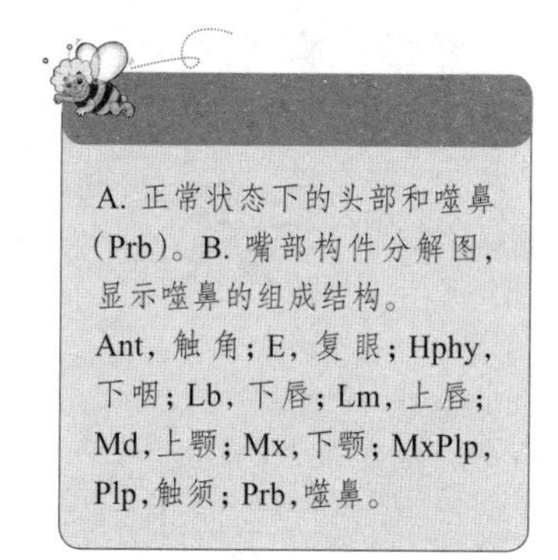

图175　雌性蚊子(Foblotia digitata)的口器

这样的。除了触须，各种嘴部构件纠集在一起，形成噬鼻，从头下向前伸出(图175A，Prb)。噬鼻的长度因蚊子的品种不同而不同。南美洲的某些种群(图175)，噬鼻尤其长。

我们将雌蚊的噬鼻(图175B)分解来看，和雌性马蝇的噬鼻(图168B)完全一样。也有上唇(Lm)、两个上颚(Md)、两个下颚(Mx)、下咽(Hphy)和下唇(Lb)。在噬鼻能看见的最大器官是下唇，其他器官都隐藏在下唇上面形成的凹槽里。

上唇(图175B，Lm)像一柄长长的刀刃，中间略微凹陷，尖端锋利，它也许是蚊子主要的穿刺工具。蚊子的下颚是纤细、柔软的鬃毛，几乎没什么用处。它的上颚又薄又平，根部较厚，但尖端锋利，外沿长着一排像锯子一样的倒齿。当上唇刺破肌肉，上颚齿也许能将嘴部构件都伸进孔里去。触须(MxPlp)从上颚根部长出来。下咽(Hphy)像一柄细长的刀片，中间纵穿着唾液腺。它的上面成凹状，当不吸血的时候，和上唇下侧的凹陷合在一起，

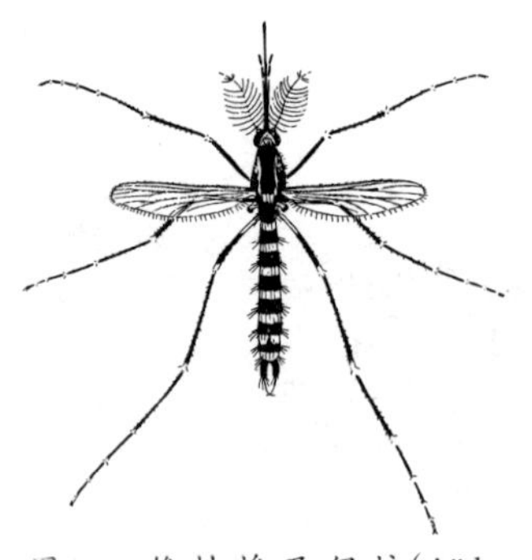

图176 雄性埃及伊蚊（Aëdes atropalpus），黄热病蚊子的近亲，两者的外表也很相近

自然形成管状，直通口腔。蚊子的唾液通过下咽尖儿注入伤口，供血者血液通过上唇-下咽管被吸进蚊子的嘴里。下唇（Lb）对其他器官主要起保护作用。由两个小圆瓣组成，中间伸出一道不高的舌状突起。当蚊子刺穿供血者肌肤，下唇就收缩，其他尖利的嘴部构件就都伸进伤口里。

雌雄蚊子据说都能刺破植物纤维，吮吸植物的汁液，它们也吃水果的果汁和其他柔软植物的汁液。雄蚊很显然是个素食主义者。臭名昭著的雌蚊除了吸食人血，还吸食动物血。被雌蚊咬了以后，就会又痒又痛，也许是因为昆虫的唾液注进了伤口。据说蚊子的唾液能阻碍血液凝固。

整个夏季，由卵变成成虫需要的时间非常短，从春季到秋季就会生出无数代的蚊子。蚊子以成虫和幼虫形式过冬，能产卵的雌蚊会躲在相对温暖的地方过冬。大量的幼虫在冰冷的池塘里，纠集在一起冬眠。一旦解冻，就立刻活跃，温度适宜，就会马上生长。

黄热蚊子（Aëdes aegypti），在我们发现它和黄热病之间的关系之前，一直叫Stegomvia fasciata。它的幼虫和蛹的生活习惯和致乏库蚊的相似。不过，它是一个一个地产卵，卵也是孤零零地漂在水面上。黄热蚊子成虫因为身上带有装饰斑点也很好辨认。胸部背后黑色底上装饰有白色七弦琴图案，腿部关节也装饰有白色圆环，腹部是黑色的，在每一节的交汇处装饰有白色条纹。雄性成虫长有巨大的毛茸茸的触角，和长长的上颌须。雌性成虫长有坚硬的噬鼻，触须短小，触角也十分短小，像雌性蚊子那样。图176显示埃及伊蚊和黄热病蚊子很像。它们在华盛顿偏北地区较常见，主要生长在波多玛河的石头水塘里。

埃及伊蚊幼虫（图177A）和致乏库蚊幼虫较相似，但它更习惯在水下找食吃，能在水下待很长时间。找食的时候，它在水下的烂泥里乱拱，贪婪地吃着死了的昆虫和小甲壳虫类虫子。埃及伊蚊蛹（图178A）和致乏库蚊的蛹也没什么本质区别。它浮在水中，整个后背紧贴在水面下，呼吸管伸出水面。也许没有其他任何一种昆虫能像蚊子那样将呼吸管伸出水面悬浮在水中。

黄热病蚊子是我们所知的唯一一种能将黄热病病毒从一个人传染到另一个人的自然携带者。如果蚊子以前曾经吸食过黄热病病人的血，并且感染了病毒，那么它再咬别人时就能把病毒传染给他。我们目前还不十分清楚引发黄热病的有机质，不过大量证据表明它是一种细小、不可过滤的有

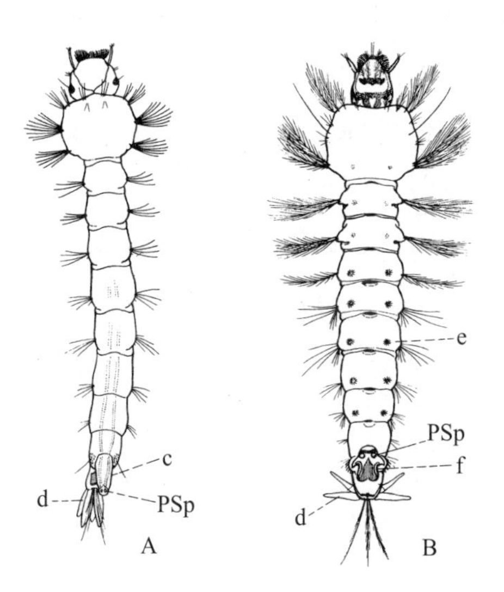

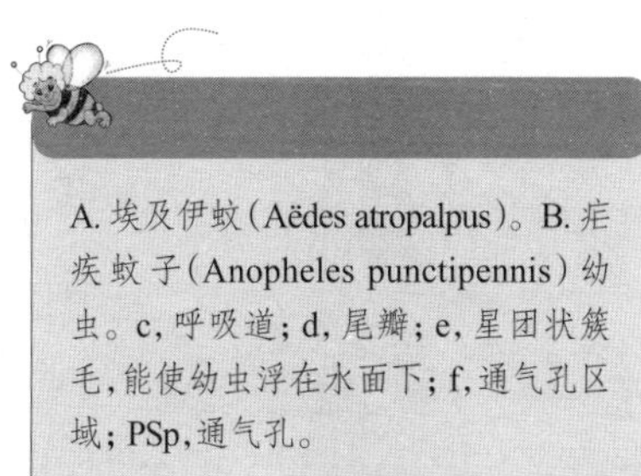
A. 埃及伊蚊（Aëdes atropalpus）。B. 疟疾蚊子（Anopheles punctipennis）幼虫。c，呼吸道；d，尾瓣；e，星团状簇毛，能使幼虫浮在水面下；f，通气孔区域；PSp，通气孔。

图177　蚊子幼虫

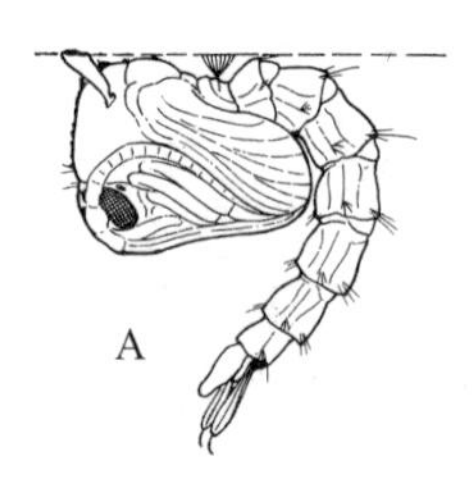

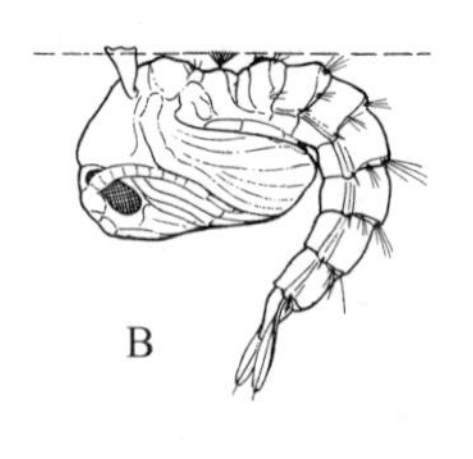

A. 埃及伊蚊（Aëdes airopalpus）。
B. 按蚊（Anopheles puntipennis）。

图178　蚊蛹用平常的姿势待在水面下

机质，叫spirochetes。20℃以下，不会引发蚊子体内黄热病病毒，黄热病蚊子（Aëdes aegypti）在黄热病易发区域纬度之外，也不会生长。因此，黄热病仅限于热带和气温较高的温带地区。在北部城市爆发季节性的黄热病也许是因为南方港口过来的船只带来了感染病毒的蚊子，并造成当地大面积感染引起的。

疟疾蚊子属于按蚊属（Anopheles），生活在热带和温带的大部分地区，也是疟疾流行的地区。最常见的传播疟疾的蚊子是疟疾蚊子（Anopheles puntipennis，图179），特征是在翅膀边缘长有一对模糊的白色斑点。雌蚊将卵一个一个产在水面上。这些卵腰上都套着气泡，就那么漂在水面上。

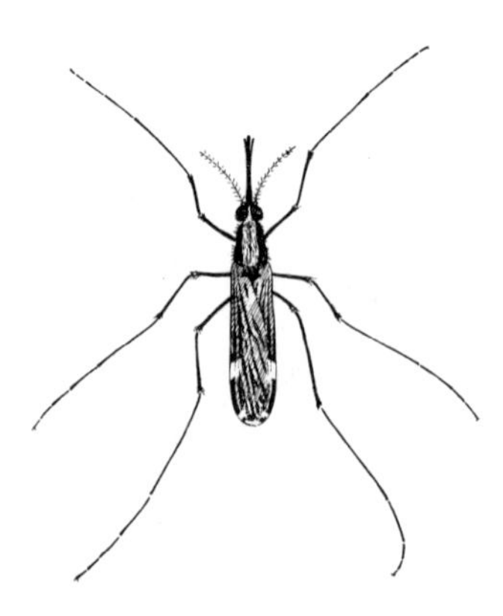

图179　雌性疟疾蚊子（Anopheles puntipennis）

按蚊的幼虫无论在身体结构上还是生活习惯上和致乏库蚊、埃及伊蚊都有显著不同。它不像致乏库蚊（图173E，图174）那样几乎在身体末端伸出一根呼吸管，而是在身体的倒数第二节上，长有一个凹形的呼吸盘（图177B，f），尾部气孔（Psp）就长在那儿。幼虫靠背部一字排列的星状短毛产生的浮

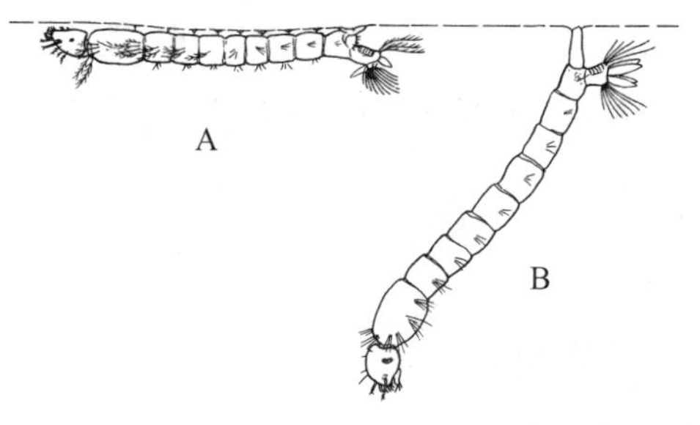

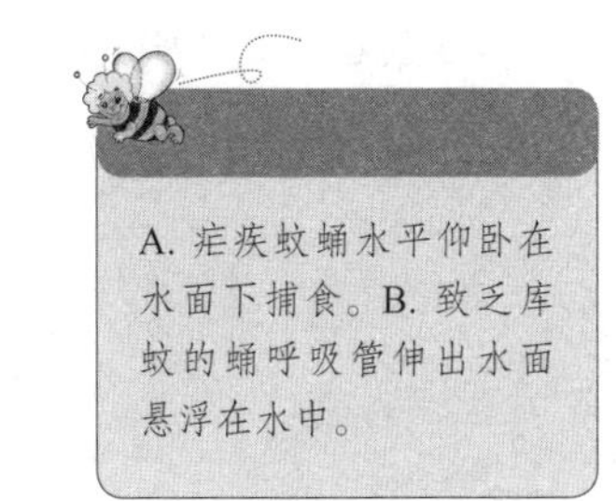

图180　疟疾蚊子和致乏库蚊的蛹的捕食姿势

力，呈水平浮在水面下（图180A）。星状短毛的毛尖伸出水面，使幼虫浮在水中。呼吸盘伸出水面，四围突起，使呼吸孔周围保持干燥。胸部和身体头三节两侧的长毛，茸乎乎的，向外支棱着。

疟疾蚊子幼虫（图180A）习惯于在水面捕食。一有动静，它就到处乱跑，可就不愿意往水下跑。捕食的时候它的身体呈水平，头朝下，用嘴边的毛往嘴里拨弄水。

按蚊的蛹（图178B）和致乏库蚊、埃及伊蚊的蛹并无本质差别。它的最显著特征是呼吸管的形状不同，末端比较宽阔。

疟疾寄生虫不是细菌而是一种微生物叫疟原虫（Plasmodium）。很多种蚊子都和疾病有关。疟原虫的生命周期极为复杂，它必须在蚊子体内生活一段时间，然后再在其他脊椎动物体内生活一段时间。在人身上，它主要寄居在红血球内。通过无性繁殖，它的数目呈几何倍数增长。不过，一旦最终进入到按蚊的胃里，个别寄生虫会出现雌雄异体。这些有性个体在蚊子的胃里结合，产下合子（zygotes）。正如其名，它们能钻进胃壁细胞里生活一段时间。在那儿，它们大量繁殖长成纺锤形的小生物，然后穿过胃壁，进入到蚊子的体腔，最后汇集到唾液腺中。此时，蚊子的唾液腺里全是疟原虫寄生虫，如果它咬了其他动物，那么寄生虫就会随着唾液进到伤口里。如果它们不能被白血球立刻杀死，就会很快进入红血球中，被咬动物就会出现疟疾症状。

家蝇和它的近亲

人类熟悉的家蝇，也就是苍蝇，是蝇虻中的大家族，属于家蝇科（Muscidae）。因其家族中的著名成员家蝇（Musca domestica）而得名。musca是拉丁语，意思是蝇虻。

家蝇（图181A）对于居家人士来说简直是太讨厌了。它还很喜欢马厩，最喜欢的“餐厅”是粪堆。雌性家蝇在这里产卵（图181B），幼虫叫蛆（图181C），也在这里生活直到变形。据估计足有95%的苍蝇是在马粪堆里生长的，其他少数长在垃圾箱、烂菜堆。要想控制家蝇数量，就不能让家蝇接近粪堆，并积极杀死粪堆里的蛆虫。

家蝇的卵（图181B）是白色的小椭圆形，大概有0.6厘米长，一头略微弯曲，一头略微凹陷。雌性家蝇在变成成虫后十天就能产卵，每次能产75—150个卵。雌性的繁殖期较短，只有20天左右，但它能在每次产卵后稍事休息就再次产卵，先后共产2 000多个卵。每个卵的孵化期不超过24小时。

家蝇的幼虫和其他蝇虻的幼虫没什么区别，都长得像虫子，一般统称为蛆（图181D）。它的细长的白色身体分成几节，单从外表看，没腿也没头。在身体末端较平坦的地方长着两个大气孔（Psp），外行人总会误认为是眼睛。身体较细的一端是头部，但蛆虫真正意义上的头部是完全长在身体里的。头部缩进身体的地方有个小孔，那就是蛆虫的嘴了。两个像爪子一样

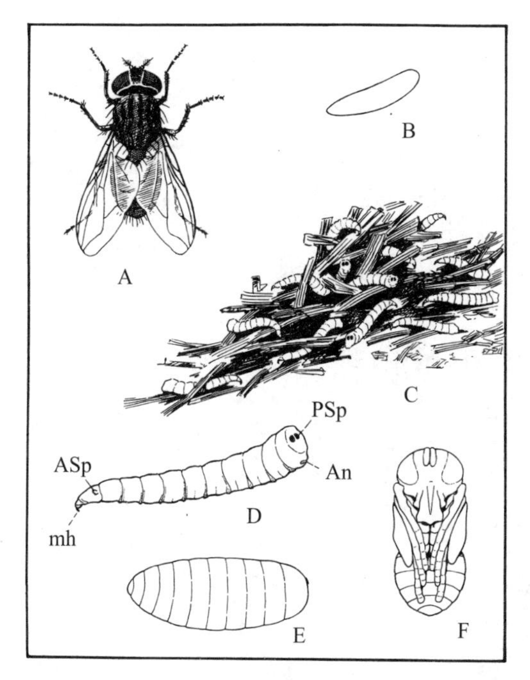

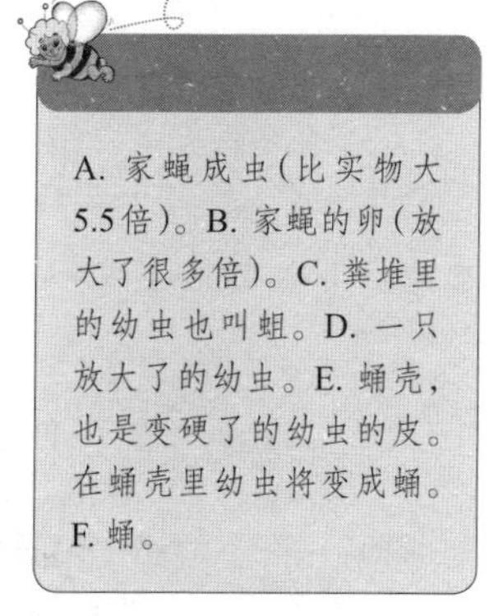

图181　家蝇(Musca domestica)

的钩子向外伸着，这两个钩子对蛆虫来说既是下巴也是捕食器官。幼虫在它两到三周的生命期里共蜕皮两次。然后就爬到像马粪堆下面的土里这种僻静的地方，进入休息期。它的皮肤变硬、萎缩，直到变成又小、又硬的椭圆形的壳，叫蛹壳(puparium)(图181E)。

在蛹壳里，幼虫再一次蜕皮，变成蛹。蛹(图181F)受蛹壳的保护接着变成成虫，因此蛹壳起到茧壳的作用。当成虫完全长成，它就会打开蛹壳的前盖，飞出去。卵变成成虫的时间长短随气温的不同而不同，一般是12—14天。苍蝇的成虫在夏天一般都短命，生命期大概是30天或至多不超过60天。如果气温较低，它们的行为受限，活的时间也许会较长。如果找对地方，还能挨过冬天。

家蝇、蚊子、马蝇的最根本区别在于嘴部的结构。家蝇没有上颚和下颚，但它还是长有中间的部件，如上唇、下咽、下唇。这些部件构成了噬鼻。一般情况下，噬鼻是卷起来放在头部下方的，捕食时，才向下伸展开来（图182A，Prb）。

下唇（图182B，Lb）是家蝇噬鼻的主要组成部分，它的末端圆瓣，也叫下唇瓣（La）尤其发达。在下唇根部长着一对触须（Plp），下唇的前端表面下凹得很厉害，像马槽一样，为上唇（Lm）所覆盖。紧贴着唇壁构成的封闭管道是下咽。当下唇瓣伸展，两个唇瓣的分叉前端则并拢，中间的小孔保持开

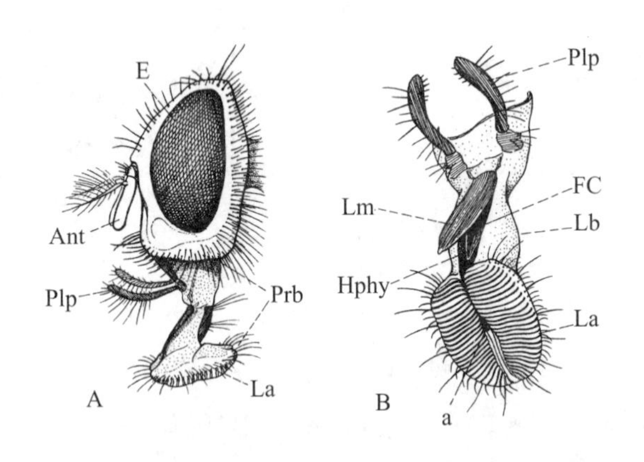

A. 噬鼻（Prb）伸展开以后的侧面图。Ant，触角；E，复眼；La，唇瓣，噬鼻的末端圆瓣；Plp，触须；Prb，噬鼻。
B. 家蝇的噬鼻，正面偏20°角仰视图。噬鼻包括厚厚的下唇（Lb），末端的下唇瓣（La）和下唇瓣之间的小开孔（a），小开孔通往噬鼻一段的食道。这段食道还包括下咽（Hphy）。下咽前端被上唇（Lm）覆盖封闭。

图182　家蝇的头部和口器

启状态。这个小开孔就起到嘴的作用了，尽管家蝇真正意义上的嘴在上唇和下咽的根部，向内与一根大型吸泵相连，其基本结构与马蝇一模一样（图169A）。

家蝇没有穿刺器官，完全靠液体食物生活。液体食物首先进入下唇瓣间的小开孔，然后再通过上唇和下咽构成的食管进到真正的嘴里。不过家蝇也并不是完全依赖于自然液体食物，它能用唾液溶化可溶解食物如白糖等。下咽尖能分泌唾液，然后可能通过下唇瓣通道撒到食物上。下唇瓣通道可能还会吸吮食物溶液，然后输送到下唇瓣间的小开孔里。

近几年，我们更多地了解了家蝇的生活习性，比如它令人恶心的杂食性，一会儿是在垃圾箱或更恶心的地方吃东西，一会儿又趴在我们的饭桌上或脸上。我们还知道它可能是疾病的携带者，不过在这儿，就不细数它在我们的生活中是多么令人讨厌了吧。

对家蝇的最严厉指控是它不管干净不干净到处乱待、乱吃，它的腿、身体、嘴和消化道很容易携带像伤寒热、肺结核和痢疾这样的病菌。已经证实家蝇携带的病菌只要条件适宜就会繁殖，因此到处乱飞的家蝇可能满身都是病菌，有时可能达到成百万上千万个。因此，毫无疑问，我们要采取卫生

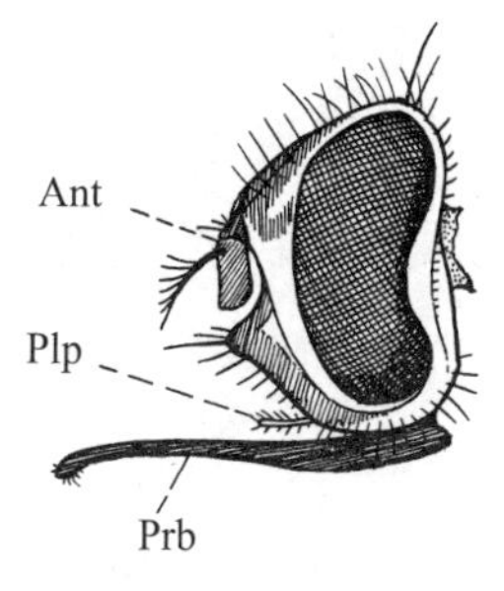

图183　马厩蝇（Stomoxys calcitrans）的头部

措施保护食物不受污染。

但是家蝇的嘴部构造,却使它洗清了一项罪名,就是它不会咬人或其他动物。不过我们确实也听过不少人信誓旦旦地说被苍蝇咬着了。他们既没有说谎,也没有冤枉好虫。会叮咬的蝇虻不是家蝇,而是外表和家蝇极为相似的很常见的一种蝇虻,体型稍小一点儿。如果我们能抓住那个罪魁祸首,就会看见它的头部长着又长、又硬、又尖的噬鼻(图183,Prb),和家蝇的嘴部器官(图182)截然不同。这种会叮咬的蝇虻叫马厩蝇,昆虫学家叫Stomoxys calcitrans。它和家蝇属于同一科,它虽然时常在家中出没,不过它最愿意待的地方还是马厩和牛棚。

世上凡是有人的地方都有马厩蝇。雌雄两性都是嗜血成性,任何温血动物的血都喝,攻击对象最多的是家畜。马厩蝇主要长在发酵的植物堆里。在湿湿的草料堆下面,苜蓿、谷物、杂草和各种烂植物堆下面,都能找到它的幼虫。

牛群也受另一种叫牛角虻(Haematobia irritans)的蝇虻侵扰。它因为总是大量聚集在牛角的根部而得名。牛角对它们来说是一个很方便的栖息地。牛角虻(Haematobia irritans)会叮咬,就像马厩蝇(Stomoxys calcitrans)一样。它的数量庞大,是牛群的一大害虫。它除了叮咬造成牲畜不适,还会使牲畜体重减轻,奶牛产奶量降低。牛角虻外形像马厩蝇,但它个头较小,只有马厩蝇的一半大,主要生长在牛群新鲜的粪便上。

非洲的采采蝇(图184)应该算是叮咬蝇虻中的龙头老大。人和牲畜一旦被咬,不但会万分难受,而且它还会将“非洲嗜睡病”的寄生虫传染给人,马和牛得了这种病,就叫“那加那病”(nagana)。

“非洲嗜睡病”是由一种寄居在血液和其他体液中的原生动物——锥体虫(Trypanosoma)引起的。锥体虫(Trypanosoma)是一种很活跃的单细胞有机体，一头较长像尾巴，也叫鞭毛。它们寄生在很多脊椎动物身上，但很多并不会诱发疾病。至少有三种寄居在血液中的“非洲嗜睡病”寄生虫有可能诱发宿主死亡。有两种能使人患上“非洲嗜睡病”，第三种会使马匹、骡子和牛群得上“那加那病”。能使人患上“非洲嗜睡病”的两种寄生虫在非洲的分布情况完全不同，诱发的疾病也完全不同。一种仅局限在非洲的热带地区，另一种分布在靠南一些的地区。据说南部地区的疾病比热带地区的要严重得多，几个月就能致患者于死地，南部地区的疾病能使患者拖好几年。“非洲嗜睡病”和“那加那病”完全依赖采采蝇叮咬从一个人传染到另外一个人，从一个动物传染到另外一个动物。

采采蝇（图184）是牛角蝇和马厩蝇的大个儿亲属，具有同样的噬鼻和嗜血成性的品性。有两种采采蝇与“非洲嗜睡病”的传播有关，它们携带的两种锥体虫（Trypanosoma）能诱发两种“非洲嗜睡病”。一种采采蝇是Glossina palpalis（图184），传播热带“非洲嗜睡病”，另一种是Glossina morsitans，同时携带南部“非洲嗜睡病”和“那加那病”。

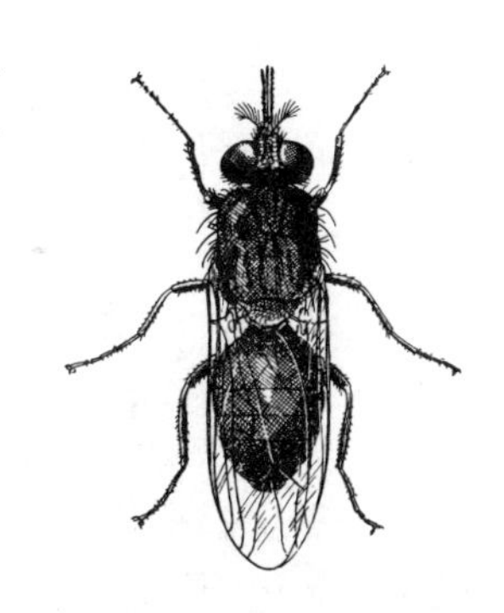

图184　雄性采采蝇（Glossina palpalis），（放大五倍）

马厩蝇、牛角蝇和采采蝇与家蝇一样同属一科，也就是家蝇科（Muscidae），但它们的嘴长得完全不一样，这种不同只不过是表面上的。所有家蝇科昆虫，会叮咬还是不会叮咬，嘴部的构件都完全一样，也就是上唇（图182B，185C，Lm）、下咽（Hphy）、下唇（Lb）。会叮咬的那种，下唇（图185C，Lb）突伸出来，像个长长的细棍。下唇的末端，即唇瓣（La），退变为一对体积较小、边缘锋利的唇片，唇片上长有牙齿和唇脊。上唇（图185B，Lm）

唇边紧紧地贴在下唇(Lb)上表面的凹陷处。上、下唇构成一条巨大的封闭食道(FC),食道后方是下咽,下咽尖上长有唾液腺的腺口。

会叮咬的家蝇科昆虫都长有一条坚硬的喙状噬鼻,和家蝇的噬鼻(请将图182A、图183、图185A相比较)组成部件一样,但下唇进化了,成为一只极有效的穿刺器官。当它们叮咬的时候,将噬鼻整个伸进受害者的肌肤里。据说采采蝇落下准备吸血的时候,它的前腿分开,头部和胸部猛地前刺几下,就能把噬鼻扎进伤口。然后很快吸满了血,身体鼓胀,几乎都飞不起来了。采采蝇下唇根部的球状物并不是吮吸工具,不过是肌肉发达的结果。真正的吮吸工具(Pmp)在头部,其结构和其他蝇虻没有什么区别。

人类指控那些会叮咬的昆虫成虫,但还有些种类的成虫非常无辜,可是其幼虫却罪大恶极。家蝇的一个近亲——大苍蝇,将卵产在动物的死尸上。

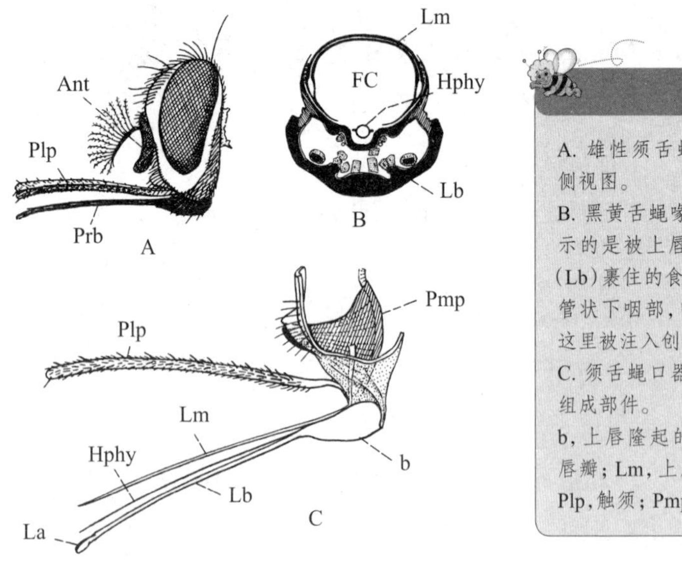

图185　采采蝇的头部和口器

A. 雄性须舌蝇的头和喙的侧视图。
B. 黑黄舌蝇喙的横切面,显示的是被上唇(Lm)和下唇(Lb)裹住的食道(FC),包括管状下咽部,唾液就是通过这里被注入创口中。
C. 须舌蝇口器,带有散开的组成部件。
b,上唇隆起的根部;La,下唇瓣;Lm,上唇;Lb,下唇;Plp,触须;Pmp,嘴泵。

卵会很快孵化并以腐肉为食。另一种大苍蝇并不直接在死尸上产卵，但因为它们的幼虫仍以腐肉为食，所以被当作益虫。还有一些大苍蝇的近亲仍被当做恶魔，因为它们将卵产在人和动物的裸露的伤口上或鼻腔里。它们的幼虫会钻进受害者的肉里，造成极大的痛苦甚至死亡。这类害虫里最臭名昭著的就是螺丝虫。蝇虻幼虫或蛆还能传染一种疾病叫蝇蛆病（myiasis）。

最著名的动物蝇蛆病是由马群中马蝇和牛群里的皮瘤蝇引起的。这两种蝇虻都将卵产在动物的体表。这样，当马蝇幼虫被动物吞吃掉以后，它们就会在宿主的胃里长大。皮瘤蝇的幼虫则钻进宿主的肉里，直到完全长成。然后，钻出动物的背部皮肤，掉到地上，直到完成变形长成。

不单是动物，植物也会成为蝇虻寄居的受害者。叶蛆和根蛆会攻击庄稼。北部诸州的果农们一直和苹果蛆作着不屈不挠的斗争。苹果蛆是南欧的橄榄蝇和热带国家破坏性果蝇的近亲。黑森蝇是麦田里恶贯满盈的杀手，它也是蚊子的近亲，就是它的幼虫让麦田遭殃。

我们重点谈了这么多的有害蝇虻，好像所有双翼目昆虫都特别令人讨厌。事实上，还有成千上万的蝇虻并不会伤害我们。不但如此，还有很多为人类作出了有益的贡献。因为它们的幼虫寄生在有害昆虫体内，继而帮助人类消灭了很多有害昆虫。

从科学角度讲，双翼目昆虫非常有趣，因为它们比其他科目的昆虫更充分证明了大自然进化的脚步。有位昆虫学家曾说双翼目昆虫是一种高度专业化的昆虫，指出蝇虻将普通昆虫的身体机制发挥到高效、极致，并进行了多项改进，赋予原本局限于单一行为模式的身体结构以多种崭新用途。但是，要说某种动物已经进化到完美，也并不确切，因为动物是受外界影响的被动承受者。未来生物学的研究将致力于发现推动生物进化的力量。